智能制造领域高素质技术技能人才培养系列教材

机器人技术及应用项目式教程

主　编　杨　维
副主编　范昭君　孙永芳
参　编　仝　敏　吴德君　杨　菲　龙　涛

机 械 工 业 出 版 社

全书包含7个项目：循迹机器人、避障机器人、灭火机器人、擂台机器人、三菱RV-3SD型工业机器人、ABB工业机器人及KUKA工业机器人。内容涵盖机器人控制器的使用、机械结构的设计及制作、驱动电动机的选用、C语言的使用、传感器和通信技术等，并介绍了三菱、ABB、KUKA工业机器人的应用。本书采用项目式编写体例，在项目设计中既注意机器人相关理论知识的介绍，又注重其在实际项目中的应用。内容编写从实际项目入手，以了解、学习相关机器人大赛及工业机器人真实工程项目为目的，由易到难，完成机器人技术及应用的项目化实践学习。

本书既可作为高职高专院校机电类相关专业教材，又可作为相关专业工程技术人员的参考用书。

为方便教学，本书配有免费电子课件、习题答案、视频微课、模拟试卷及答案等，凡选用本书作为授课教材的教师可登录www.cmpedu.com网站，注册、免费下载，或来电（010-88379564）索取。

图书在版编目（CIP）数据

机器人技术及应用项目式教程／杨维主编．—北京：机械工业出版社，2020.10（2025.1重印）
智能制造领域高素质技术技能人才培养系列教材
ISBN 978-7-111-66622-6

Ⅰ.①机…　Ⅱ.①杨…　Ⅲ.①机器人技术—教材　Ⅳ.①TP24

中国版本图书馆CIP数据核字（2020）第183398号

机械工业出版社（北京市百万庄大街22号　邮政编码100037）
策划编辑：冯睿娟　责任编辑：冯睿娟　杨晓花
责任校对：张　薇　封面设计：鞠　杨
责任印制：常天培
北京机工印刷厂有限公司印刷
2025年1月第1版第4次印刷
184mm×260mm · 13.5印张 · 332千字
标准书号：ISBN 978-7-111-66622-6
定价：49.00元

电话服务	网络服务
客服电话：010-88361066	机　工　官　网：www.cmpbook.com
010-88379833	机　工　官　博：weibo.com/cmp1952
010-68326294	金　书　网：www.golden-book.com
封底无防伪标均为盗版	机工教育服务网：www.cmpedu.com

前　言

随着机器人技术在工业生产中的大规模应用，企业对能够熟练操作、开发机器人的技术人员的需求激增。机器人技术涉及内容十分广泛，包括电工电子、机械传动、传感检测、电动机驱动、计算机编程等。本书以典型机器人项目为载体，内容叙述全面、简洁和实用，力求使学生学完本书后对机器人技术及应用有一个全面的认识。

本书以教育机器人、工业机器人等为教学平台，将常见的机器人竞赛内容以及工业机器人实际应用组织为教学项目，从简到繁、从易到难地引导学生积极思考、相互交流，培养学生的自学能力、创新精神和合作意识。

本书由陕西国防工业职业技术学院杨维担任主编，陕西国防工业职业技术学院范昭君和孙永芳担任副主编，参加编写工作的有陕西国防工业职业技术学院仝敏、陕西国防工业职业技术学院吴德君、西安铁路职业技术学院杨菲、北京华航唯实机器人科技股份公司龙涛。其中，杨维编写项目4、项目5；范昭君编写项目1【知识链接】、项目6及全书【拓展训练】；孙永芳编写项目2【知识链接】和全书习题；仝敏编写项目1【任务实训】和项目3；吴德君编写绪论和项目2【任务实训】；杨菲编写项目7；北京华航唯实机器人科技股份有限公司龙涛为本书编写提供了大量宝贵资料，并参与了本书的编校工作。全书由杨维、范昭君统稿。另外，本书还得到了北京博创兴盛科技有限公司工程技术人员的大力支持，他们对本书提出了许多宝贵的意见，在此表示感谢。

由于机器人技术发展较快，作者水平有限，本书内容难免存在疏漏和不妥之处，敬请广大读者和专家批评指正。

编　者

目 录

绪论　认识机器人

学习目标

1. 认识机器人的基本概念和发展过程。
2. 认识机器人的基本结构和组成。
3. 了解国内外典型机器人竞赛。
4. 了解机器人在工业生产中的应用。

认识机器人

在绝大多数人的认知里，机器人既神秘又涵盖了各种高科技技术。其实，机器人（Robot）就是自动执行工作的机器装置。它既可以接受人类指挥，又可以运行预先编排的程序，也可以按人工智能技术制定的原则纲领行动。其任务是协助或取代人类的一些工作，如制造业、建筑业中一些复杂或是危险的工作。图 0-1 所示为火星探测机器人。

图 0-1　火星探测机器人

机器人能力的评价标准包括：智能，指感觉和感知，包括记忆、运算、比较、鉴别、判断、决策、学习和逻辑推理等；机能，指变通性、通用性或空间占有性等；物理能，指力、速度、可靠性和寿命等。因此，可以说机器人就是具有生物功能的实际空间运行工具，可以代替人类完成一些危险或难以进行的劳作、任务等。

机器人一般由执行机构、驱动装置、检测装置和控制系统等组成。

执行机构即机器人本体，其臂部一般采用空间开链连杆机构，其中的运动副（转动副或移动副）常称为关节，关节个数通常即为机器人的自由度数。根据关节配置形式和运动坐标形式的不同，机器人执行机构可分为直角坐标式、圆柱坐标式、极坐标式和关节坐标式等类型。出于拟人化的考虑，常将机器人本体的有关部位分别称为基座、腰部、臂部、腕部、手部（夹持器或末端执行器）和行走部（对应于移动机器人）等。

驱动装置是驱使执行机构运动的机构，按照控制系统发出的指令信号，借助于动力元件使机器人进行动作。其输入为电信号，输出为线、角位移量。机器人使用的驱动装置主要是电力驱动装置，如步进电动机、伺服电动机等，此外也有采用液压、气动等驱动装置。

检测装置实时检测机器人的运动及工作情况，根据需要反馈给控制系统，与设定信息进行比较后，对执行机构进行调整，以保证机器人的动作符合预定的要求。作为检测装置的传感器大致可以分为两类：一类是内部信息传感器，主要用于检测机器人各部分的内部状况，如各关节的位置、速度、加速度等，并将所测得的信息作为反馈信号送至控制器，形成闭环控制；另一类是外部信息传感器，用于获取有关机器人的作业对象及外界环境等方面的信息，以使机器人的动作能够适应外界情况的变化，使之达到更高层次的自动化，甚至使机器人具有某种“感觉”，向智能化发展，如视觉、声觉等外部传感器可捕捉工作对象、工作环境的有关信息，利用这些信息构成一个大的反馈回路，从而大大提高机器人的工作精度。

控制系统有两种控制方式：一种是集中式控制，即机器人的全部控制由一台微型计算机（简称微机）完成。另一种是分散（级）式控制，即采用多台微机来分担机器人的控制，如采用上、下两级微机共同完成机器人的控制时，主机常用于负责系统的管理、通信、运动学和动力学计算，并将指令信息传送给下级从机；作为下级从机，各关节分别对应一个 CPU，进行插补运算和伺服控制处理，实现给定的运动，并向主机反馈信息。根据作业任务要求的不同，机器人的控制方式又可分为点位控制、连续轨迹控制和力（力矩）控制。

0.1 走进机器人技术应用大赛

机器人技术迅猛发展、教育理念不断更新。为了推动机器人技术的发展，培养学生的创新能力，在全世界范围内相继出现了一系列的机器人竞赛。

机器人竞赛，融趣味性、观赏性、科普性为一体，给青少年学生提供了越来越多充分展现聪明才智的舞台，也提供了一个充分表现科技思想和行动的舞台，培养了学生的实际动手能力、团队协作能力，提高了学生的创新能力。

机器人竞赛已经成为一个激发学生的学习兴趣、引导大家积极探索未知领域、参与国际性科技活动的良好平台。机器人竞赛实际上是高技术的对抗赛，从一个侧面反映了一个国家信息与自动化领域基础研究和高技术发展的水平。

1. 机器人足球赛

让机器人踢足球的想法是在 1995 年由韩国科学技术院的金钟焕教授提出的。1996 年 11 月，他在韩国政府的支持下首次举办了微型机器人世界杯足球比赛。

机器人足球是人工智能领域与机器人领域的基础研究课题之一，是一个极富挑战性的高技术密集型项目。它涉及的主要研究领域有机器人学、机电一体化、单片机、图像处理与图像识别、知识工程与专家系统、多智能体协调以及无线通信等。机器人足球除了在科学研究方面具有深远的意义，它还是一个很好的教学平台。通过它可以使学生把理论与实践紧密地结合起来，提高学生的动手能力、创造能力、协作能力和综合能力。图 0-2 所示为机器人足球赛事图。

国际上最具影响力的机器人足球赛项是 FIRA 和 RoboCup 两大世界杯机器人足球赛。

（1）FIRA　FIRA（Federation of International Robot-Soccer Association）是国际机器人足球联合会的缩写。FIRA 于 1997 年第二届微型机器人锦标赛期间在韩国成立，每年举办一次

图 0-2　机器人足球赛

机器人足球世界杯赛（FIRA Robot-Soccer World Cup，FIRA RWC），比赛地点每年都不同，至今已分别在韩国、法国、巴西、澳大利亚、中国等先后举办了 20 余届赛事。比赛项目主要包括拟人式机器人足球赛、自主机器人足球赛、微型机器人足球赛、超微型机器人足球赛、小型机器人足球赛、仿真机器人足球赛等。

（2）RoboCup　RoboCup（Robot World Cup）是一个国际性组织，于 1997 年成立于日本。RoboCup 以机器人足球作为中心研究课题，旨在通过举办机器人足球比赛促进人工智能、机器人技术及其相关学科的发展。RoboCup 的最终目标是在 2050 年成立一支完全自主的拟人机器人足球队，能够与人类进行一场真正意义上的足球赛。RoboCup 至今已组织了八届世界杯赛。比赛项目主要有电脑仿真比赛（Simulation League1）、小型足球机器人赛 [Small-Size League（F-180）]、中型自主足球机器人赛 [Middle-Size League（F2000）]、四腿机器人足球赛（Four-Legged Robot League）、拟人机器人足球赛（Humanoid league）等。除了机器人足球比赛，RoboCup 同时还举办机器人抢险赛（RoboCup Rescue）和机器人初级赛（RoboCup Junior）。机器人抢险赛是研究如何将机器人运用到实际抢险救援当中，并希望通过举办比赛能够在不同程度上推动人类实际抢险救援工作的发展，比赛项目包括电脑模拟比赛和机器人竞赛两大系列。同时，RoboCup 为了普及机器人前沿科技，激发青少年学习兴趣，在 1999 年 12 月成立了一个专门组织中小学生参加的分支赛事——机器人初级赛。

2. 机器人综合竞赛

无论是机器人足球赛系列还是机器人灭火赛系列，都是主要围绕着一个主题进行的机器人竞赛。在国际上，除了这些机器人单项竞赛之外，还有把各项机器人竞赛组合在一起的比赛系列，即机器人综合竞赛，主要包括国际机器人奥林匹克竞赛、FLL 世锦赛和全国大学生机器人电视大赛，如图 0-3 所示。

图 0-3　机器人综合竞赛

（1）国际机器人奥林匹克竞赛　国际机器人奥林匹克委员会是一个非营利性的国际机器人组织，成立于 1998 年，总部设在韩国。从 1999 年开始组织“国际机器人奥林匹克竞赛”，这是一项将科技与教育目的融为一体的亚太地区的竞赛，目的是使更多青少年有更多机会参与国际间的科技交流活动，展示自己的才华和能力，激发他们对科技和机器人世界的不懈探索。

（2）FLL世锦赛　FLL是另一项综合系列的机器人竞赛，目的是激发青少年对科学技术的兴趣。目前有40多个国家参加FLL世锦赛。每年秋天，由教育专家及科学家们精心设计的FLL挑战题目将通过网络全球同步公布；各国/区域选拔赛在每年年底举行，总决赛于次年4~5月在美国举行。竞赛内容包括主题研究和机器人挑战两个项目，参赛队可以有8~10周的时间准备竞赛。参赛者要进行主题项目研究，并用乐高机器人技术套装，乐高积木及其他组件，如传感器、电动机、齿轮等制作全智能机器人参加比赛。FLL每年的挑战主题都不同，有的主题是根据实际问题提出的，有的主题是为了引导参赛者进行科幻想象，这些主题不仅有趣，更提供开放性的问题解决方案，参赛者可以用不同的方法达到同一目标，从而鼓励参赛者充分发挥想象力、创造力，培养参赛者的开发性思维。FLL世锦赛已成为一个能激发参赛者的学习兴趣、引导他们积极探索未知领域的良好的平台。

FLL世锦赛的比赛项目还包括常规赛、足球赛、电脑机器人创意设计与动手做比赛等。

（3）全国大学生机器人电视大赛　全国大学生机器人电视大赛（ROBOCON）是由中央电视台主办的全国大学生科技活动，自2002年开始每年一届，为“亚广联亚太地区大学生机器人电视大赛”选拔中国大学生的优秀代表队，每届一个主题。该项大赛的目的是培养和开发全国大学生的聪明才智与创新精神，展示当代大学生机器人制作能力与高新技术应用水平。ROBOCON比赛项目主要包括RoboCup足球机器人比赛、RoboCup救援比赛、RoboCup家庭服务比赛、FIRA足球机器人比赛、空中机器人比赛、水中机器人比赛、机器人走迷宫比赛、机器人武术擂台赛、舞蹈机器人比赛、双足竞步机器人比赛、机器人仿真比赛等。

3. 全国职业院校技能大赛机器人赛项

2008年，教育部、天津市政府等12个部委主办的“首届全国职业院校技能大赛”中高职组四个赛项中设有智能机器人项目，天津中德职业技术学院成功承办了该赛项，从此机器人大赛开始进入高职院校。通过高职机器人技能大赛，展示高职院校在信息技术、自动控制技术、机械技术等领域的教学改革与实践成果，普及机器人技术。竞赛设置特定工作情境，要求在机器人平台实现物体自动识别、抓取、运输和投放等功能。

0.2　机器人在工业中的应用

机器人技术涉及电子信息、通信网络、装备制造、工控、人机交互、传感与视觉、定位导航、人工智能、航天航空等前沿技术领域，从诞生至今已广泛应用于工业生产、助老助残、抗灾救援、医疗服务等社会生活的各个方面。特别是在工业生产领域中，机器人作为现代制造业主要的自动化装备，已广泛应用于汽车、摩托车、工程机械、电子信息、家电、化工等行业，进行焊接、装配、搬运、加工、喷涂、码垛等复杂作业。在美国、日本等机器人研究、应用发达的国家，只要能取代人工的领域，到处都可见机器人忙碌的“身影”。在汽车工业领域，机器人代替人工完成上料/卸料作业占很大比例。机器人的应用极大地提高了生产效率和产品质量，并改善了劳动生产条件。

目前，国际上的工业机器人主要分为日系和欧系。日系中主要有安川、OTC、松下、FANUC、以及川崎等公司的产品；欧系中主要有德国KUKA、CLOOS，瑞士的ABB，意大利的COMAU及奥地利的IGM等公司的产品。工业机器人已成为柔性制造系统（FMS）、工厂自动化（FA）、计算机集成制造系统（CIMS）中不可或缺的自动化工具。经验表明：使用工业机器人可以降低废品率和产品成本，减小人工误操作带来的残次零件风险。工业机器人带来的一系列效益也是十分明显的，如减少人工用量、减少机床损耗、加快技术创新速度、提高企业竞争力等。机器人具有执行各种任务特别是高危任务的能力，平均故障间隔期达60000h，比传统的自动化工艺更加先进。

工业机器人是目前技术上最成熟的机器人，它实质上是能根据预先编制的操作程序自动重复工作的自动化机器，所以这种机器人也称为重复型工业机器人。

从20世纪90年代初期起，我国的国民经济进入实现“两个根本”转变时期，掀起了新一轮的经济体制改革和技术进步热潮。在此期间，我国的工业机器人研发进程又在实践中迈进一大步，先后研制出了点焊、弧焊、装配、喷漆、切割、搬运、包装码垛等各种用途的工业机器人，并实施了一批机器人应用工程，形成了一批机器人产业化基地，为我国机器人产业的腾飞奠定了基础。

在经济全球化的背景下，航空工业也面临着一系列挑战，降低飞机制造成本、提高飞机性能、加强飞机结构强度是所有飞机制造商共同追求的目标。在竞争日趋激烈的今天，成本和效率同质量一样关键，这就需要采用新技术、新的制造和装配理念、新的管理方法等。机器人技术正好符合精益系统和精益制造的理念，并已在汽车制造业及家电制造业得到了广泛应用，因此近几年在航空制造业中也已开始看到机器人的“身影”。随着机器人的位置精度、负载能力的提高，以及位置和刚度补偿技术、离线编程工具、实时仿真技术、软件技术的发展，机器人可作为一种高效的平台，配以不同的末端执行器、工装、测量等子系统，构成各种不同的机器人柔性自动化系统。这种系统灵活性高且成本低，能迅速适应产品的变化，所以受到了广大航空企业的关注。机器人技术的具体应用如图0-4所示。

a) 装配机器人　b) 码垛机器人

c) 六自由度机械手　d) 物流机器人

图0-4　机器人技术应用

项目1　循迹机器人

项目导读

循迹机器人以一条引导线作为它的前进导向轨迹，引导线的反光度往往与地面的反光度有较大的差别，机器人上的光电二极管可以利用其反光度的不同检测到引导线，调整机器人与引导线的相对位置，使机器人总是循着引导线前进。

项目目标

制作循迹机器人。

促成目标

1. 了解机器人常用微控制器的种类和功能特点。
2. 能够根据不同的任务要求合理地选择控制器。
3. 掌握机器人循迹的基本策略与算法。
4. 能合理选择、使用循迹机器人所用的传感器。
5. 掌握C语言的基本数据类型、运算符及其基本结构。
6. 掌握机器人控制电动机的基本原理。

知识链接

机器人的大脑

1.1　机器人的“大脑”——控制器

机器人之所以能智能行走，就在于它有一个会思考的“大脑”——控制器，控制系统组成框图如图1-1所示。机器人的控制系统以控制器为核心，处理来自输入元件的感知信号。常见的输入元件有按键、开关、传感器等，控制器对感知信号进行判断、思考后，产生控制命令，进而指挥指示灯、显示器、发生器、继电器、电动机等输出元件按照程序规定动作，从而规定自己机械机构的行为动作。由此可见，控制器是机器人信息处理的中心，其功能的强弱直接决定机器人性能的优劣。

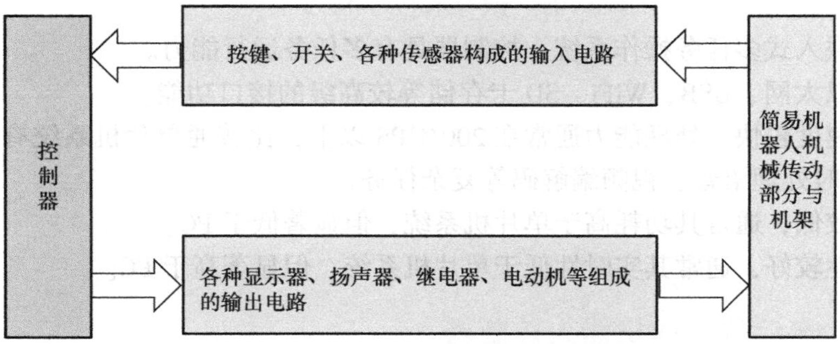

图 1-1　机器人控制系统组成框图

机器人控制器技术发展迅速，种类繁多，市场呈现出“百家争鸣”的格局。目前，机器人控制器按照应用领域分为三类：低级单片机控制器、高级嵌入式系统控制器和高速 PLC 工业机器人控制器。

1.1.1　基于单片机的控制器

单片微型计算机简称单片机，是典型的嵌入式微控制器（Microcontroller Unit）。国内比较流行的单片机有 AT89 系列、AVR 系列、PIC 系列、STC 系列等，各有优势，在各种类型机器人中应用广泛。

单片机控制器具有以下特点：

1）系统结构紧凑、造价低、针对性强，在设计时完全按照需要扩充 I/O 接口，可选择输入输出电路与装置的类型以及内存容量，可方便灵活地构建所需的控制系统，避免不必要的浪费，并且在控制性能方面具有 PLC 的优势。

2）相对于 PLC 的不足（内存有限、编程优化调试困难、价格高、针对性差等），单片机有更好的针对性，使用上也更加灵活，调试方便，价格较低。

3）语言程序同普通的继电器回路差别较大，编程的逻辑方式同梯形图也有很大的不同，程序写法学习起来难度较大。由于这个原因，此类型的单片机可编程序控制器推广难度大，一直在国内无法得到很好的应用。

1.1.2　基于嵌入式系统的控制器

嵌入式系统一般由嵌入式微处理器、外围硬件设备、嵌入式操作系统、应用程序四部分组成，实现对其他设备的控制、监视、管理等功能。狭义而言，人们一般把宿主设备中专用的、使用者不可见的微处理器系统，称为嵌入式系统。从这个意义上讲，单片机系统也是初级的嵌入式系统。而此处所说的嵌入式系统控制器专指 ARM 32 位微控制器。

ARM（Advanced RISC Machines）是英国微处理器行业的一家知名企业，设计了大量高性能、低造价、低耗能的 RISC 处理器及软件。ARM 微控制器以其强大的功能在嵌入式系统应用领域中独占鳌头，约占市场份额的 75%，将 ARM 32 位嵌入式系统控制器应用于机器人设计中，使机器人的智能化、网络化、小型化得到了明显地提高。

与功能简单的单片机相比，嵌入式系统的核心是嵌入式微处理器，通常具备比普通8位单片机更高的速度、更强的功能和更丰富的接口。

基于嵌入式系统的机器人控制器一般具有以下特点：

1）采用嵌入式多任务操作系统，控制器具有多任务运行能力。

2）具有以太网、USB、WiFi、SD卡存储等较高级的接口功能。

3）运算速度较快，处理能力通常在200MIPS以上，比普通单片机系统有显著提高，通常可以完成实时处理语音、视频编解码等复杂任务。

4）功耗较低，通常其功耗高于单片机系统，但显著低于PC。

5）实时性较好，通常其实时性低于单片机系统，但显著高于PC。

1.1.3 基于PLC构架的机器人控制器

可编程序控制器（Programmable Controller，PC）经历了可编程序矩阵控制器（Programmable Matrix Controller，PMC）、可编程序顺序控制器（Programmable Sequential Controller，PSC）、可编程序逻辑控制器（Programmable Logic Controller，PLC）和可编程序控制器等不同时期。为与个人计算机（Personal Computer，PC）相区别，现在仍然沿用可编程序逻辑控制器（PLC）的名称。

1987年国际电工委员会（International Electrical Committee，IEC）颁布的PLC标准草案中对PLC做了如下定义：“PLC是一种专门为在工业环境下应用而设计的数字运算操作的电子装置。它采用可以编制程序的存储器，用来在其内部存储执行逻辑运算、顺序运算、计时、计数和算术运算等操作的指令，并能通过数字式或模拟式的输入和输出，控制各种类型的机械或生产过程。PLC及其有关的外围设备都应该按易于与工业控制系统形成一个整体、易于扩展其功能的原则而设计”。

基于PLC构架的机器人控制器具有以下优点：

1）处理能力强，可多任务运行。

2）开发方便。BASIC语言、C语言和各种图像化语言都可用作开发机器人软件。

3）容易获得。PLC相当普及，容易获得。

4）软件资源丰富。有大量基于PLC、Windows、Linux系统等开发的范例程序可供参考。

同时，基于PLC构架的机器人控制器具有以下缺点：

1）体积大，功耗高，难以用于小型或者是微型机器人。

2）操作系统复杂，启动慢，常用的Windows操作系统实时性差。

3）价格较高。

4）通常的PLC不具备电动机驱动接口，也不具备传感器输入接口，需要配合各种接口电路板才能工作。

1.2 循迹机器人的探测方式

循迹机器人的分类及应用

为了获得场地上的轨迹（白线/黑线）信息，循迹机器人的种类根据探测方式大致可分为摄像头式、电磁式、光电式等。

1. 摄像头式

摄像头式循迹机器人通过电荷耦合元件（Charge-Coupled Device，CCD）摄像头获取目标道路信息，结合当前的行驶状态，对其行驶方向与行车速度进行智能化调整，从而实现准确快速地跟踪，但硬件与软件较为复杂。

CCD 由一系列排列很紧密的 MOS 电容器组成，每一个 MOS 电容器称为一个光敏像素，一块 CCD 上包含的光敏像素越多，其提供的画面分辨率也就越高。CCD 的作用同胶片一样，但它是把图像像素转变为数字信号。CCD 的突出特点是以电荷为信号，实现电荷的存储和转移。

使用 CCD 传感器可以获取大量的图像信息，可以全面完整地掌握路径信息，进行较远距离地预测和识别图像复杂的路面，而且抗干扰能力强。但使用 CCD 传感器也有其不足之处。首先使用 CCD 传感器需要进行大量图像处理的工作，需要完成大量数据的存储和计算。因为是以实现循迹机器人视觉为目的，所以实现起来工作量较大，且相当烦琐。CCD 摄像头如图 1-2 所示。

图 1-2 CCD 摄像头

2. 电磁式

电磁式循迹机器人是在地面铺设通有交变电流的引导线，在引导线周围激起交变的磁场，通过霍尔元件探测到导线的位置，使小车沿着导线行驶。电磁式循迹机器人导线轨道的制作难度大，造价也高。

3. 光电式

光电式循迹机器人通过光敏元件探测黑线，其分辨率大大低于摄像头式，不能做到精确地控制，但其制作较为简单。光敏元件一般采用的是灰度传感器，灰度传感器是模拟传感器，由一只发光二极管和一只光敏电阻组成。其中光敏电阻是由一种特殊的半导体材料制成的电阻器件，它基于半导体材料的光电效应原理。当无光照射时，光敏电阻（暗电阻）值很大，电路中暗电流很小；当光敏电阻受到一定波长范围的光照射时，其电阻（亮电阻）急剧减小，电路中光电流迅速增大。光电式灰度传感器如图 1-3 所示。

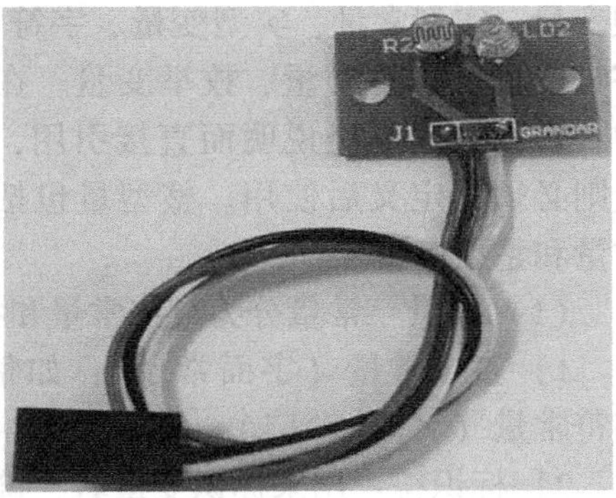

图 1-3 光电式灰度传感器

灰度传感器的优点是结构简明，易于实现，成本低廉，免去了繁复的图像处理工作，反应灵敏，响应时间低，便于近距离路面情况的检测；缺点是它所获取的信息不完整，只能对路面情况做简单的黑白判别，检测距离有限，而且容易受到诸多扰动的影响，抗干扰能力较差，背景光源、器件之间的差异、传感器高度位置的差异等都将对其造成干扰。

1.3 机器人编程基础

1.3.1 机器人软件知识概述

机器人是一种自动化的机器，它具备与人或生物相似的能力，如感知能力、规划能力、动作能力和协同能力等。实际上，机器人也是一类计算系统，只不过其输入/输出设备与常规计算机系统的输入/输出设备有所不同，但其核心处理部件及功能完全一致。像计算机一样，要控制机器人需要有控制软件，而要编写软件就要用计算机语言。常用计算机语言分为以下几类：机器语言，指计算机中用二进制表示的数据或指令，计算机可以直接执行；自然语言，类似于人类交流使用的语言，常用于表示算法；高级语言，介于机器语言和自然语言之间的编程语言。用于控制机器人的软件常用自然语言编写程序，用高级语言实现算法。

机器人控制方法不同，所用的程序设计语言也有所不同。如机器鱼、FIRA 等比赛，主要用场外的台式计算机来控制，主要用面向对象的设计语言，模拟现实世界的对象交流方式，先定义同类对象的模块，即程序设计语言中的类，然后由类产生对象，通过对象之间的消息通信及交互实现整个程序的功能。而其他大部分比赛，如擂台赛、足球赛、舞蹈比赛等常由机器人自身来控制，常用的是面向过程的设计语言——C 语言。

1.3.2 C 语言基本数据类型

算法处理的对象是数据，而数据是以某种特定的形式存在的，如整数、实数、字符等。C 语言提供的数据类型如图 1-4 所示，由这些数据类型可以构造出不同的数据结构。

C 语言数据类型

1. 常量与变量

对于基本数据类型量，按其取值是否可改变分为常量和变量两种。在程序执行过程中，其值不发生改变的量称为常量，其值可变的量称为变量，可与数据类型结合进行分类。例如，可分为整型常量、整型变量、实型常量、实型变量、字符常量、字符变量、枚举常量、枚举变量。在程序中，常量可以不经说明而直接引用，而变量则必须先定义后使用。整型量包括整型常量和整型变量。

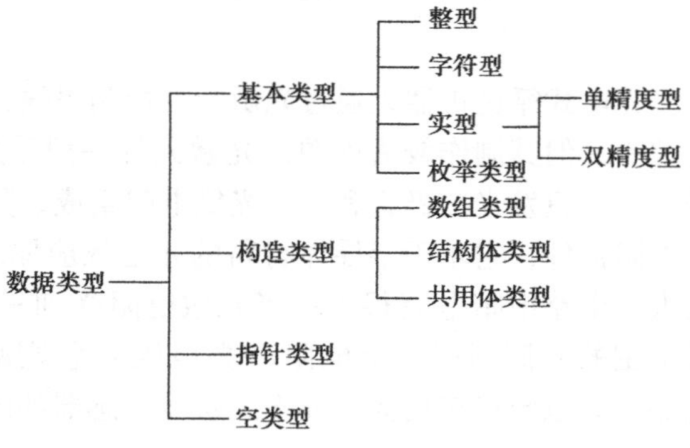

图 1-4 C 语言数据类型

(1) 常量　常量分为直接常量和符号常量，其中符号常量需要用标识符来表示。

1) 直接常量（字面常量）：如整型常量（12、0、-3），实型常量（4.6、-1.23），字符常量（'a'、'b'）。

2) 标识符：用来标识变量名、符号常量名、函数名、数组名、类型名以及文件名的有效字符序列。

3）符号常量：用标识符代表一个常量，称为符号常量。

符号常量在使用前必须先定义，其一般形式为：

#define 标识符　常量

其中，#为预处理标志，用于对文本进行预处理操作。#define 是一条预处理命令（预处理命令都以“#”开头），称为宏定义命令，其功能是把该标识符定义为其后的常量值。一经定义，以后在程序中所有出现该标识符的地方均用该常量值代换。

【例 1-1】 符号常量的使用。

程序如下：

```
#define PRICE 30
#include <stdio.h>
void main ()
{
  int num, total;
  num = 10;
  total = num * PRICE;
  printf ("total = %d\n", total);
}
```

程序#define 命令行定义 PRICE 代表常量 30，此后凡在本程序中出现的 PRICE 都代表 30，程序的运行结果为

total = 300

习惯上符号常量的标识符用大写字母表示，变量标识符用小写字母表示，以示区别。

（2）变量　变量代表内存中具有特定属性的一个存储单元，它用来存储数据，也就是变量的值，在程序运行过程中，这些值是可以改变的。变量表示方法如图 1-5 所示。注意区分变量名和变量值这两个不同的概念。变量名实际上是以一个名字对应代表一个地址。

程序在进行编译链接时，编译系统给每个变量名分配对应的内存地址。从变量中取值，实际上是通过变量名找到相应的内存地址，再从该内存地址中读取数据。变量定义必须放在变量使用之前。一般放在函数体的开头部分。

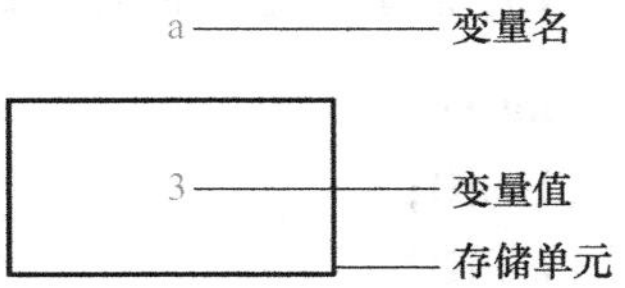

图 1-5　变量表示方法

2. 整型数据

（1）整型常量　整型常量就是整常数。在 C 语言中，整常数有三种表示形式：

1）十进制整常数。十进制整常数没有前缀，其数码取值为 0 ~ 9。

以下各数是合法的十进制整常数：237、−568、65535、1627。

以下各数不是合法的十进制整常数：023（不能有前导 0）、23D（含有非十进制数码）。

2）八进制整常数。八进制整常数必须以“0”开头，即以“0”作为八进制数的前缀，数码取值为 0 ~ 7。八进制整常数通常是无符号数。

以下各数是合法的八进制整常数：015（十进制为 13）、0101（十进制为 65）、0177777

（十进制为65535）。

以下各数不是合法的八进制整常数：256（无前缀0）、03A2（包含了非八进制数码）、-0127（出现了负号）。

3）十六进制整常数。十六进制整常数的前缀为“0X”或“0x”，其数码取值为0~9，A~F或者为a~f。

以下各数是合法的十六进制整常数：0X2A（十进制为42）、0XA0（十进制为160）、0XFFFF（十进制为65535）。

以下各数不是合法的十六进制整常数：5A（无前缀0X）、0X3H（含有非十六进制数码）。

在16位字长的机器上，整型常量的长度也为16位，因此表示的数的范围也是有限的。十进制无符号整常数的表示范围为0~65535，有符号整常数表示范围为-32768~+32767。八进制无符号整常数的表示范围为0~0177777。十六进制无符号整常数的表示范围为0X0~0XFFFF或0x0~0xFFFF。如果使用的整常数超过了上述范围，就必须用长整型常数来表示。

长整型常数即长整常数，用后缀“L”或“l”来表示。例如：

1）十进制长整常数-158L（十进制为158）、358000L（十进制为358000）。

2）八进制长整常数-012L（十进制为10）、077L（十进制为63）、0200000L（十进制为65536）。

3）十六进制长整常数-0X15L（十进制为21）、0XA5L（十进制为165）、0X10000L（十进制为65536）。

长整常数158L和整常数158在数值上并无区别。但158L是长整常数，因此C编译系统将为它分配4B的存储空间；而158是整常数，只分配2B的存储空间。因此在运算和输出格式上要予以注意，避免出错。

无符号数也可用后缀表示，整型常量的无符号数的后缀为“U”或“u”。如358u、0x38Au、235Lu均为无符号数。

可同时使用前缀、后缀表示各种类型的数。如0XA5Lu表示十六进制无符号长整常数A5，其十进制为165。

（2）整型变量

1）整型变量在内存中的存放形式。如定义一个整型变量i：

```
int i;
i=10;
i 10
0 0 0 0 0 0 0 0 0 0 0 0 1 0 1 0
```

整型变量i的数值以补码表示。补码表示方法为：正数的补码和原码相同，负数的补码是将该数的绝对值的二进制形式按位取反再加1。

2）整型变量的分类。整型变量分为以下几类：

① 基本型：类型说明符为int，在内存中占2B的存储空间。

② 短整型：类型说明符为short int或short。所占字节和取值范围均与基本型相同。

③ 长整型：类型说明符为long int或long，在内存中占4B的存储空间。

④ 无符号型：类型说明符为unsigned。

无符号型又可与上述三种类型匹配构成以下几种类型：

① 无符号基本型：类型说明符为 unsigned int 或 unsigned。

② 无符号短整型：类型说明符为 unsigned short。

③ 无符号长整型：类型说明符为 unsigned long。

各种无符号类型量所占的内存空间字节数与相应的有符号类型量相同。但由于省去了符号位，故不能表示负数。

有符号整型变量可表示的最大十进制数为 32767，其二进制为

0 1 1 1 1 1 1 1 1 1 1 1 1 1 1 1

无符号整型变量可表示的最大十进制数为 65535，其二进制为

1 1 1 1 1 1 1 1 1 1 1 1 1 1 1 1

3）整型变量的定义。整型变量定义的一般形式为

```
类型说明符　变量名标识符，变量名标识符，……；
```

例如：

```
int a, b, c;                //a, b, c 为基本整型变量
long x, y;                  //x, y 为长整型变量
unsigned p, q;              //p, q 为无符号整型变量
```

在书写变量定义时，应注意以下几点：

① 允许在一个类型说明符后，定义多个相同类型的变量，各变量名之间用逗号间隔。类型说明符与变量名之间至少用一个空格间隔。

② 最后一个变量名之后必须以“；”结尾。

③ 变量定义必须放在变量使用之前。一般放在函数体的开头部分。

【例 1-2】 整型变量的定义与使用。

程序如下：

```
#include <stdio.h>
void main ()
{
  int a, b, c, d;
  unsigned u;
  a = 12; b = -24; u = 10;
  c = a + u; d = b + u;
  printf ("c = %d, d = %d\n", c, d);
}
```

程序运行结果为

```
c = 22, d = -14
```

4）整型数据的溢出。

【例 1-3】 整型数据的溢出。

程序如下：

```
#include <stdio.h>
void main ()
{
  int a, b;
  a = 32767;
  b = a + 1;
  printf ("%d,%d\n", a, b);
}
```

程序运行结果为

```
32767, 32768
32767:
0 1 1 1 1 1 1 1 1 1 1 1 1 1 1 1
-32768:
1 0 0 0 0 0 0 0 0 0 0 0 0 0 0 0
```

【例 1-4】 不同类型数据的运算。

程序如下:

```
#include <stdio.h>
void main ()
{
  long x, y;
  int a, b, c, d;
  x = 5;
  y = 6;
  a = 7;
  b = 8;
  c = x + a;
  d = y + b;
  printf ("c = x + a = %d, d = y + b = %d\n", c, d);
}
```

程序运行结果为

```
c = x + a = 12, d = y + b = 14
```

从程序中可以看出：x、y 是长整型变量，a、b 是基本整型变量。它们之间允许进行运算，运算结果为长整型。但 c、d 被定义为基本整型，因此最后的运算结果为基本整型。本例说明，不同类型的量可以参与运算并相互赋值，其中的类型转换由编译系统自动完成。有关类型转换的规则将在后续项目介绍。

3. 实型数据

（1）实型常量　实型也称为浮点型。实型常量也称为实数或者浮点数。在 C 语言中，实数只采用十进制。它有两种形式：十进制小数形式和指数形式。

1）十进制小数形式：由数码 0 ~ 9 和小数点组成。如 0.0、25.0、5.789、0.13、5.0、－267.8230 等均为合法的实数。**注意**：十进制小数形式必须有小数点。

2）指数形式：由十进制数加阶码标志“e”或“E”以及阶码（只能为整数，可以带符号）组成。指数形式的一般形式为

```
aEn
```

其中，a 为十进制数；n 为十进制整数。其值为 $a \times 10^n$。

例如，2.1E5（等于 2.1×10^5）、3.7E－2（等于 3.7×10^{-2}）、0.5E7（等于 0.5×10^7）、－2.8E－2（等于 -2.8×10^{-2}）。

以下是不合法的实数：345（无小数点）、E7（阶码标志 E 之前无数字）、－5（无阶码标志）、53.－E3（负号位置不对）、2.7E（无阶码）。

标准 C 语言中允许实数使用后缀。后缀为“f”或“F”即表示该数为实数。如 356f 和 356. 是等价的。

（2）实型变量

1）实型数据在内存中的存放形式。实型数据一般占 4B（32 位）的内存空间，按指数形式存储。如实数 3.14159 在内存中的存放形式为

+.	314159	1
数符	小数部分	指数

小数部分占的位（bit）数越多，数的有效数字越多，精度越高。指数部分占的位数越多，则能表示的数值范围越大。

2）实型变量的分类。实型变量分为：单精度（float）型、双精度（double）型和长双精度（long double）型。

在 Turbo C 中，单精度型占 4B(32 位）的内存空间，其数值范围为 3.4E－38 ~ 3.4E＋38，只能提供 7 位有效数字；双精度型占 8B(64 位）的内存空间，其数值范围为 1.7E－308 ~ 1.7E＋308，可提供 16 位有效数字。实型变量分类见表 1-1。

表 1-1　实型变量分类

类型说明符	位数（字节数）	有效数字	数的范围
float	32(4)	6 ~ 7	$10^{-37} \sim 10^{38}$
double	64(8)	15 ~ 16	$10^{-307} \sim 10^{308}$
long double	128(16)	18 ~ 19	$10^{-4931} \sim 10^{4932}$

实型变量定义的格式和书写规则与整型变量相同。

3）实型数据的舍入误差。由于实型变量是由有限的存储单元组成的，因此能提供的有效数字总是有限的。

【例 1-5】 实型数据的舍入误差。

程序如下：

```
#include <stdio.h>
void main ()
{
    float a，b;
    a = 123456.789e5;
    b = a + 20;
    printf ("%f\n", a);
    printf ("%f\n", b);
}
```

程序运行结果为

```
12345678848.000000
12345678848.000000
```

【例 1-6】 单精度型、双精度型数据的舍入误差。

程序如下：

```
#include <stdio.h>
void main ()
{
    float a;
    double b;
    a = 33333.33333;
    b = 33333.33333333333333;
    printf ("%f\n%f\n", a, b);
}
```

程序运行结果为

```
33333.332031
33333.333333
```

从本例可以看出，由于 a 是单精度型，有效数字只有 7 位，而整数已占 5 位，故小数两位后数字均为无效数字。b 是双精度型，有效数字为 16 位，但 Turbo C 规定小数后最多保留 6 位，其余部分四舍五入。

4. 运算符和表达式

C 语言中运算符和表达式数量之多，在高级语言中是少见的。C 语言的运算符不仅具有不同的优先级，而且还有一个特点，就是它的结合性。在表达式中，各运算量参与运算的先后顺序不仅要遵守运算符优先级别的规定，还

常用运算符和表达式

要受运算符结合性的制约，以便确定是自左向右进行运算还是自右向左进行运算。这种结合性是其他高级语言的运算符所没有的，因此也增加了C语言的复杂性。

（1）C语言运算符简介　常用的运算符可分为以下几类：

1）算术运算符：用于各类数值运算，包括加（+）、减（-）、乘（*）、除（/）、求余（或称模运算,%）、自增（++）和自减（--），共7种。

2）关系运算符：用于比较运算，包括大于（>）、小于（<）、等于（==）、大于或等于（>=）、小于或等于（<=）和不等于（!=），共6种。

3）逻辑运算符：用于逻辑运算，包括与（&&）、或（||）、非（!），共3种。

4）位操作运算符：将参与运算的量按二进制位进行运算，包括位与（&）、位或（|）、位非（~）、位异或（^）、左移（<<）、右移（>>），共6种。

5）赋值运算符：用于赋值运算，分为简单赋值（=）、复合算术赋值（+=，-=，*=，/=，%=）和复合位运算赋值（&=，|=，^=，>>=，<<=）三类，共11种。

（2）算术运算符和算术表达式

1）基本的算术运算符。

① 加法运算符（+）：双目运算符，即应有两个运算量参与加法运算，如a+b、4+8等。加法运算符具有左结合性。

② 减法运算符（-）：双目运算符，但作为负值运算符时为单目运算，如-x、-5等。减法运算符具有左结合性。

③ 乘法运算符（*）：双目运算符，具有左结合性。

④ 除法运算符（/）：双目运算符，具有左结合性。参与运算量均为整型时，结果也为整型，舍去小数。如果运算量中有一个是实型，则结果为双精度实型。

【例1-7】　除法运算。

程序如下：

```
#include <stdio.h>
void main ()
{
    printf ("TEST=%d\n", 100%3);
    printf ("TEST=%d\n", 20/7);
}
```

程序运行结果为

```
TEST=1
TEST=2
```

2）算术表达式和运算符的优先级和结合性。表达式是由常量、变量、函数和运算符组合起来的式子。一个表达式有一个值及其类型，它们等于计算表达式所得结果的值和类型。表达式求值按运算符的优先级和结合性规定的顺序进行。单个的常量、变量、函数可以看作是表达式的特例。算术表达式是由算术运算符和括号连接起来的式子。

① 算术表达式。用算术运算符和括号将运算对象（也称操作数）连接起来的、符合 C 语法规则的式子。以下为算术表达式：a + b，(a * 2)/c，(x + r) * 8 - (a + b)/7，(+ + i) - (j + +) + (k - -)。

② 运算符的优先级。C 语言中，运算符的运算优先级共分为 15 级。1 级最高，15 级最低。在表达式中优先级较高的先于优先级较低的进行运算，而在一个运算量两侧的运算符优先级相同时，则按运算符的结合性所规定的结合方向处理。

③ 运算符的结合性。C 语言中各运算符的结合性分为两种，即左结合性（自左至右）和右结合性（自右至左）。若算术运算符的结合性是自左至右，则运算时先左后右。如表达式 x - y + z 中，y 应先与“ - ”号结合，执行 x - y 运算，然后再执行 + z 的运算。这种自左至右的结合方向就称为左结合性。而自右至左的结合方向称为右结合性，最典型的右结合性运算符是赋值运算符。如 x = y = z，由于“ = ”的右结合性，应先执行 y = z 再执行 x = (y = z) 运算。C 语言运算符中有不少为右结合性，应注意区别，避免理解错误。

(3) 自增、自减运算符　自增 1 运算符记为“ + + ”，其功能是使变量的值自增 1；自减 1 运算符记为“ - - ”，其功能是使变量的值自减 1。自增 1、自减 1 运算符均为单目运算，都具有右结合性。可有以下几种形式：

```
++i        // i 自增 1 后再参与其他运算
--i        // i 自减 1 后再参与其他运算
i++        // i 参与运算后，i 的值再自增 1
i--        // i 参与运算后，i 的值再自减 1
```

【例 1-8】 自增、自减运算符的运算。

程序如下：

```
#include <stdio.h>
void main ()
{   int i, j;
    i=1;
    j=3;
    printf ("i++=%d\n", i++);
    printf ("++i=%d\n", ++i);
    printf ("j++=%d\n", j++);
    printf ("++j=%d\n", ++j);
}
```

程序的运行结果为

```
i++=1
++i=3
j++=3
++j=5
```

在理解和使用上容易出错的是 i + + 和 + + i。特别是当它们出现在较复杂的表达式或语句中时，常常难以弄清，因此应仔细分析。

（4）关系和逻辑运算符

1）关系运算符及其优先次序。在 C 语言中有以下关系运算符：<（小于）、<=（小于或等于）、>（大于）、>=（大于或等于）、==（等于）、!=（不等于）。

关系运算符都是双目运算符，其结合性均为左结合。关系运算符的优先级低于算术运算符，高于赋值运算符。在六个关系运算符中，<、<=、>、>=的优先级相同，高于==和!=，==和!=的优先级相同。

2）关系表达式。关系表达式的一般形式为

```
表达式　　关系运算符　　表达式
```

例如，a+b>c-d，x>3/2，'a'+1<c，-i-5*j==k+1 都是合法的关系表达式。由于表达式也可以是关系表达式，因此允许出现嵌套的情况。如 a>(b>c)，a!=(c==d) 等。

关系表达式的值为“真”和“假”，用“1”和“0”表示。如 5>0 的值为真，即为 1；(a=3)>(b=5) 中，由于 3>5 不成立，故其值为假，即为 0。

（5）逻辑运算符和表达式　C 语言中提供了三种逻辑运算符：&&（与运算符）、||（或运算符）、!（非运算符）。

与运算符（&&）和或运算符（||）均为双目运算符，具有左结合性。非运算符（!）为单目运算符，具有右结合性。逻辑运算符和其他常用运算符优先级的关系如图 1-6 所示。

其中，!（非运算符）优先级最高。

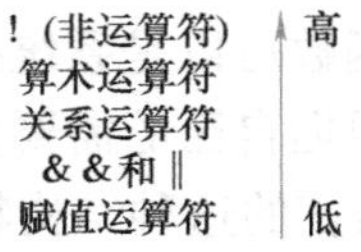

图 1-6　逻辑运算符和其他常用运算符优先级的关系

5. 程序的结构

下面先介绍几个简单的 C 语言程序，然后从中分析 C 语言程序的结构特点。

【例 1-9】　输出一行信息。

程序如下：

```
#include <stdio.h>
void main ( )
{
  printf ("This is C program\n");
}
```

程序运行结果为

```
This is C program.
```

源程序中 main 是函数名，表示主函数，main 前面的 void 表示此函数是空类型，void 是“空”的意思，即执行此函数后不产生一个函数值［有的函数在执行后会得到一个函数值，如正弦函数 sin（x）］。每一个 C 语言程序都必须有一个 main（）函数，函数体由花括号{ }括起来。

程序第一行“#include <stdio. h>”的作用是标准输入输出函数的声明，stdio. h 是 C 语言编译系统提供的一个文件名，stdio. h 是“standard input & output”的缩写，表示标准输入输出函数。

【例 1-10】 求两数之和。

程序如下：

```
#include  <stdio. h>
void main ( )
{
  int a, b, sum;
  a = 123;
  b = 456;
  sum = a + b;
  printf ("a = %d, b = %d, a + b = %d\n", a, b, sum);
}
```

程序运行结果为

```
a = 123, b = 456, a + b = 579
```

通过以上例子，可以看出：

1）C 程序是由函数构成的。一个源程序至少且仅包含一个 main（）函数，也可以包含一个 main（）函数和若干个其他函数。因此，函数是 C 程序的基本单位。被调用的函数可以是系统提供的库函数，如 printf（）和 scanf（）函数，也可以是用户根据自己的需要设计的函数。

函数

C 语言的这种结构特点使其容易实现程序的模块化。

2）一个函数由首部和函数体两部分组成。

① 函数的首部：即函数的第一行，包括函数类型、函数名、函数参数（形式参数）名、参数类型，如图 1-7 所示。

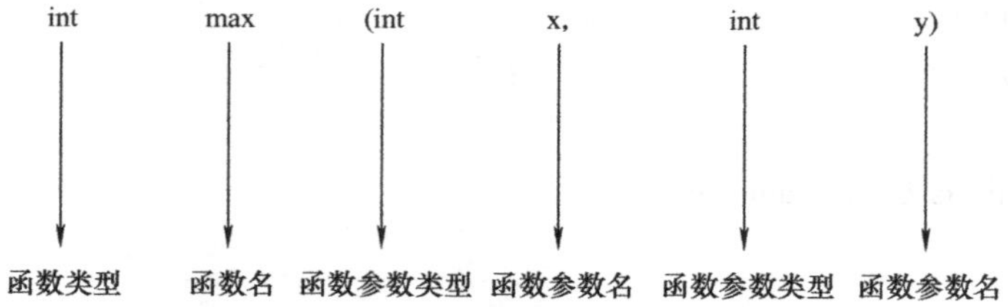

图 1-7 函数的组成

一个函数名后面必须跟一对圆括号，括号内写函数的参数名及其类型。函数可以没有参数，如 main（）。

② 函数体：即函数首部下面的花括号内的部分。如果一个函数内有多个花括号，则最外层的一对花括号为函数体的范围。

函数体一般包括两个部分：声明部分，定义所用到的变量和被调函数的声明；执行部分，由若干个语句组成。

3）一个C程序总是从main（）函数开始执行，而不论main（）函数在整个程序中的位置如何（main（）函数可以放在程序最前头，也可以放在函数后面，或在一些函数之前，或在一些函数之后）。

4）C程序书写格式自由，一行内可以写几个语句，一个语句可以分写在多行。C程序没有行号。

5）每个语句和数据声明的最后必须有一个分号。分号是C语言的必要组成部分。

6）C语言本身没有输入输出语句，输入输出操作由库函数scanf（）和printf（）等函数来完成，C语言对输入输出实行“函数化”。由于输入输出操作涉及具体的计算机设备，把输入输出操作放在函数中处理，可以使C语言本身的规模缩小，编译程序简单，易于在各种机器人上实现，程序具有可移植性。不同计算机系统除了提供标准函数外，还提供一些专门的函数，因此，不同计算机系统中所提供的函数个数和功能有所不同。

7）可以用/＊……＊/对C程序中的任何部分做注释。一个好的、有使用价值的源程序都应当加上必要的注释，以增加程序的可读性。

任务实训

任务1.1　机器人识别引导线

一、任务目标

1. 根据循迹机器人的设计要求，理解其功能模块，并理解灰度传感器的基本工作原理。
2. 在搭建机械结构的基础上，安装灰度传感器。
3. 标定灰度传感器，并验证其工作原理。

二、任务准备

循迹机器人设计

1. 循迹机器人的设计要求

本次任务的设计要求是机器人具有自动循迹功能，能够沿着提供的赛道按要求跑完全程。赛道用黑色胶带在白色地板上粘贴而成，很好识别，如图1-8所示。

循迹机器人的组成框图如图1-9所示，主要由以下几个模块组成：

1）传感器模块。其为信息采集部分，由灰度检测和运算放大模块组成。传感器模块将检测到的信号经过运算放大模块放大整形后送给机器人控制处理模块，其核心部分是几个灰度传感器。

2）控制处理模块。控制处理模块相当于机器人的“大脑”，它将采集到的信息进行判断后，按照预定的算法处理，并把处理结果送交电动机驱动和液晶显示模块，使之做出相应的动作。

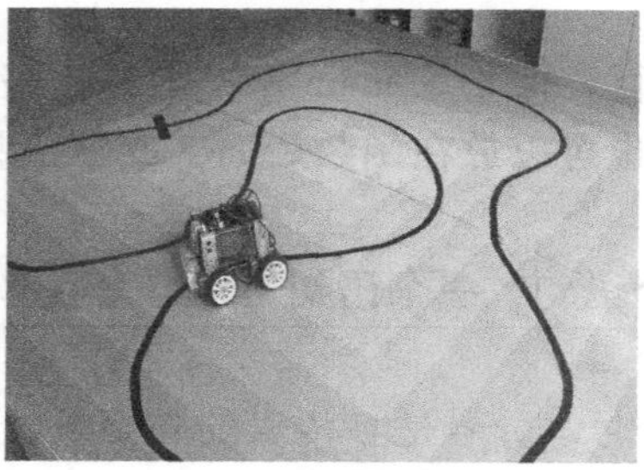

图 1-8　循迹机器人赛道

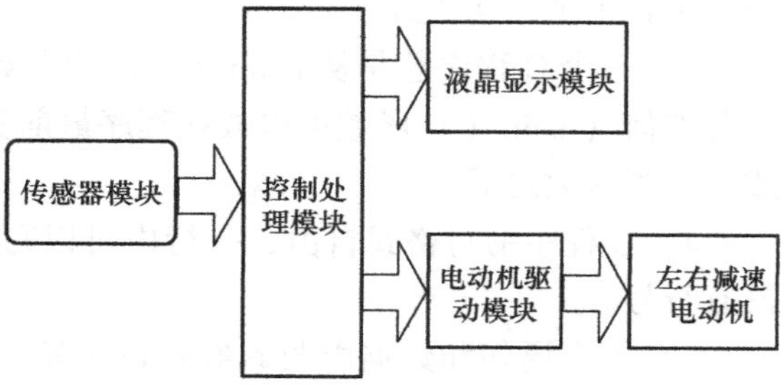

图 1-9　循迹机器人的组成框图

3）执行模块。执行模块由液晶显示模块、电动机驱动模块及左右减速电动机组成。液晶显示模块主要是实时显示控制处理模块处理的结果，方便用户及时了解系统当前的状态；电动机驱动模块根据控制处理模块的指令驱动两个电动机进行动作，使其能够根据需要做出相应的加速、减速、转弯、停车等的动作，以达到预期的目的。

2. 认识灰度传感器

鉴于循迹机器人只要能区分检测黑白两种颜色就可以采集到准确的路面信息，经过综合考虑，在本项目中采用灰度传感器作为信号采集元件。

灰度传感器

灰度传感器主要用于检测地面不同颜色的灰度值，如灭火比赛中判断门口白线，足球比赛中判断机器人在场地中的位置，各种轨迹比赛中循迹行走等。灰度传感器的工作原理如图 1-10 所示。

灰度传感器处于工作状态时，发射端不停地以大约 60°的散角向外发射红外信号，当接收端处于反射区内时，便能接收到障碍物（反射面）反射回来的红外信号，即认为此时有障碍在发射端前方，这种设计方法多用于前方障碍检测。

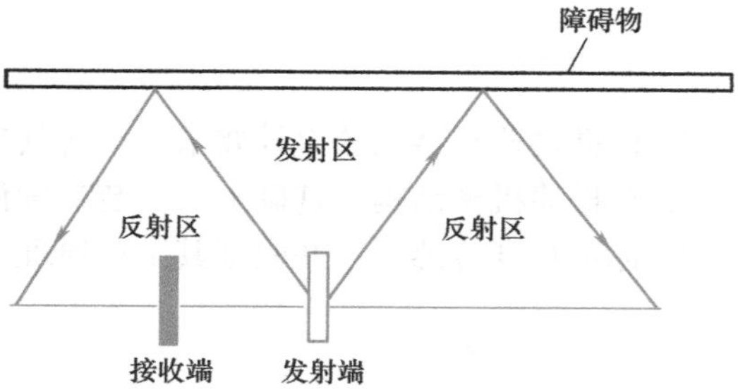

图 1-10　灰度传感器工作原理

不同颜色对红外信号的反射能力不同，同样材质白色反射率最高，黑色反射率最低，这导致传感器对不同颜色的障碍物检测范围不同。

3. 标定灰度传感器

灰度传感器的颜色检测结论是颜色越浅，返回数值越大，颜色越深，返回数值越小。在同一高度，不同的颜色返回的数值也不同，在使用灰度传感器时应先标定。

灰度传感器标定注意事项如下：

1）检测面材质的不同会引起灰度传感器返回值的差异。

2）外界光线的强弱对灰度传感器影响非常大，会直接影响到检测效果。因此，具体检测项目中应注意包装传感器，避免外界光的干扰。

3）根据灰度传感器的工作原理，它是由光敏物质根据检测面反射回来的光线强度确定检测面的颜色深浅，因此测量的准确性和传感器到检测面的距离有直接关系。

三、任务实施

1. 安装灰度传感器

机器人循迹的保证是传感器采集回正确的信息，所以传感器的合理排布是机器人能够圆满完成任务的基本保证。从简单、方便、可靠等角度出发，同时在机器人底盘安装两个灰度传感器，具体的位置分布如图 1-11 所示。

注意：两个灰度传感器之间的最佳距离应该等于或大于黑线的宽度。以“创意之星”机器人套件搭建的循迹机器人为例展示传感器的安装方法，如图 1-12 所示。

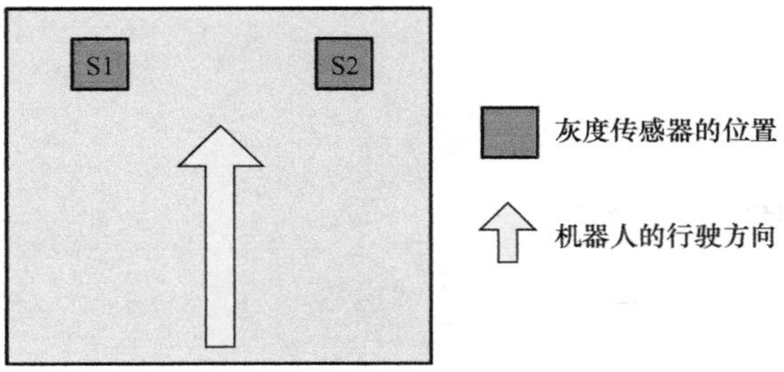

图 1-11　灰度传感器的位置分布

图 1-12　灰度传感器的安装

循迹机器人在行驶过程中，始终保证黑线在两个传感器中间，当机器人偏离黑线时，传感器就能检测出该信号，并把该信号送给机器人控制器，控制系统发出指令对机器人的轨迹予以纠正。

2. 标定灰度传感器

将左边的灰度传感器接入控制器的 AD0，右边的灰度传感器接入控制器的 AD1。新建一个基于 MultiFLEX2-AVR 控制器的工程，如图 1-13 所示。

图 1-13　选择控制器

设置 4 个舵机，使用电动机模式，如图 1-14 所示。

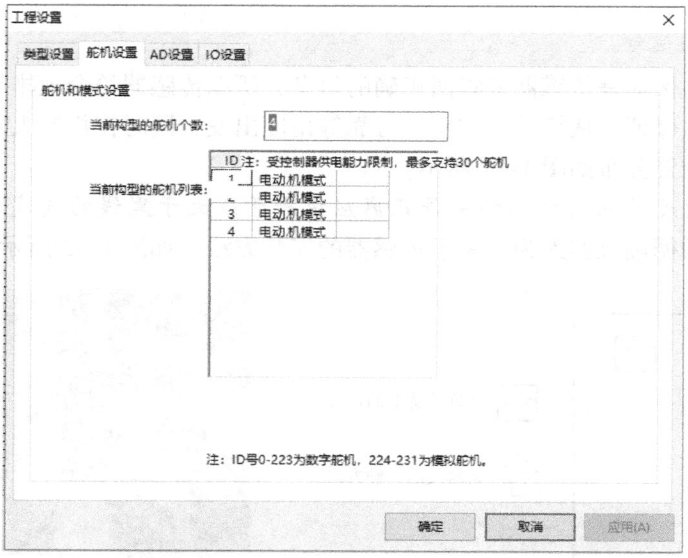

图 1-14　设置舵机

IO 数量设置为 0，AD 数量设置为 2，如图 1-15 所示。

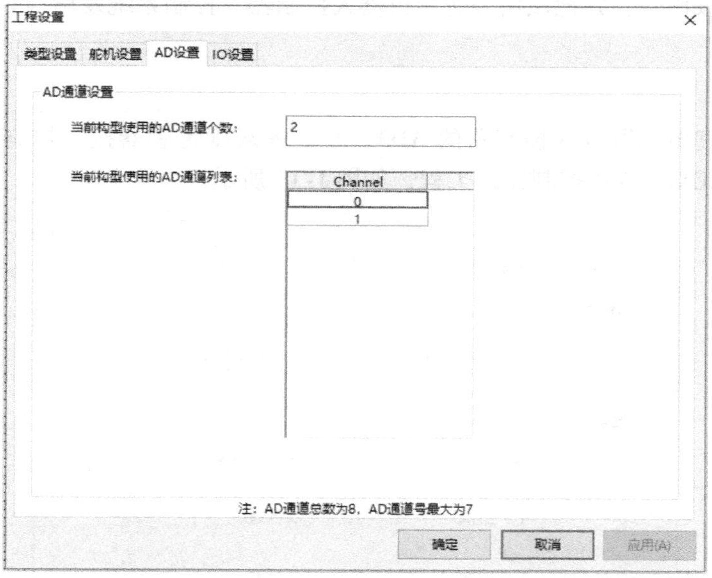

图 1-15　设置 AD

整个工程新建完毕，单击“保存”将工程保存到计算机中。NorthStar 的开发环境如图 1-16 所示。

NorthStar 有传感器实时查询功能，单击菜单“工具”→“查询传感器”，“传感器查询”对话框如图 1-17 所示。

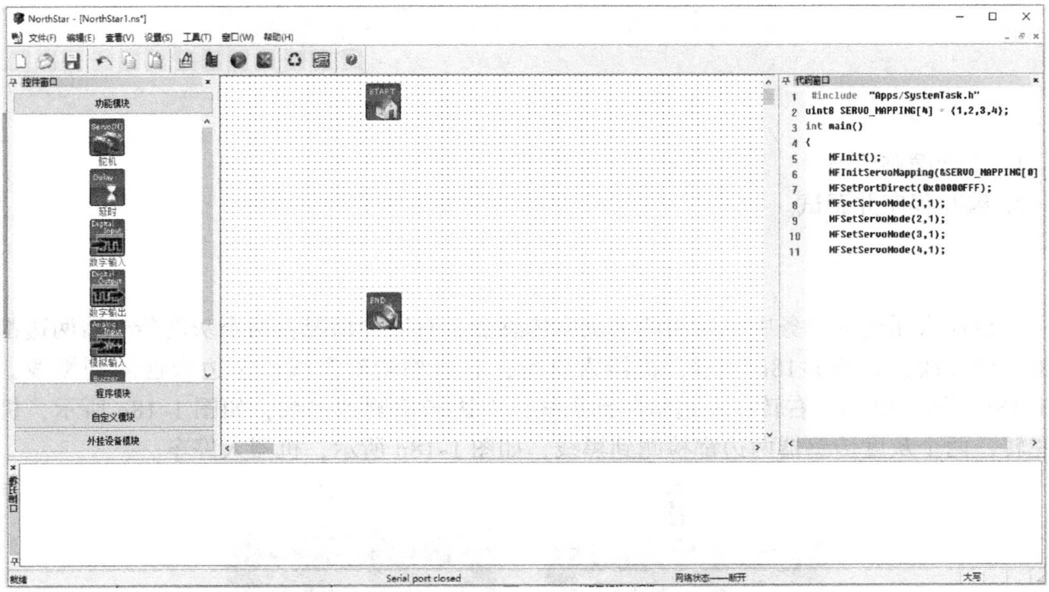

图 1-16　NorthStar 开发环境

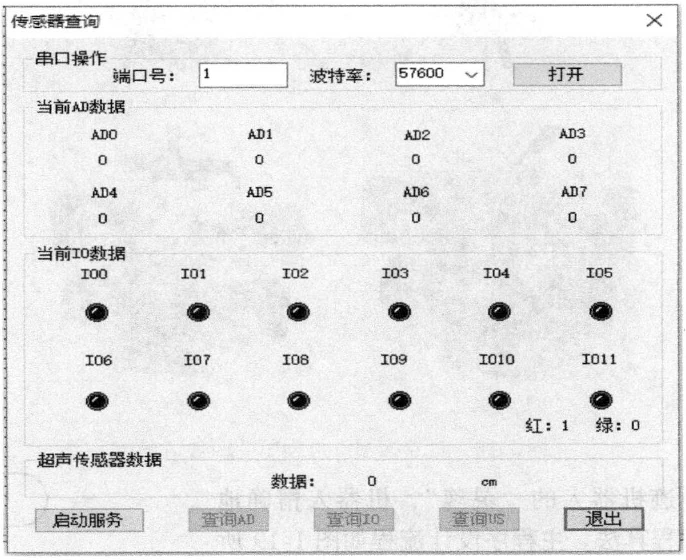

图 1-17　传感器查询

将多功能调试器设置为 AVRISP 模式，单击“启动服务”，NorthStar 会往控制器下载用于查询传感器的服务程序。等待下载完成后，将端口号改成调试器使用的端口号，单击“打开”按钮，将调试器改为 RS－232 模式，此时“查询 AD”“查询 IO”等按钮可用。单击“查询 IO”，用传感器检测黑线和白线，可以看到 AD 输出的变化。

任务 1.2　机器人循迹的策略与编程

一、任务目标

1. 设计循迹策略。
2. 编写程序并调试。

二、任务准备

在机器人循迹的任务中，采用两个灰度传感器，有四种情况：两个灰度传感器两边都没有检测到黑线，如图 1-18a 所示，机器人直行；右边检测到黑线，左边未检测到黑线，如图 1-18b所示，机器人右转；左边检测到黑线，右边未检测到黑线，如图 1-18c 所示，机器人左转；两个灰度传感器两边都检测到黑线，如图 1-18d 所示，机器人停车。

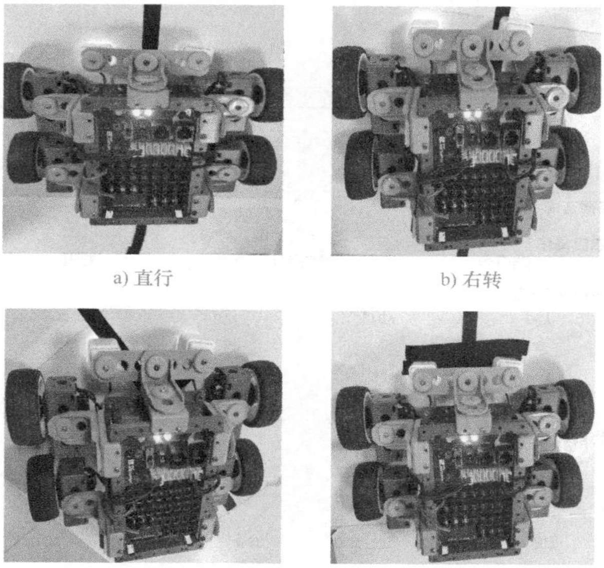

a) 直行　　b) 右转

c) 左转　　d) 停车

图 1-18　机器人循迹过程中的四种情况

软件编程是循迹机器人的“灵魂”，机器人精确地循迹基于合理的编程算法。主程序设计流程如图 1-19 所示，循迹流程如图 1-20 所示。

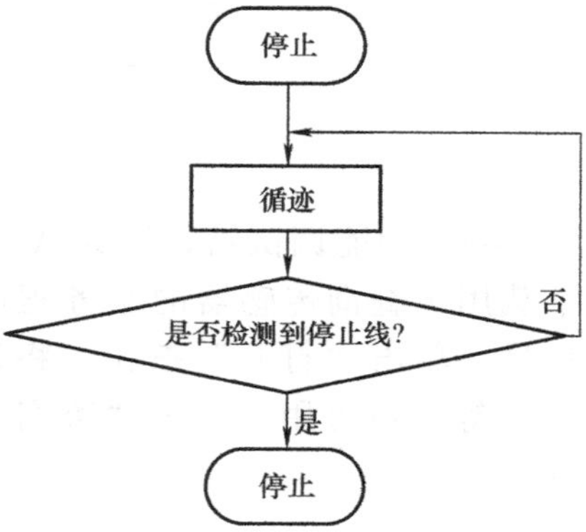

图 1-19　主程序设计流程

三、任务实施

1. 流程图设计

在机器人底部安装两个灰度传感器就制作成了智能循迹机器人，跑道为白色地面上粘贴的黑色胶带（跑道和地面之间的反光度要有较大的差别）。根据标定的灰度传感器数值，循迹机器人设计流程如图 1-21 所示。

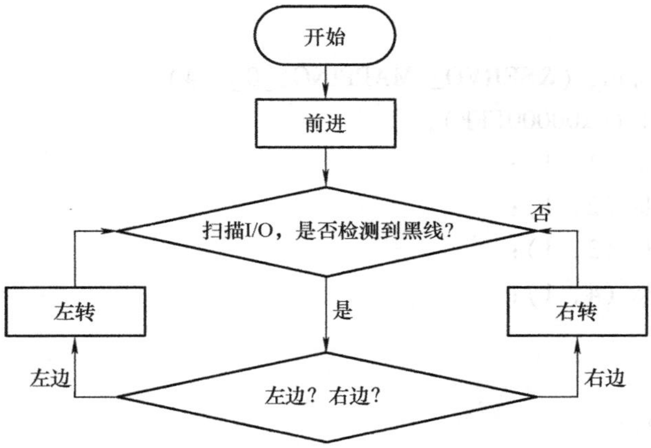

图 1-20　循迹流程

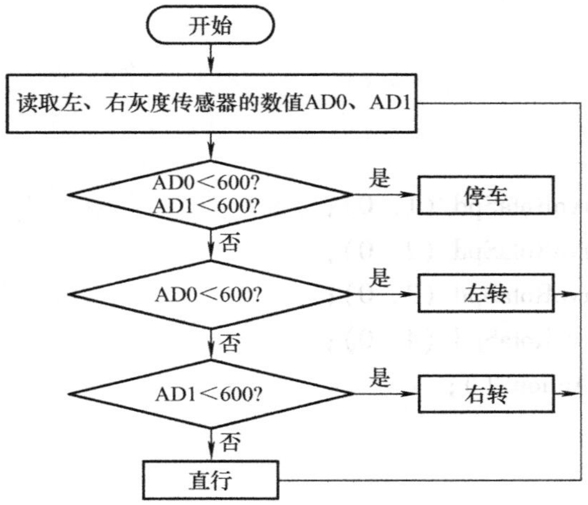

图 1-21　循迹机器人设计流程

假设在 AD0、AD1 上各连接一个灰度传感器。其使用方法为：首先将灰度传感器的单向插座插在 AD0、AD1 接口上，并用螺钉将灰度传感器固定在机器人上（左边的灰度传感器接在 AD0 接口上，右边的传感器接在 AD1 接口上），用螺钉将发射/接收头固定在机器人前上方。最终 AD0 的值送给 y 变量，AD1 的值送给 z 变量。

2. 程序设计

编程实现循迹机器人沿着指定曲线行走，遇到黑线时自动停车。程序设计如下：

```
#include  "Apps/SystemTask. h"
uint8 SERVO_ MAPPING [4] = {1, 2, 3, 4};
int main ( )
{
  int  y = 0;
  int  z = 0;
```

```
MFInit ();
MFInitServoMapping (&SERVO_ MAPPING [0], 4);
MFSetPortDirect (0x00000FFF);
MFSetServoMode (1, 1);
MFSetServoMode (2, 1);
MFSetServoMode (3, 1);
MFSetServoMode (4, 1);
while (1)
{
z = MFGetAD (0);
y = MFGetAD (1);
if ((z <600) || (y <600))
{
    if (z <600)
    {   if (y <600)
        {
            MFSetServoRotaSpd (1, 0);
            MFSetServoRotaSpd (2, 0);
            MFSetServoRotaSpd (3, 0);
            MFSetServoRotaSpd (4, 0);
            MFServoAction ();
        }
        else
        {
            MFSetServoRotaSpd (1, -300);
            MFSetServoRotaSpd (2, -300);
            MFSetServoRotaSpd (3, -300);
            MFSetServoRotaSpd (4, -300);
            MFServoAction ();
        }
    }
    else
    {
            MFSetServoRotaSpd (1, 300);
            MFSetServoRotaSpd (2, 300);
            MFSetServoRotaSpd (3, 300);
            MFSetServoRotaSpd (4, 300);
```

```
            MFServoAction ();
        }
    }
    else
    {
        MFSetServoRotaSpd (1, 300);
        MFSetServoRotaSpd (2, 300);
        MFSetServoRotaSpd (3, -300);
        MFSetServoRotaSpd (4, -300);
        MFServoAction ();
    }
  }
}
```

拓展训练

机器人赛跑

由两台自主运行的循迹机器人，在长约8m的环形白色跑道内完成接力交棒的任务。第一台机器人携带接力棒——乒乓球从起点线出发，沿顺时针方向在指定的跑道内行进。当行进到交接区时，将接力棒传递给第二台机器人，交接完成后第一台机器人停止运行，第二台机器人携带接力棒继续运行直至终点。

比赛场地的布置情况如图1-22所示。场地的底面为白色，使用白色的灯箱布喷绘而成；跑道为白色，宽度为20cm；跑道边线为黑色，宽度为2cm；交接区和终点区域为蓝色。机器人赛跑提示信息见表1-2。

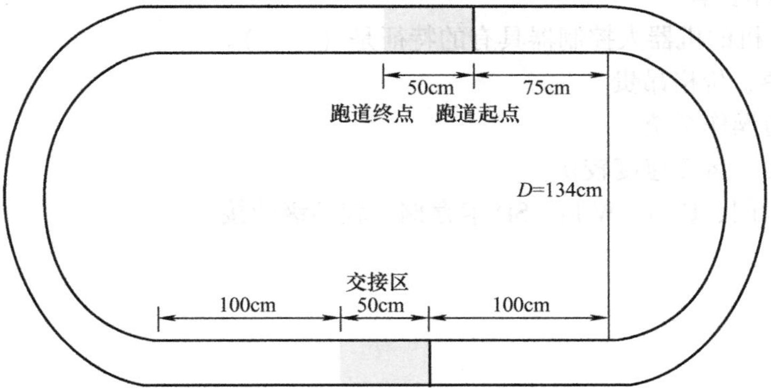

图1-22 比赛场地布置情况

表 1-2　机器人赛跑提示信息

条件	条件利用	器材选择
跑道及跑道边线的颜色	跑道为白色，跑道边线为黑色（2cm）	底部灰度传感器，可以辨别跑道，使机器人沿跑道跑，而不跑出跑道
交接区及终点区的场地	交接区及终点区的场地颜色为蓝色	底部灰度传感器，用来辨别交接区及终点区，到了交接区或终点区时用颜色进行判断
接力棒（乒乓球）的交接	接力棒交接时机器人接触	碰撞传感器，当机器人接触时给第一个机器人停止信号，给第二个机器人起跑信号
接力棒的传递	传递接力棒	接力棒传递、接收装置，用来实现接力棒的交接

习　　题

一、填空题

1. 循迹机器人常用的传感器有__________、__________和__________。
2. 循迹机器人灰度传感器的间距应__________黑线的宽度。
3. 机器人的控制器有__________控制器、__________控制器和__________控制器。
4. 单片机也称__________。

二、判断题

1. 灰度传感器容易受到周围强光的干扰。（　　）
2. 基于 PLC 架构的机器人控制器可以移植 Windows 和 Linux 操作系统。（　　）

三、选择题

1. 循迹机器人的用途有（　　）。

A. 餐厅里的服务机器人
B. 躲避障碍物机器人
C. 变电站的巡检机器人
D. AGV 运料小车

2. 基于单片机的机器人控制器具有的特征是（　　）。

A. 结构紧凑、价格昂贵
B. 可以移植操作系统
C. 适用性强、运算速度较快
D. 具有以太网、USB、WiFi、SD 卡存储等较高级的接口

项目2　避障机器人

项目导读

移动机器人的发展是一个国家科技实力的体现。对于具有一定智能性的机器人，需要能够自动避障，自动识别，并且具有一定的通信能力，把所需要的信息能够实时传输到信息终端。服务机器人需要在不熟悉家庭环境的情况下，自动避开障碍物，实时采集数据，实现对环境的监控，并把采集的环境信息变换成数据，发送到信息终端，从而减少人的工作。

本项目要求实现一个简单的机器人控制系统——避障机器人。避障机器人是能够在比较平坦的地面上以车轮驱动的形式行走，有自主避开前方障碍物能力的机器人。

项目目标

制作能够自主避开障碍物的机器人。

促成目标

1. 熟悉设计制作机器人的一般过程。
2. 能自主搭建避障机器人的机械机构。
3. 能合理选择避障机器人的执行机构。
4. 能合理选择、使用避障机器人所需传感器。
5. 掌握C语言的三种程序结构。
6. 能正确使用机器人控制器及编程软件。

知识链接

2.1　机器人的“骨骼”——机械结构

2.1.1　设计制作机器人的一般过程

机器人是软件和硬件的有机统一。在设计机器人时一定要全面考虑软件的算法实现能

力，同时在编写软件时也要考虑硬件的执行能力。

机器人的制作过程是一项复杂而系统的工程，主要包括以下步骤。

1. 任务分析

首先，要充分了解待设计机器人的应用场合和需要完成的任务。然后，根据应用场合和任务对待设计机器人进行结构和策略规划。设计硬件时要考虑如机器人的外形、结构、传感方式、能源系统、完成任务的方法等。最后，确定一个比较合理的整体方案，为下一步的具体实施做准备。

2. 结构设计

确定机器人的整体方案之后接下来就是设计和制作了。其中，机械结构设计最为主要，包括行走机构（机器人的“腿”）、操作机构（机器人的“手”）、框架和外形（机器人的“容貌”）、轮廓尺寸（机器人的“个头”）、电池、传感器、主板等部分（机器人的“心脏”“大脑”“眼睛”“耳朵”等）的安装位置和造型等。

机械结构需要根据实际任务进行设计，设计过程中需要考虑以下问题：① 任务能否完成；② 电池电量是否够用；③ 所安装的传感器、单片机的接口是否足够；④ 外形和动作是否简单、协调；⑤ 机器人的结构件和连接件尽量选择型材和标准件；⑥ 重量和尺寸是否超标等。

3. 机械动作设计

机械动作设计步骤如下：

1）行走方式和路线的规划。

2）机械结构承受能力的计算。

3）执行机构的动作编排。

4. 电路设计

电路设计步骤如下：

1）控制器选型。

2）电路设计。

5. 硬件制作和组装

硬件制作和组装步骤如下：

1）机械结构的绘图和制作。

2）电路的绘制和电子元器件的焊接。

3）组装机械结构件和电路主板。

4）安装传感器。

在硬件组装过程中，应注意机构连接件的防松、电动机与外壳及其他结构的绝缘。

6. 程序编写

程序编写步骤如下：

1）测量电动机、舵机、传感器等感知系统和执行系统部件的相关参数。

2）根据参数编写程序。

3）实验室调试。

4）现场调试。

7. 调试修改

根据实际场地和实验情况反复修改程序和硬件，直到符合要求并尽可能做到精益求精。程序的调试和修改非常重要，但这部分工作比较枯燥、单调，因此需要耐心和细心。

8. 机器人能力的评价标准

机器人能力的评价标准包括：智能，指感觉和感知，如记忆、运算、比较、鉴别、判断、决策、学习和逻辑推理等；机能，指变通性、通用性或空间占有性等；物理能，指力、速度、连续运行能力、可靠性、联用性和寿命等。

2.1.2 机器人的机械机构

1. 选材

适合制作机器人机械机构的材料非常多，有铝合金、铜合金、铁合金等金属材料，也有橡胶、聚乙烯、尼龙、有机玻璃、树脂、木材和纸板等非金属材料，这些材料在价格、质量、强度等方面差异较大，因此，在制作机器人机械机构时可根据需要全面考虑后再做出合理的选择。

机器人机械机构选材应遵循以下原则：

1）实用原则。选材时，首先要计算机器人框架的强度和刚度，选择符合强度和刚度要求的材料。

2）经济原则。材料不宜过度追求高质量而增加机器人的成本。

3）优先原则。制作框架时，应优先选用型材和标准件，以节约成本并缩短制作周期。

4）美观原则。在不影响以上原则的前提下，制作出的机器人要尽量美观。

2. 型材

1）制作框架的材料有角钢和角铝，槽钢和工字钢，方钢和方铝，钢管、铝管以及铜管等。

2）制作外壳和底板的材料有铁皮、铝皮和不锈钢板等。

在无合适的型材可选时，可以考虑自己制作。

3. 标准件和常用件

1）螺栓：六角头、内六角圆柱头，十字槽螺栓等。

2）螺母：六角螺母、蝶形螺母。

3）垫圈：平垫圈、弹簧垫圈。

4）弹簧：压缩弹簧、拉伸弹簧、钢丝弹簧。

5）轴承：滚动轴承、滑动轴承等。

6）齿轮：直齿轮、斜齿轮、蜗轮蜗杆等。

2.1.3 机器人的执行机构

机器人的执行机构主要包括行走机构（相当于人的脚）和操作机构（相当于人的手）。目前常用的机器人执行元件主要有直流电动机和舵机。

1. 机器人的行走机构

机器人的行走机构首先要考虑稳定性，其次是灵活性。目前，常见机器人的行走方式主要有足式、轮式、履带式和特殊行走方式四种。

(1) 足式机器人　足式机器人的关节部分一般采用空间开链连杆机构，其中的运动副（转动副或移动副）常称为关节，关节个数通常即为机器人的自由度数。根据关节配置形式和运动坐标形式的不同，足式机器人可分为直角坐标式、圆柱坐标式、板坐标式和关节坐标式等类型。出于拟人化的考虑，常将机器人本体的有关部位分别称为基座、腰部、臂部、腕部和手部等。

采用几个足来交替迈步行走的足式机器人主要有两足式、三足式、四足式、多足式等。足式机器人的关节自由度越多，行动就越灵活，但控制起来难度也会增大。

足式机器人的优点是可以在不平坦的路面行走，如爬楼梯、跨越障碍等；缺点是动作缓慢、转身不灵活。

仿人型机器人是多门学科、多项高端技术的集成应用，代表了机器人领域的尖端技术。仿人型双足步行机器人如图 2-1 所示。

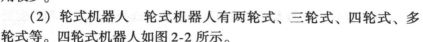

图 2-1　仿人型双足步行机器人

由于在目前科技水平下，双足机器人行走时的平衡问题还不够成熟，容易摔倒，且行走缓慢，动作不灵活，所以在大部分机器人中采用较少。

(2) 轮式机器人　轮式机器人有两轮式、三轮式、四轮式、多轮式等。四轮式机器人如图 2-2 所示。

图 2-2　四轮式机器人

轮式机器人的优点是结构简单、动作灵活、定位准确；缺点是相对于履带式机器人，它不适合在不平坦的路面行走，特别不适用于在楼梯上行走。

(3) 履带式机器人　履带式机器人如图 2-3 所示，按照履带布置方式可分为双履带式和多履带式。

履带式机器人的优点是兼有轮式机器人和足式机器人的优点，与地接触面大，稳定性较好，可适用于越坑、爬楼梯等；缺点是效率较低、功耗较大。

目前有部分机器人采用履带式，如月球车、部分军用机器人等。

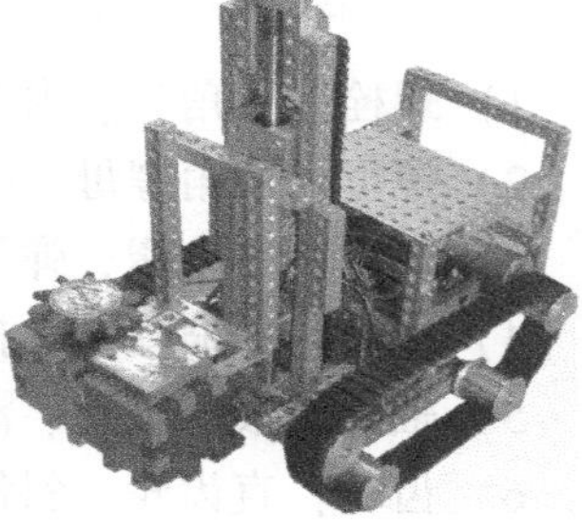
图 2-3　履带式机器人

(4) 特殊行走方式机器人　特殊行走方式主要有像蛇一样的蠕动行走方式，像鱼一样的尾巴游动方式，以及像飞机一样的翅翼飞行方式。这些特殊行走方式机器人主要应用在一些特殊场合，如用于墙壁或玻璃的清扫、石油管道的疏通检查、海底探测、甚至人体血管作业等，所以运动机构也是多种多样。图 2-4a 所示为能爬进人体血管的蠕动毛毛虫机器人；图 2-4b 所示为模拟壁虎攀爬的机器人。

2. 机器人的操作机构

操作机构实际上是对人手的延伸，相当于人手与工具的组合。可根据不同的机器人任务

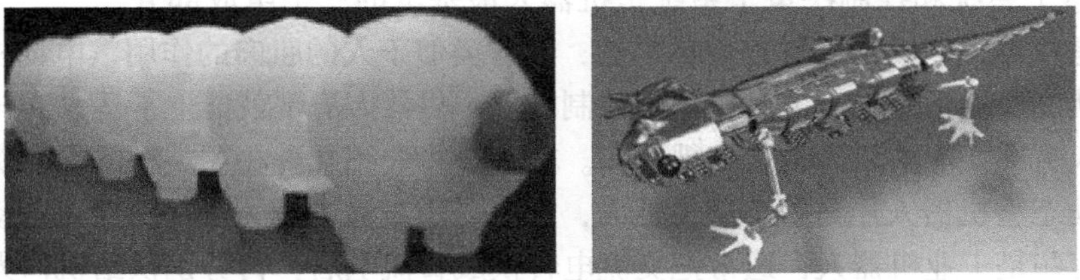

a) 毛毛虫机器人　　b) 壁虎机器人

图 2-4　特殊行走方式机器人

设计出合理的操作机构，并用最简单的方法实现功能要求。机器人的操作机构主要是为了取放物体，或拿着专用工具工作。机器人的上肢和人的上肢一样，一般由手臂和手爪组成，手臂完成移动和旋转动作，进行目标定位；手爪完成具体的操作，其操作按功能大致可分为：

1）取物。可采用机械手、吸附、叉取、粘连等方法。

2）接力。可采用手对手、容器对手、翻倾装置对容器等。

3）灭火。可采用风扇、气球、扣罩等方法。

4）擂台。可采用挤、推、铲、击打、诱导等方法。

5）其他。机器人能实现的功能多种多样，可以根据不同的实际情况设计出不同的操作机构，如灵巧手。

人类与动物相比，除了拥有理性的思维能力、准确的语言表达能力外，还拥有一双灵巧的手。如何让机器人也拥有一双灵巧的手是许多科研人员追求的目标。

Shadow 灵巧手是英国 Shadow Robot 公司推出的先进仿人机器手，无论是从力的输出还是活动的灵敏度，都可以与人手相媲美。Shadow 灵巧手和人类的手一样拥有 24 个自由度，并可以实现和人手一样的动作。各个关节通过直流电动机驱动（可选气动）。如图 2-5 所示。

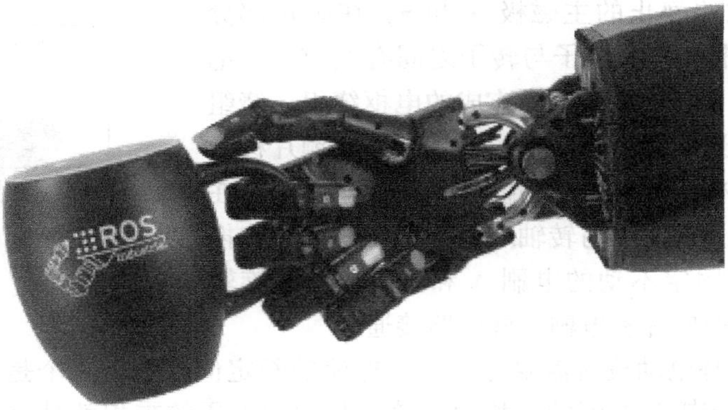

图 2-5　机器人灵巧手

2.2　机器人的“肌肉”——电动机

机器人的肌肉

机器人区别于计算机的一个重要特征，就是机器人能够运动。而运动就必须有动力部件，以及由这些动力部件驱动的结构。机器人的驱动子系统、传感子系统和控制决策子系统是机器人最基本的三个组成部分。

电动机是机器人的动力部件，俗称马达，起着类似于人的肌肉的作用。电动机加到齿轮组上，机器人就能沿地板运动；电动机加到控制杆上，机器人肩部就能上下运动；电动机加到滚轴上，机器人头部就能前后转动，扫视四周。本小节将介绍几种相关类型的电动机及其应用。

不管是动态型机器人还是静态型机器人，大多采用直流供电，少数机器人电动机使用交流供电，其中有些是工业机器人，通常把交流电转换成直流电后，再分别供给机器人子系统。

2.2.1 直流电动机

采用直流电作为动力来源的各种电动机统称为直流电动机。其工作原理是利用带有数个起电磁铁作用的线圈转子，当线圈转子通电后，与励磁单元（可以是励磁线圈或者永磁体）的磁场作用而产生运动，不断地按合适的规律改变通电顺序，可使转子的运动一直持续，形成转动。

通常线圈转子都是绕在铁心上的，有的也没有铁心，线圈本身做成杯状，励磁装置（永磁体）做成柱状放置在转子内部的电动机，称为空心杯电动机。

1. 直流有刷电动机

直流有刷电动机由定子和转子两大部分组成，定子上有磁极（绕组式或永磁式），转子上有绕组，通电后，转子上也形成磁场（磁极），定子和转子的磁极之间有一个夹角，定子、转子磁场（N 极和 S 极之间）在相互吸引下产生电动机旋转。改变电刷的位置，就可以改变定子、转子磁极夹角的方向，从而改变电动机的旋转方向（假设以定子的磁极为夹角起始边，转子的磁极为另一边，由转子磁极指向定子磁极的方向就是电动机的旋转方向）。

图 2-6 为一台最简单的两极直流有刷电动机结构图。其中，固定部分有磁铁（定子磁极）和电刷，旋转部分有电枢铁心和绕在其上的绕组。在固定部分（定子）上装设一对直流励磁的静止的主磁极 N 和 S，在旋转部分（转子）上装设电枢铁心。定子与转子之间有气隙。在电枢铁心上放置了由 a 和 x 两根导线连成的电枢绕组，绕组的首端和末端分别连到两个圆弧形的铜片上，此铜片称为换向片。由换向片构成的整体称为换向器。换向器固定在转轴上，换向片间及换向片与转轴之间均互相绝缘。在换向片上放置着一对固定不动的电刷 A 和 B，当电枢旋转时，电枢绕组通过换向片和电刷与外电路接通。

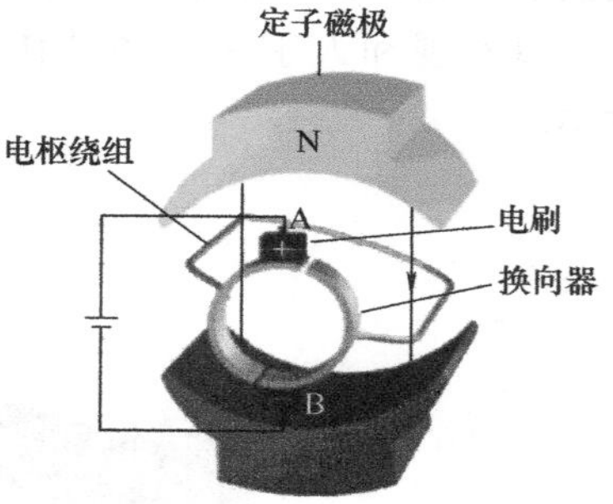

图 2-6　直流有刷电动机结构图

（1）电流　选择电动机时需要考虑两个电流的额定值问题。一个是工作电流，即电动机工作在预期一般转矩时电流的平均值，该值与额定电压的乘积就是电动机运行的平均功率；另一个是堵转电流，即将电动机轴固定不使其转动时的通电电流。堵转电流是电动机工作的最大电流，其对应的功率即为电动机的最大功率。此外，如果长时间运行电动机，或在高出额定电压时运行电动机，最好给电动机加上散热器，以避免线圈过热熔化。

（2）额定电压　一般直流电动机的额定电压为 3 ~ 24V，最大可达 30V 或更大。直流电动机的工作电压并非越高越好，如不能让额定电压为 6V 的电动机工作在 20V 甚至 100V 下，这样可能会损坏电动机。一般情况下，直流电动机在额定电压下工作效率最高。如果电压过低，电动机不能工作；如果电压过高，电动机将过热，线圈将会熔化。因此一般尽可能使电动机在额定电压附近运行。

（3）转矩　选择直流电动机时需要考虑有关转矩的两个额定值。一个是工作转矩，其在电动机设计时决定，一般是标称值；另一个是堵转转矩，是电动机从转动到停止时的转矩。一般仅考虑工作转矩，但在有些情况下，也需要知道电动机的堵转转矩。如设计一个轮式机器人，其良好的转矩意味着加速性能好。一个普遍采用的经验是：如果机器人有两台电动机，那么尽量确保每个电动机的堵转转矩 > 机器人的重量 × 轮子半径。

直流有刷电动机电压、转速、转矩之间的关系如图 2-7 所示，其中 $V_1 \sim V_5$ 表示 5 个不同的电压，V_1 最低，V_5 最高。可以看出，在相同的电压下，转速越小，转矩越大；在相同的转矩下，电压越高，转速越大；在相同的转速下，电压越高，转矩越大。

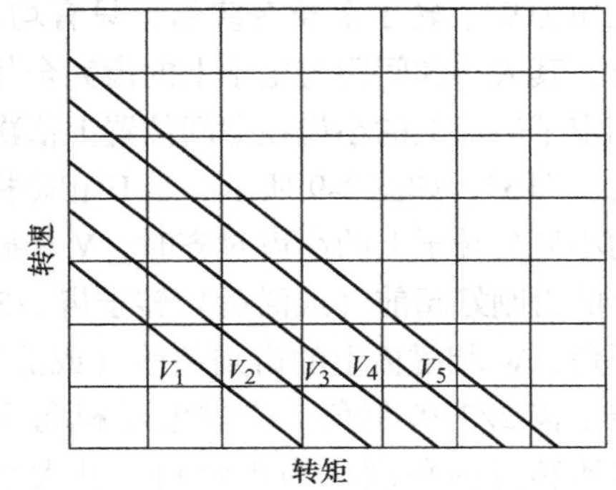

图 2-7　电压、转速、转矩之间的关系

直流有刷电动机的最大缺点就是存在电流的换向问题，消耗有色金属或石墨较多，成本高，运行中的维护检修也较为麻烦。因此，电动机制造行业致力于改善交流电动机和无刷电动机的性能，并大量代替直流有刷电动机，但在移动机器人等应用场合，直流有刷电动机由于其功率密度大、尺寸小、控制相对简单、不需要交流电等优点，仍然被大量使用。

2. 直流无刷电动机

直流无刷电动机利用电子换向器代替了机械电刷和机械换向器，不仅保留了直流电动机的优点，还具有交流电动机结构简单、运行可靠、维护方便等优点，一经出现就以极快的速度得到了发展和普及。

直流无刷电动机将绕组作为定子，将永久磁铁作为转子，不再采用电刷作为换向装置，而是用霍尔式传感器（Hall-Effect Sensor）作为换向检测元件，通过晶体管的放大作用实现电流换向功能。但是，由于电子换向器较为复杂，通常尺寸也较机械换向器大，加上控制较为复杂（通常无法做到一通电就工作），在要求功率大、体积小、结构简单的应用场合，直流无刷电动机还是无法取代有刷电动机。

2.2.2　步进电动机

步进电动机是将电脉冲信号转变为角位移或线位移的开环控制元件。在非超载的情况下，步进电动机的转速和停止的位置只取决于脉冲信号的频率和脉冲数，而不受负载变化的影响，即给步进电动机加一个脉冲信号，电动机则转过一个步距角。这一线性关系的存在，加上步进电动机只有相邻误差而无累积误差等特点，使得其在速度、位置等控制领域被广泛应用。但步进电动机并不能像普通的直流电动机、交流电动机一样按常规使用，它必须与双环形脉冲信号和功率驱动电路等组成控制系统方可使用。

我国使用的反应式步进电动机较多，图 2-8 为典型的单定子、径向分相、反应式步进电动机的结构原理图。它与普通电动机一样，也是由定子和转子构成，其中定子又分为定子铁心和定子绕组。定子铁心由硅钢片叠压而成，定子绕组是绕制在定子铁心6个均匀分布的齿上的线圈，在径向上相对的两个齿上的线圈串联在一起，构成一相控制绕组。

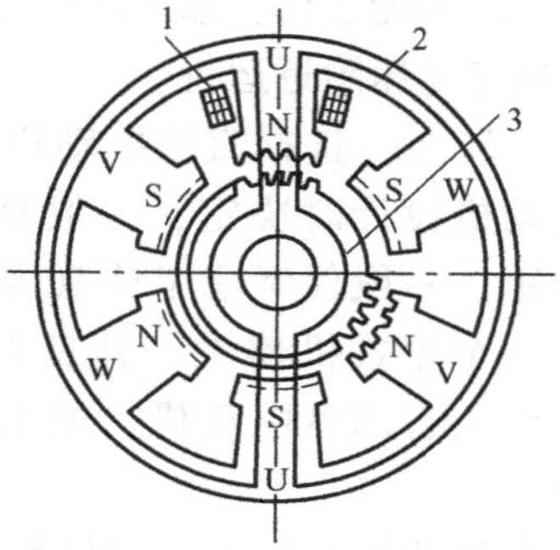

图2-8 单定子、径向分相、反应式步进电动机结构原理图

1—定子绕组 2—定子铁心 3—转子铁心

图2-8中的步进电动机可构成A、B、C三相控制绕组，故称三相步进电动机。若任一相绕组通电，便形成一组定子磁极，即图中所示的N、S极。在定子的每个磁极上面向转子的部分，又均匀分布着5个小齿，这些小齿呈梳状排列，齿槽等宽，齿距角为9°。转子上没有绕组，只有均匀分布的40个齿，其大小和间距与定子上的齿完全相同。此外，三相定子磁极上的小齿在空间位置上依次错开1/3齿距角，即3°，如图2-9所示。当U相磁极上的小齿与转子上的小齿对齐时，V相磁极上的齿刚好超前（或滞后）转子齿1/3齿距角，W相磁极上的齿则超前（或滞后）转子齿2/3齿距角。步进电动机每走一步所转过的角度称为步距角，其大小等于错齿之间的角度。错齿角度的大小取决于转子上的齿数，磁极数越多，转子上的齿数越多，步距角越小，步进电动机的位置精度越高，其结构也越复杂。

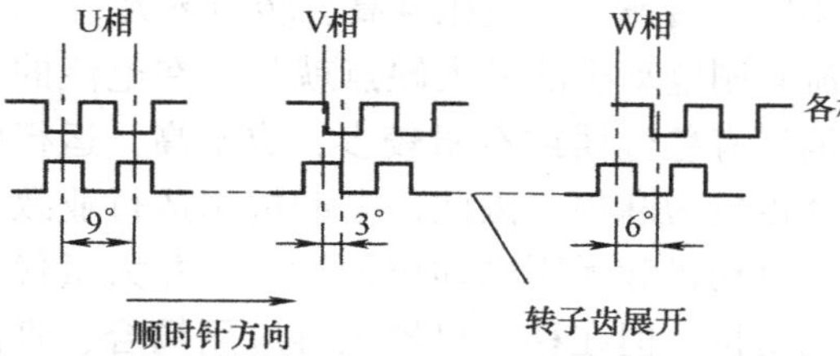

图2-9 单定子、径向分相、反应式步进电动机的齿距角

除上面介绍的反应式步进电动机之外，常见的步进电动机还有永磁式步进电动机和永磁反应式步进电动机，它们的结构虽不相同，但工作原理相同。

1. 步进电动机的工作原理

步进电动机的工作原理：当某相定子绕组通电励磁后，吸引转子转动，使转子的齿与该相定子磁极上的齿对齐。实际上就是电磁铁的作用原理。

下面以图2-10所示的三相反应式步进电动机为例说明步进电动机的工作原理。定子上有U、V、W三对磁极，在相应磁极上有U、V、W三相绕组，假设转子上有4个齿，相邻两齿所对应的空间角度为齿距角，即齿距角为90°。

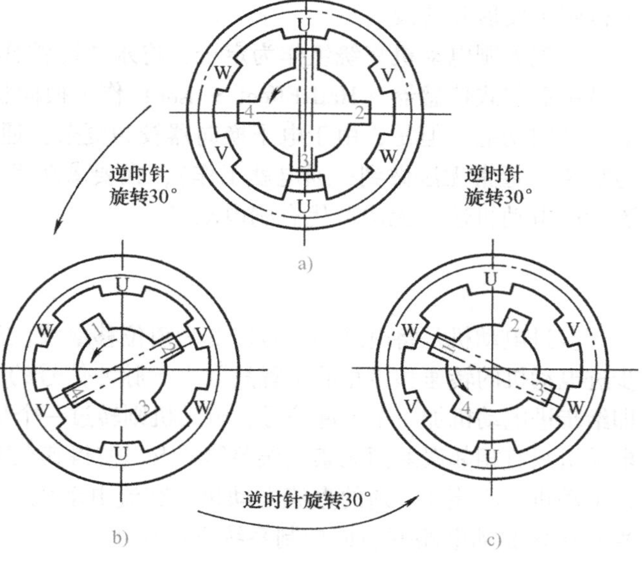

图2-10 三相反应式步进电动机工作原理

三相反应式步进电动机的工作方式有三种：三相单三拍、三相双

三拍、三相单双六拍。其中，“三相”是指定子绕组数有U、V、W三相；“单”是指每次只有一相绕组通电，“双”是指每次有两相绕组同时通电；“拍”是指定子绕组的通电状态改变一次，如“三拍”是指经过三次通电状态的改变又重复以上通电变化规律。

1）三相单三拍。当定子U相绕组通电时，转子的1、3齿与定子UU上的齿对齐。若U相断电，V相通电，由于磁力的作用，转子的齿与定子的齿就近转动对齐，转子的2、4齿与定子VV上的齿对齐，转子沿逆时针方向转过30°，如果控制线路不停地按U→V→W→U→…的顺序控制步进电动机绕组的通断电，步进电动机的转子便不停地逆时针转动。若通电顺序改为U→W→V→U→…，则步进电动机的转子将顺时针转动。

在三相单三拍工作方式中，由于每次只有一相绕组通电，在相邻节拍转换瞬间转子失去自锁力矩，容易使转子在平衡位置附近产生振动，稳定性不好，因此在实际中很少采用。

2）三相双三拍。当定子U、V相绕组同时通电时，转子的磁极将同时受到U相和V相磁极的吸引力，因此转子的磁极只能停在U、V相磁极吸引力作用平衡的位置。若变成U相断电，V、W相同时通电时，由于磁力的作用，转子就近转动，转子的磁极停在V、W相磁极吸引力作用平衡的位置，转子沿逆时针方向转过30°，如果控制线路不停地按UV→VW→WU→UV→…的顺序控制步进电动机绕组的通断电，则步进电动机的转子便不停地逆时针转动。若通电顺序改为UV→WU→VW→UV→…，则步进电动机的转子将顺时针转动。

3）三相单双六拍。首节拍只有定子U相绕组通电，转子与定子UU对齐；下一拍变成U、V相绕组同时通电，这时U相磁极吸引1、3齿，V相磁极吸引2、4齿，转子逆时针转过15°，此时转子所受U、V相磁极吸引力正好平衡，以此类推，单相绕组通电和双相绕组同时通电依次交替改变，其逆时针转动通电顺序为U→UV→V→VW→W→WU→U→…，顺时针转动通电顺序为U→UW→W→WV→V→VU→U→…，相应地，定子绕组的通电状态每改变一次，转子转过15°。

2. 步进电动机的特点

步进电动机是一种可将电脉冲信号转换为机械角位移的控制电动机。利用步进电动机可以组成一个简单实用的全数字化伺服系统，并且不需要反馈环节。

步进电动机的主要特点概括如下：

1）步进电动机定子绕组每接收一个脉冲信号，控制其通电状态改变一次，转子便转过一定角度，即步距角α。

2）改变步进电动机定子绕组的通电顺序，转子的旋转方向随之改变。

3）步进电动机定子绕组通电状态的变化频率越高，转子的转速越高，但脉冲频率变化过快，会引起失步或过冲（即步进电动机少走步或多走步）。

4）定子绕组所加电源要求是脉冲电流形式，故也称之为脉冲电动机。

5）有脉冲就转，无脉冲就停，角位移随脉冲数的增加而增加。

6）输出转角精度较高，一般只有相邻误差，但无累积误差。

7）步距角α与定子绕组相数m、转子齿数z、通电方式k有关，可表示为

$$\alpha = 360° / (mzk) \tag{2-1}$$

式中，m相m拍时，$k=1$；m相$2m$拍时，$k=2$。

对于反应式步进电动机，当以三相三拍通电方式工作时，其步距角为

$$\alpha = 360°/(mzk) = 360°/(3 \times 4 \times 1) = 30° \tag{2-2}$$

若按三相单双六拍通电方式工作，则步距角为

$$\alpha = 360°/(mzk) = 360°/(3 \times 4 \times 2) = 15° \tag{2-3}$$

3. 步进电动机的驱动控制

步进电动机的运行性能，不仅与步进电动机本身和负载有关，而且还与其配套的驱动控制装置有着十分密切的关系。步进电动机驱动控制装置主要由环形脉冲分配器和功率放大驱动电路两大部分组成，如图 2-11 所示。

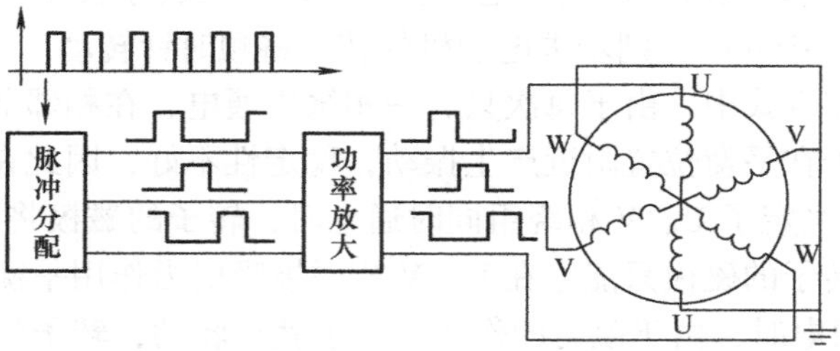

图 2-11　步进电动机驱动控制装置框图

（1）功率放大驱动电路　功率放大驱动电路完成由弱电到强电信号的转换和放大，也就是将逻辑电平信号转换成电动机绕组所需的具有一定功率的电流脉冲信号。

一般情况下，步进电动机对驱动电路的要求主要有：能提供足够幅值、前后沿较好的励磁电流；功耗小、变换效率高；能长时间稳定可靠运行；成本低且易于维护。

（2）脉冲分配器　脉冲分配器完成步进电动机绕组中电流的通断顺序控制，即控制插补输出脉冲，按步进电动机所要求的通断电顺序规律，将脉冲分配给步进电动机驱动电路的各相输入端。如三相单三拍驱动方式供给脉冲的顺序为 U→V→W→U 或 U→W→V→U，由于电动机有正反转要求，所以脉冲分配器的输出既有周期性，又有可逆性，因此也称为环形脉冲分配。

脉冲分配有两种方式：一种是硬件脉冲分配（或称为脉冲分配器），另一种是软件脉冲分配，通过计算机编程控制。

1）硬件脉冲分配。硬件脉冲分配由逻辑门电路和触发器构成，提供符合步进电动机控制指令所需的顺序脉冲。目前市场上有很多可靠性高、尺寸小、使用方便的集成电路脉冲分配器可供选择，按其电路结构的不同可分为 TTL 集成电路和 CMOS 集成电路。

国产 TTL 集成脉冲分配器有三相、四相、五相和六相，均为 18 个引脚的直插式封装。CMOS 集成脉冲分配器也有不同型号，如 CH250 型环形脉冲分配器用来驱动三相步进电动机，封装形式为 16 引脚直插式，可采用单三拍、双三拍、三相六拍等方式工作，其引脚图如图 2-12a 所示。

硬件脉冲分配器的工作方法基本相同，当各个引脚连接好后，主要通过一个脉冲输入端控制步进速度，一个输入端控制电动机的转向，并由与步进电动机相数同数目的输出端分别控制电动机的各相。图 2-12b 为三相六拍工作方式接线图。当进给脉冲 CP 的上升沿有效，并且方向信号为“1”时电动机正转，为“0”时电动机反转。

2）软件脉冲分配。在由计算机控制的步进电动机驱动系统中，可以采用软件的方法实现环形脉冲分配。软件环形脉冲分配器的设计方法很多，如查表法、比较法、移位法等，它们各有特点，其中常用的是查表法。

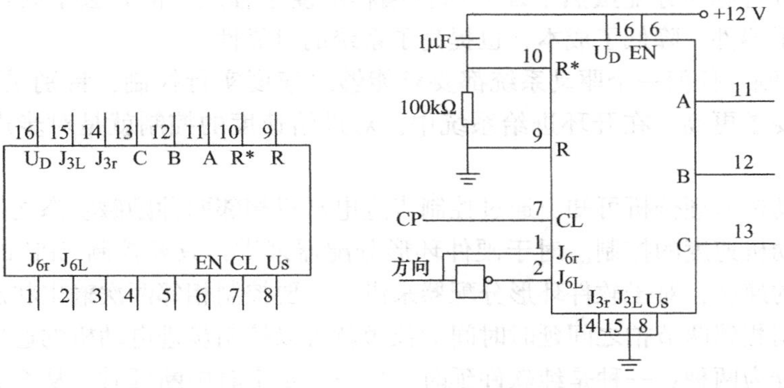

a) 引脚图　　b) 三相六拍工作方式接线图

图 2-12　CH250 型环形脉冲分配器

图 2-13 为由一个 89C51 单片机控制的步进电动机驱动电路框图。P1 接口的 3 个引脚经过光电耦合（光电耦合的作用是光电隔离）、功率放大之后，分别与电动机的 U、V、W 三相连接。当采用三相六拍方式工作时，电动机正转的通电顺序为 U→UV→V→VW→W→WU→U；电动机反转的顺序为 U→UW→W→WV→V→VU→U。相应的环形脉冲分配表见表 2-1。将表中的数值按顺序存入内存的 EPROM 中，并分别设定表头的地址为 2000H，表尾的地址为 2005H。计算机的 P1 接口按从表头开始逐次加 1 的地址依次取出存储内容进行输出，电动机正转；如果按从表尾开始逐次减 1 的地址依次取出存储内容进行输出，则电动机反转。

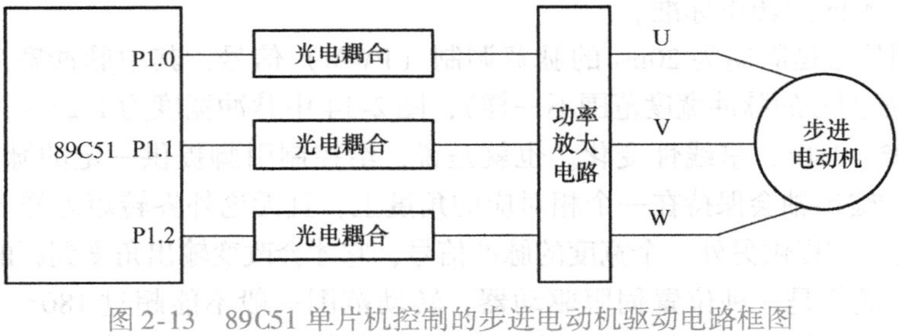

图 2-13　89C51 单片机控制的步进电动机驱动电路框图

表 2-1　三相六拍环形脉冲分配表

序号	通电顺序	W	V	U	存储单元		方向
		P1. 2	P1. 1	P1. 0	地址	内容	正转　反转
1	U	0	0	1	2000H	01H	↓　↑
2	UV	0	1	1	2001H	03H	
3	V	0	1	0	2002H	02H	
4	VW	1	1	0	2003H	06H	
5	W	1	0	0	2004H	04H	
6	WU	1	0	1	2005H	05H	

采用软件进行脉冲分配虽然增加了软件编程的复杂程度，但省去了硬件环形脉冲分配器，系统减少了器件，降低了成本，也提高了系统的可靠性。

3）速度控制。任何一个驱动系统都要求能够对速度实行控制，特别是在数控系统中，对速度控制的要求更高。在开环进给系统中，对进给速度的控制就是对步进电动机速度的控制。

由步进电动机原理分析可知，通过控制步进电动机相邻两种励磁状态之间的时间间隔即可实现步进电动机速度的控制。对于硬件环形分配器来讲，只要控制 CPU 的频率就可以控制步进电动机的速度；对于软件环形分配器来讲，只要控制相邻两次输出状态之间的时间间隔，也就是控制相邻两节拍之间延时时间的长短就可以控制步进电动机的速度。其中，实现延时的方法又分为两种：一种是纯软件延时；另一种是定时中断延时。从充分利用时间资源的角度来看，后者更理想一些。

2.2.3 舵机

舵机应该称为微型伺服电动机系统，早期在模型上使用较多，主要用于控制模型飞机、飞艇、船只等的舵面，所以俗称舵机。早期的舵机都使用模拟电路进行控制，称为模拟舵机或 R/C 舵机；之后陆续出现了数字电路控制的舵机、机器人专用的总线式机器人舵机等。

一般来讲，舵机主要由舵盘、减速齿轮组、位置反馈电位计、直流电动机、控制电路板等组成。舵机的输入线共有 3 根，其中红线是电源线，黑线是地线，这两根线给舵机提供最基本的能源保证，主要用于电动机的转动消耗；另外一根线是控制信号线，Futaba 舵机的控制信号线一般为白色，JR 舵机的控制信号线一般为橘黄色。舵机电源有 4.8V 和 6.0V 两种规格，分别对应不同的转矩标准。

舵机的控制信号是周期为 20ms 的脉宽调制（PWM）信号，其中脉冲宽度通常为 0.5 ~ 2.5ms（也有少量型号的脉冲宽度范围不一样），图 2-14 中脉冲宽度为 1.25 ~ 1.75ms，对应输出轴的位置为 0° ~ 180°，呈线性变化。也就是说，给控制引脚提供一定的脉宽（TTL 电平，0V/5V），舵机的输出轴会保持在一个相对应的角度上，且无论外界转矩怎样改变，该角度都保持不变，直到给它提供另外一个宽度的脉冲信号，它才会改变输出角度到新的对应位置上。

由此可见，舵机是一种位置伺服驱动器，转动范围一般不能超过 180°，适用于需要角度不断变化并可以保持的驱动装置中，如机器人的关节、飞机的舵面等。不过也有一些特殊的舵机，转动范围可达 5 圈，主要用于模型帆船的收帆，俗称帆舵。

实际上，舵机的控制电路处理的并不是脉冲的宽度，而是其占空比，即高低电平时间之比。以周期 20ms、高电平时间 2.5ms 的信号为例，如果给出周期 10ms、高电平时间 1.25ms 的信号，大部分舵机也可达到一样的控制效果。但周期不能太小，否则舵机内部的处理电路可能紊乱；同时周期也不能太长，如果控制周期超过 40ms 舵机反应就会变慢，并且在承受转矩时会抖动，影响控制品质。

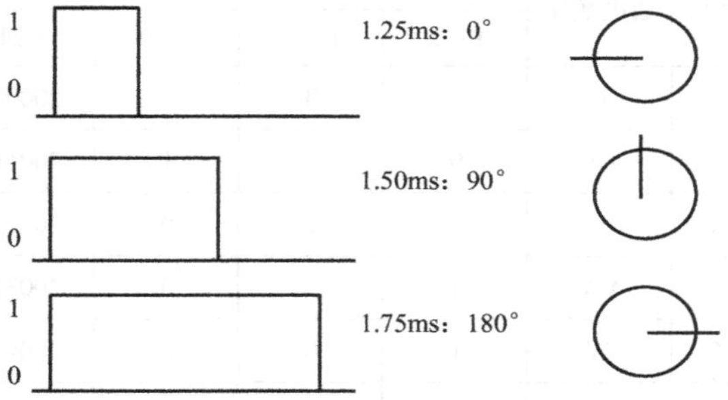

图 2-14 舵机工作电平

2.3 避障机器人的“感官”——传感器

机器人的感官

2.3.1 碰撞传感器

碰撞传感器的工作原理非常简单，完全依靠其内部的机械结构来完成电路的导通和中断。当碰撞开关的外部探测臂受到碰撞时，探测臂受力下压，带动碰撞开关内部的簧片拨动，电路的导通状态发生改变。一般碰撞开关需要接3根线，一根红色的电源线，一根黑色的地线，以及一根黄色的信号线（信号线的颜色可能不同）。

碰撞传感器在机器人小车上的用法多数为将探测臂加长，扩大探测范围和灵敏度。当机器人小车撞到前面的障碍物时，碰撞开关的信号端便可返回一个高电平，控制芯片由此可知小车前面存在障碍物。

图2-15 碰撞传感器外形

碰撞传感器的优点是价格便宜，使用简单，使用范围广，对环境条件没有什么限制；缺点是必须在发生碰撞后才能检测到障碍，并且使用时间较长后容易发生机械疲劳，无法继续正常工作。碰撞传感器的外形如图2-15所示。

碰撞开关属于接触式传感器，常常充当机器人触觉。当微动开关受到连续的振动和冲击时，产生的磨损粉末可能导致接点接触不良和动作失常、耐久性下降等问题。微动开关也不适用于高温、潮湿、高粉尘、易燃易爆气体环境，因此不适合用于极限作业机器人。

碰撞开关的使用

2.3.2 红外接近传感器

红外接近传感器俗称光电开关，它利用被检测物对光束的遮挡或反射，由同步回路选通电路实现物体有无的检测。红外接近传感器在发射器上将输入电流转换为光信号射出，接收器再根据接收到的光线强弱或有无实现对目标物体的探测。红外接近传感器工作原理如图2-16所示。

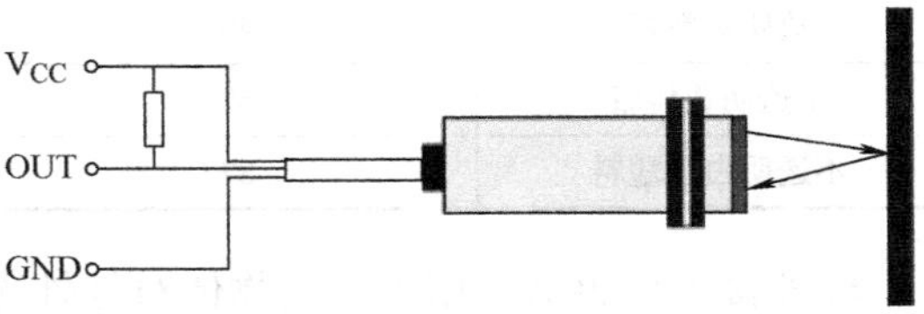

图2-16 红外接近传感器工作原理

由于红外线是不可见光，红外探头体积小巧，隐蔽性非常高，所以各种规格的红外开关、红外测距传感器常用于安防保卫领域。在很多电影里，常看见金库、博物馆里有一条条红色光线，大盗们运用各种手段避开这些探测光线，最终盗得各种财宝。实际上，烘托紧张的故事情节，对此大可一笑而过，千万不要受到误导。

光电开关可分为以下几类：

透射式光电传感器工作原理

1）漫反射式光电开关：一种集发射器和接收器于一体的传感器，当有被检测物体经过时，物体将光电开关发射器发射的足够量的光线反射到接收器，于是光电开关就会产生检测开关信号。当被检测物体的表面光亮或其反光率极高时，漫反射式光电开关是首选的检测模式。

2）镜反射式光电开关：集发射器与接收器于一体，光电开关发射器发出的光线经过反射镜反射回接收器，当被检测物体经过且完全阻断光线时，光电开关就会产生检测开关信号。

反射式光电传感器工作原理

3）对射式光电开关：包含了在结构上相互分离且光轴相对放置的发射器和接收器，发射器发出的光线直接进入接收器，当被检测物体经过发射器和接收器之间且阻断光线时，光电开关就会产生开关信号。当检测物体不透明时，对射式光电开关是最可靠的检测装置。

4）槽式光电开关：通常采用标准的U字形结构，其发射器和接收器分别位于U形槽的两边，并形成一光轴，当被检测物体经过U形槽且阻断光轴时，光电开关就会产生开关信号。槽式光电开关比较适合检测高速运动的物体，并且能分辨透明与半透明物体，使用安全可靠。

5）光纤式光电开关：采用塑料或玻璃光纤传感器引导光线，可以远距离对被检测物体进行检测。通常光纤传感器分为对射式和漫反射式。“创意之星”机器人套件配套了两个漫反射式光电开关，其有效距离约为20cm。

注意：漫反射式光电开关发出的光线需要经检测物表面才能反射回漫反射式光电开关的接收器，所以检测距离和被检测物体的表面反射率将决定接收器接收到的光线的强度。粗糙表面反射回的光线强度必将小于光滑表面反射回的光线强度，材料的反射率是影响光电开关有效距离的重要因数。

常用材料的反射率见表2-2。

表2-2　常用材料的反射率

材料	反射率（%）	材料	反射率（%）
白画纸	90	不透明黑色塑料	14
报纸	55	黑色橡胶	4
餐巾纸	47	黑色布料	3
包装箱硬纸板	68	未抛光白色金属表面	130
洁净松木	70	抛光浅色金属表面	150
干净粗木板	20	不锈钢	200
透明塑料杯	40	木塞	35
半透明塑料瓶	62	啤酒泡沫	70
不透明白色塑料	87	人手掌心	75

红外接近传感器利用被检测物体对红外光束的遮挡或反射，由同步电路是否选通来检测物体的有无，检测物体不限于金属，对所有能反射光线的物体均可检测。现有的红外接近传感器优先使用波长780nm～3μm的近红外光，并已有比较稳定的集成化产品，与数字电路的接口也非常简单。

2.4　程序的三种结构

程序有三种结构：顺序结构、选择结构和循环结构。在进行避障机器人程序设计时，需要熟悉程序结构。

1. 顺序结构

C 程序的执行部分由语句组成，程序的功能也由执行语句实现。

C 语句可分为五类，即表达式语句、函数调用语句、控制语句、复合语句和空语句。

（1）表达式语句　表达式语句由表达式加上分号“;”组成。其一般形式为

```
表达式;
```

执行表达式语句就是计算表达式的值。例如：

```
x = y + z;          //赋值语句
y + z;              //加法运算语句，但计算结果不能保留，无实际意义
i + + ;             //自增 1 语句，i 值增 1
```

（2）函数调用语句　由函数名、实际参数加上分号“;”组成。其一般形式为

```
函数名（实际参数表）;
```

执行函数调用语句就是调用函数体并把实际参数赋值给函数定义中的形式参数，然后执行被调用函数体中的语句，求取函数值（在后文中再详细介绍）。例如：

```
printf（"C Program"）;        //调用库函数，输出字符串
```

（3）控制语句　控制语句用于控制程序的流程，以实现程序的各种结构方式。控制语句由特定的语句定义符组成。C 语言有 9 种控制语句，可分成以下三类。

1）条件判断语句：if 语句、switch 语句。

2）循环执行语句：do while 语句、while 语句、for 语句。

3）转向语句：break 语句、goto 语句、continue 语句、return 语句。

（4）复合语句　把多个语句用花括号“{}”括起来组成的一个语句称为复合语句。在程序中应把复合语句看成是单条语句，而不是多条语句。例如：

```
{
  x = y + z;
  a = b + c;
  printf（"%d%d", x, a）;
}
```

上述程序是一条复合语句。

复合语句内的各条语句都必须以分号“;”结尾，在括号“}”外不能加分号。

（5）空语句　只有分号“;”组成的语句称为空语句。空语句是什么也不执行的语句。在程序中空语句可用来作为空循环体。例如：

```
while（getchar（）!'\n'）;
```

语句功能：只要从键盘输入的字符不是回车则重新输入。此处的循环体为空语句。

（6）赋值语句　赋值语句是由赋值表达式再加上分号“;”构成的表达式语句。其一般形式为

变量 = 表达式；

赋值语句的功能和特点与赋值表达式相同，它是程序中使用最多的语句之一。

使用赋值语句时需要注意以下几点：

1）由于在赋值符“=”右边的表达式也可以是一个赋值表达式，因此，变量 1 = （变量 2 = 表达式）是成立的，从而形成嵌套的情形。其展开之后的一般形式为

变量 1 = 变量 2 = … = 表达式；

例如：

```
c=d=e=5;
```

按照赋值运算符的右接合性，因此实际上等效于：

```
e=5;
d=e;
c=d;
```

2）在变量说明中，给变量赋初值和赋值语句的区别：给变量赋初值是变量说明的一部分，赋初值后的变量与其后的其他同类变量之间用逗号“，”间隔，而赋值语句则必须用分号“；”结尾。例如：

```
int  a=5, b, c;
```

3）在变量说明中，不允许连续给多个变量赋初值。例如：

```
int  a=b=c=5;
```

上述赋值语句是错误的，必须写为

```
int  a=5, b=5, c=5;
```

赋值语句允许连续赋值。

4）赋值表达式和赋值语句的区别。赋值表达式是一种表达式，它可以出现在任何允许表达式出现的地方，而赋值语句则不能。

下述语句是合法的。

```
if ((x=y+5)>0)  z=x;
```

语句功能：若表达式 x = y + 5 大于 0，则 z = x。

下述语句是非法的。

```
if ((x=y+5;)>0)  z=x;
```

因为 x = y + 5；是语句，不能出现在表达式中。

顺序结构流程图如图 2-17 所示。根据顺序结构流程图编写一个顺序结构的程序。机器人可按照程序流程完成任务。

选择结构

2. 选择结构

机器人需要像人类一样，针对周围环境中的不同情况有选择地做动作。为了让机器人具有判断能力，可以通过接触机器人不同的部位，让机器人做不同的运动，这就需要学习程序设计中的选择结构。

执行顺序结构程序时，计算机是按照程序的书写顺序逐条地执行语句，而实际工作中执行语句的顺序依赖于输入的数据或中间运算的结果。在这种情况下，必须根据某个变量或表达式（称为条件）的值做出选择，决定执行哪些语句。这样的程序结构称为选择结构或分

支结构。

（1）关系运算符和关系表达式　关系运算是逻辑运算中比较简单的一种。关系运算由关系运算符连接两个值实现，所形成的表达式称为关系运算表达式。所谓关系运算实际上就是比较运算，将两个值进行比较，判断其比较结果是否符合给定的条件，即真与假的运算。例如，1 >2 是假的，但 1 <2 是真的。

（2）逻辑运算符和逻辑表达式　用逻辑运算符将关系表达式或逻辑量联系起来的式子就是逻辑表达式，即常用的与、或、非三种逻辑关系。

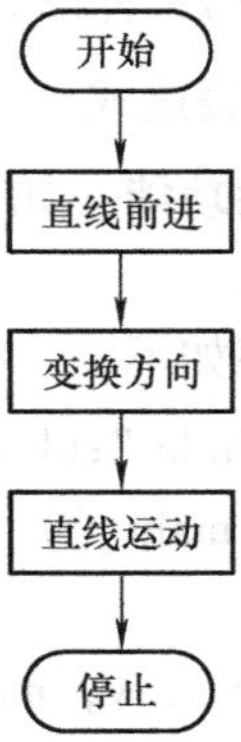

图 2-17　顺序结构流程图

（3）if 语句

if 语句是程序设计中最常用的语句之一。在数学中，常见求一个数的绝对值，如已知 x 的值，求绝对值 y，即

$$y=\begin{cases}x & x\geqslant 0\\ -x & x<0\end{cases}$$

上述即为典型的分支结构,需要根据 x 的情况确定 y 的值。

【例 2-1】计算绝对值函数。

程序如下：

```
#include "stdio. h"
int main ( )
{
  int x, y;
  printf (" \ n Please input x:");
  scanf ("%d", &x);
  if (x> =0)              //if 选择语句，关系式 x> =0 是条件
       y =x;
  else
       y = -x;
  printf ("y =%d", y);    //输出函数值 y
}
```

程序运行结果为

```
Please input x: 3↙
y =3
Please input x: -6↙
y =6
```

上述程序中，输入一个数 x，用 if 语句判别 x 和 0 的大小，如 x 大于等于 0，则把 x 的值赋给 y。否则，把 -x 的值赋给 y，最后输出 y 的值。

用 if 语句可以构成选择结构。它根据给定的条件进行判断，以决定执行某个分支程序。C 语言的 if 语句有三种基本形式。

1）第一种形式：if 形式。其一般形式为

if（表达式）　语句组

语句功能：如果表达式的值为真，则执行其后的语句组，否则不执行该语句组。

【例 2-2】对任意两个数，求出最大的一个数。

程序如下：

```
#include "stdio.h"
void main ()
{
  int x, y, max;
  printf ("Please input two numbers:");
  scanf ("%d%d", &x, &y);
  max = x;
  if (max < y)
      max = y;
  printf ("max = %d", max);
}
```

本例中，把 x 的值先赋给变量 max，用 if 语句判别 max 和 y 的大小，如 max 小于 y，再把 y 赋给 max，所以 max 中总是大数。

2）第二种形式：if-else 形式。其一般形式为

```
if（表达式）
语句组 1;
else
语句组 2;
```

语句功能：如果表达式的值为真，则执行语句 1，否则执行语句 2。其执行过程如图 2-18所示。

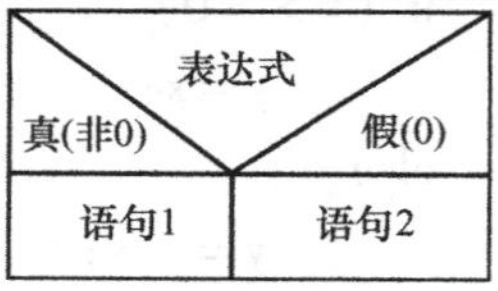

图 2-18　if-else 语句执行过程

【例 2-3】比较任意两个数，求出最大的一个数。

程序如下：

```
#include "stdio.h"
void main ()
{int x, y, max;
    printf ("Please input two numbers:");
    scanf ("%d%d", &x, &y);
    if (x > y)            //max 是 x 和 y 中大的一个数
        max = x;
    else
        max = y;
    printf ("max = %d", max);
}
```

3）第三种形式：if-else-if 形式。

if 形式和 if-else 形式的 if 语句适用于两个分支的情况。如果有多个分支，可采用 if-else-if 语句，其一般形式为

```
if（表达式 1）
语句组 1；
else if（表达式 2）
语句组 2；
……
else if（表达式 m）
语句组 m；
else 语句组 n；
```

语句功能：由上而下，依次判断表达式的值，当某个表达式的值为真时，执行其对应的语句，然后跳到 if-else-if 语句之外继续执行。如果所有的表达式全为假，则执行语句组 n。有五条分支的 if-else-if 语句的执行过程如图 2-19 所示。

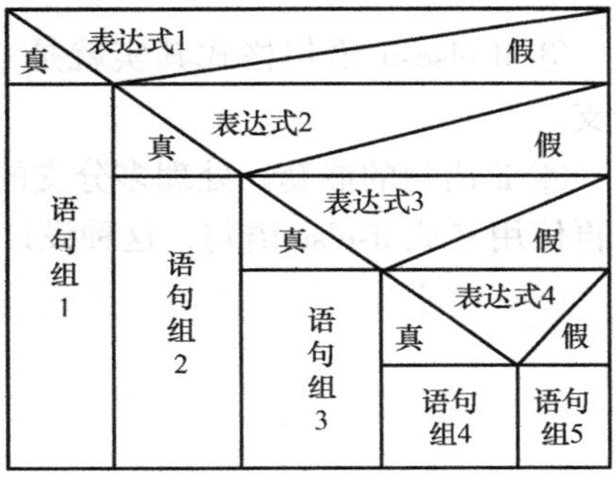

图 2-19　if-else-if 语句执行过程

【例 2-4】求分段函数的值（符号函数）。

$$y=\begin{cases}1 & x>0\\ 0 & x=0\\ -1 & x<0\end{cases}$$

程序如下：

```
#include "stdio. h"
void main ()
{
  int x, y;
  printf ("Please input: x = ");
  scanf ("%d", &x);
  if (x>0)
    y=1;
  else  if (x = =0)
    y=0;
  else
    y= -1;
  printf ("y=%d\ n", y);
}
```

程序运行结果为

```
Please input：x =5↙
y =1
Please input：x = -6↙
y = -1
```

使用 if 语句时应注意以下几点：

① if 之后的表达式是判断的条件，它不仅可以是逻辑表达式或关系表达式，还可以是其他表达式。如赋值表达式，或仅是一个变量。例如：

if（x =10）语句；

if（x）语句；

上述语句都是合法的语句。

② if 语句中，作为条件的表达式必须用括号“( )”括起来，在语句之后必须加分号“;”。

③ if-else-if 语句格式其实就是 if-else 语句的嵌套形式，只是将条件语句嵌套放在 else 分支。

④ if 语句的嵌套。处理多分支的情况时，C 语言允许在 if 或 if-else 语句组 1 或语句组 2 中再使用 if 或 if-else 语句，这种设计方法称为嵌套。

【例 2-5】计算符号函数（用嵌套的 if 语句）。

$$y = \begin{cases} 1 & x > 0 \\ 0 & x = 0 \\ -1 & x < 0 \end{cases}$$

程序如下：

```
#include "stdio. h"
void main ( )
{
  int x, y;
  printf ("Please input: x =");
  scanf ("%d", &x);
  if (x! =0)
    if (x >0)
      y =1;
    else
      y = -1;
  else
    y =0;
  printf ("y =%d/n", y);
}
```

程序运行结果为

```
Please input: x=0↙
y=0
Please input: x=3↙
y=1
```

注意：上例中的“else y = -1;”语句容易错写为“else if (x<0) y = -1;”，原因是对else分支的逻辑含义没有理解清楚。

（4）switch语句　if语句的嵌套适用于多种情况的选择判断，这种实现多路分支处理的程序结构，也称为多分支选择结构。显然用嵌套的方法处理多分支结构比较复杂。为此C语言提供了直接实现多分支选择结构的语句——switch语句，称为多分支语句，也称为开关语句。使用switch语句比使用if语句嵌套简单。

switch语句的一般形式为

```
switch（表达式）
{
    case 常量表达式1:
        语句组1;
        Break;
    case 常量表达式2:
        语句组2;
        break;
        ……
    case 常量表达式n:
        语句组n;
        break;
    default:
        语句组n+1;
}
```

switch语句的执行过程如下：

1）当switch后面表达式的值与某个case后面常量表达式的值相同时，执行该case后面的语句组；当执行到break语句时，跳出switch语句，转向执行switch语句的下一条语句。

2）如果任何一个case后面常量表达式的值与switch后面表达式的值都不相同，则执行default后面的语句组。然后，再执行switch语句外的语句。

【例2-6】输入某学生的成绩，根据成绩情况输出相应的评语。成绩在90分以上，输出评语“优秀”；成绩为70~90分，输出评语“良好”；成绩为60~70分，输出评语“合格”；成绩在60分以下，输出评语“不合格”。

假设表示成绩的变量为score，则设计程序的算法步骤为

① 输入学生的成绩score。

② 将成绩整除10，转化成switch语句中的case标号。

③ 根据学生的成绩输出相应的评语：

a. 先判断成绩是否在 90 分以上，若是则输出评语“优秀”。

b. 再判断成绩是否在 70 到 90 分之间，若是则输出评语“良好”。

c. 再判断成绩是否在 60 到 70 分之间，若是则输出评语“合格”。

d. 否则，输出评语“不合格”。

程序如下：

```
#include "stdio.h"
void main ()
{
  int  score, grade;
  printf ("Input a score (0-100):");
  scanf ("%d", &score);
  grade = score/10; //将成绩整除 10，转化成 switch 语句中的 case 标号
  switch (grade)
  {
  case 10:
  case 9:
     printf ("优秀\n");
     break;
  case 8:
  case 7:
     printf ("良好\n");
     break;
  case 6:
     printf ("合格\n");
     break;
  case 5:
  case 4:
  case 3:
  case 2:
  case 1:
  case 0:
     printf ("不合格\n");
     break;
  default:
     printf ("数据出界!\n");
  }
}
```

程序运行结果为

```
Input a score (0-100): 95↙
优秀
Input a score (0-100): 66↙
合格
```

上述程序说明如下：

① switch 后面的表达式可以是 int、char 和枚举型。

② 每个 case 后面常量表达式的值应各不相同，否则会出现自相矛盾的现象。

③ case 后面的常量表达式起语句标号的作用，系统一旦找到对应的标号，就从这个标号开始顺序执行下去，而不再对其他标号进行判断。所以必须加上 break 语句，以便跳出 switch 语句，以免再执行其他的分支。

④ 各 case 及 default 子句的先后次序不影响程序执行结果。

⑤ 多个 case 子句可共用同一语句组。

⑥ default 子句可以省略不用。

循环结构

3. 循环结构

机器人在处理许多问题时需要用到循环程序设计，如让机器人反复做同一件事，像人类一样不断查看外界信息，即传感器信号的采集等，都需要循环控制。

C 语言中，循环结构主要有以下语句：goto 语句和 if 语句构成的循环语句，while 语句，do-while 语句，for 语句。

（1）goto 语句和 if 语句构成的循环结构　goto 语句是一种无条件转移语句，与 BASIC 语言中的 goto 语句相似。其一般形式为

```
goto 语句标号;
```

其中，语句标号是一个有效的标识符，该标识符加上一个冒号“:”一起出现在函数内某处时，执行 goto 语句后，程序将跳转到该标号处并执行其后的语句。另外，标号必须与 goto 语句同处于一个函数中，但可以不在一个循环层中。通常 goto 语句与 if 条件语句连用，当满足某一条件时，程序跳到标号处运行。

使用 goto 语句会程序层次不清，且不易读，因此通常不用 goto 语句。但在多层嵌套退出时，用 goto 语句则比较合理。

【例 2-7】用 goto 语句和 if 语句构成循环结构计算 $\sum_{n=1}^{100} n$。

程序如下：

```
#include "stdio.h"
void main ()
{
  int i, sum =0;
  i =1;
  loop:   if (i< =100)
  {
  sum = sum +i;
```

```
    i + + ;
    goto loop;
    }
    printf ("%d", sum);
}
```

（2）while 语句　while 语句的一般形式为

while（表达式）　语句

其中，表达式为循环条件，语句为循环体。

语句功能：计算表达式的值，当值为真（非0）时，执行循环体语句。while 语句执行过程如图 2-20 所示。

【例 2-8】用 while 语句计算 $\sum_{n=1}^{100} n$。

用流程图表示算法。如图 2-21 所示。

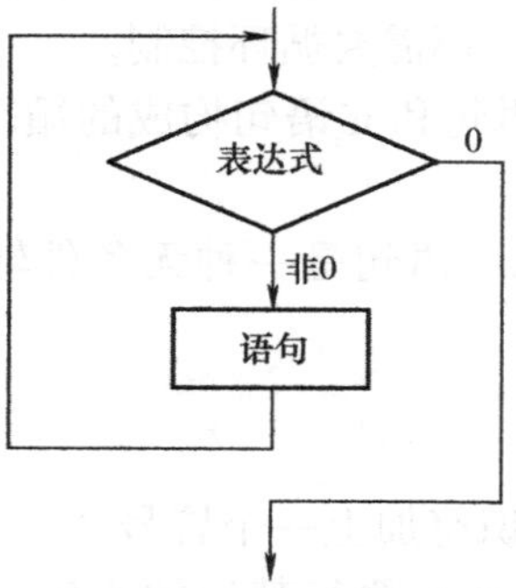

图 2-20　while 语句执行过程

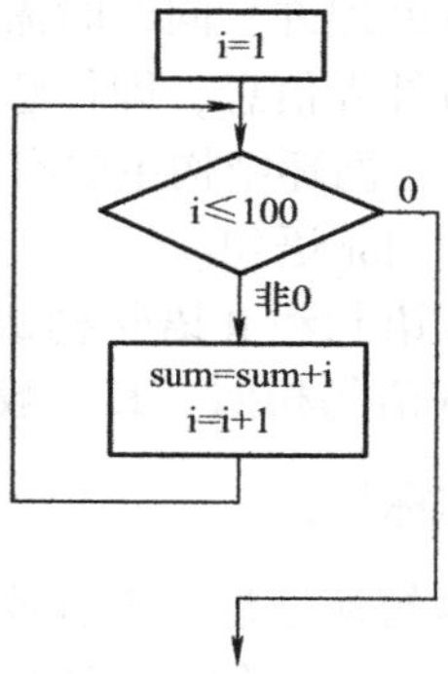

图 2-21　while 语句求和流程图

程序如下：

```
#include "stdio. h"
void main ()
{
  int i, sum =0;
  i =1;
  while (i < =100)
  {
    sum = sum + i;
    i + + ;
  }
  printf ("%d", sum);
}
```

（3）do-while 语句　do-while 语句的一般形式为

```
do
语句
while（表达式）;
```

do-while 循环与 while 循环的不同在于：do-while 循环先执行循环体中的语句，然后再判断表达式是否为真，如果为真则继续循环；如果为假，则终止循环。因此，do-while 循环至少要执行一次循环语句。

do-while 语句执行过程如图 2-22 所示。

【例 2-9】用 do-while 语句求 $\sum_{n=1}^{100} n$。

用流程图表示算法，如图 2-23 所示。

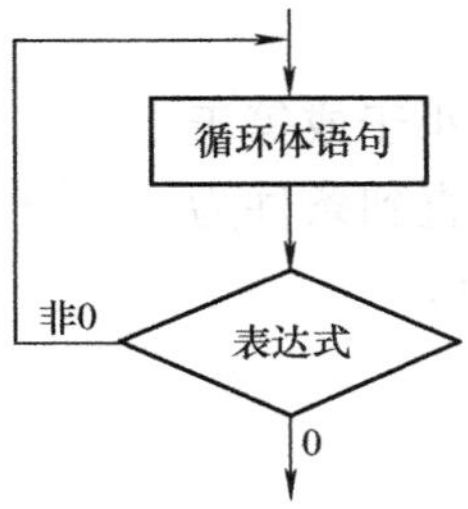

图 2-22　do-while 语句执行过程

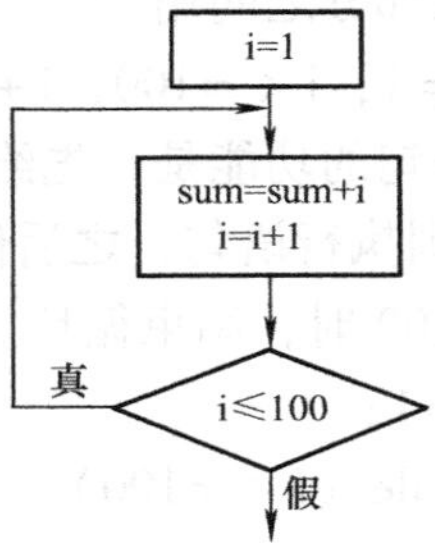

图 2-23　do-while 语句求和流程图

程序如下：

```
#include "stdio.h"
void main ()
{
  int i, sum =0;
  i =1;
  do
  {
    sum = sum + i;
    i + +;
  } while (i < =100);
  printf ("%d", sum);
}
```

（4）for 语句　在 C 语言中，for 语句使用最为灵活，它完全可以取代 while 语句。for 语句一般形式为

for（表达式 1；表达式 2；表达式 3）语句

for 语句执行过程如下：

1）先求解表达式 1。

2）求解表达式 2，若其值为真（非 0），则执行 for 语句中指定的内嵌语句，然后执行

第3）步；若其值为假（值为0），则结束循环，转到第5）步。

3）求解表达式3。

4）转回上面第2）步继续执行。

5）循环结束，执行for语句的下一条语句。

for语句执行过程如图2-24表示。

for语句最简单、最容易理解的形式为

for（循环变量赋初值；循环条件；循环变量增量）语句

其中，循环变量赋初值是一条赋值语句，用来给循环控制变量赋初值；循环条件是一个关系表达式，决定什么时候退出循环；循环变量增量定义循环控制变量每循环一次后按什么方式变化。上述三部分之间用“；”分隔开。例如：

```
for (i=1; i<=100; i++) sum=sum+i;
```

上述语句的功能是：先给i赋初值1，判断i是否小于或等于100，若是则执行语句，之后值增加1，再重新判断，直到条件为假，即i>100时，结束循环。相当于如下的while循环。

```
i=1;
while (i<=100)
{
    sum=sum+i;
    i++;
}
```

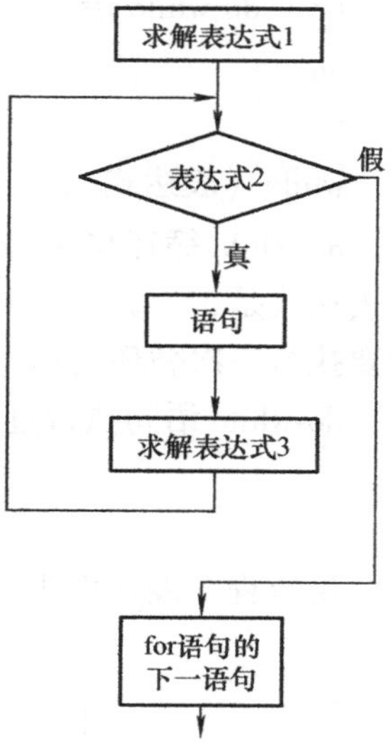

图2-24　for语句执行过程

for循环中语句的一般形式，就是如下的while循环形式。

```
表达式1;
while (表达式2)
{
    语句
  表达式3;
}
```

使用for循环时需要注意以下几点：

1）for循环中的表达式1（循环变量赋初值）、表达式2（循环条件）和表达式3（循环变量增量）都是选择项，即可以缺省，但“；”不能缺省。

2）省略表达式1（循环变量赋初值），表示不对循环控制变量赋初值。

3）若省略表达式2（循环条件），则不做其他处理时程序便成为死循环。例如：

```
for (i=1;; i++) sum=sum+i;
```

相当于如下while循环。

```
i=1;
while (1)
```

```
    {
  sum = sum + i;
      i + + ;
    }
```

4）若省略表达式3（循环变量增量），则表示不对循环控制变量进行操作，此时可在语句体中加入修改循环控制变量的语句。例如：

```
for（i =1； i< =100;）
{
sum = sum + i;
i + + ;
}
```

5）省略了表达式1（循环变量赋初值）和表达式3（循环变量增量）。例如：

```
for（; i< =100;）
{
sum = sum + i;
i + + ;
}
```

相当于如下 while 循环。

```
while（i< =100）
{
    sum = sum + i;
    i + + ;
}
```

6）三个表达式都可以省略。例如：

for（;;）语句

相当于如下 while 循环。

while（1）语句

7）表达式1可以是设置循环变量初值的赋值表达式，也可以是其他表达式。例如：

```
for（sum =0; i< =100; i + + )    sum = sum + i;
```

8）表达式1和表达式3可以是一个简单表达式也可以是逗号表达式。例如：

```
for（sum =0, i =1; i< =100; i + + )    sum = sum + i;
```

或

```
for（i =0, j =100; i< =100; i + + , j - - ) k =i +j;
```

9）表达式2一般是关系表达式或逻辑表达式，但也可是数值表达式或字符表达式，只要其值非0，就执行循环体。例如：

```
for（i =0;（c =getchar（））! = ' \n'; i + =c);
```

又如：

```
for（;（c =getchar（））! = ' \n';）
```

printf ("%c", c);

(5) 循环的嵌套　一个循环体内又包含另一个完整的循环结构，称为循环的嵌套。

(6) break 语句和 continue 语句　break 语句终止整个循环，continue 语句结束本次循环。

任务实训

任务 2.1　避障机器人目标分析与计划

一、任务目标

1. 对避障机器人进行结构方案和感知方案设计。
2. 制定避障策略。

避障机器人的设计

二、任务准备

机器人系统是为模仿人类等生物的结构、思维而构建的，因此必须参照人类活动来进行机器人行为设计。人类躲避障碍物首先用眼睛查看前方是否有物体，再用大脑思考是否需要躲避障碍物，然后大脑控制肌肉做出运动，最后肌肉带动骨骼完成回避动作。在上述流程中，人类用到的身体结构包括眼睛、大脑、肌肉和骨骼。整个躲避障碍物的过程可以分为“是否需要躲避障碍物”的思维过程和“控制肌肉做出运动”的执行过程两个部分，其中前者是逻辑判断，后者是固定的行为方法。

对于机器人，存在于人类自身的结构可以用机械结构近似模拟。“眼睛”替换为检测障碍物的传感器；“大脑”替换为控制器；“肌肉”替换为电动机；“骨骼”替换为机械结构部件。人类的思维在机器人上以软件程序的形式模拟，将控制人类行为方式的逻辑思维用逻辑判断算法模拟，将人类对肌肉的协调运动控制用机器人对电动机的协调运动控制实现。机器人与人类的类比框图如图 2-25 所示。

三、任务实施

1. 结构方案设计

首先，清点能够利用的资源有什么，基于此制定的方案才有可行性。查阅资料调研轮式机器人主要有哪些种类，各有什么优缺点。

现实生活中各种各样的轮式车辆可作为轮式机器人的设计参考。实际上，轮式机器人底盘就是把现实的轮式车辆进行缩微和简化。为了确保车辆在大多情况下能保持平衡，除摩托车、自行车外，其他各

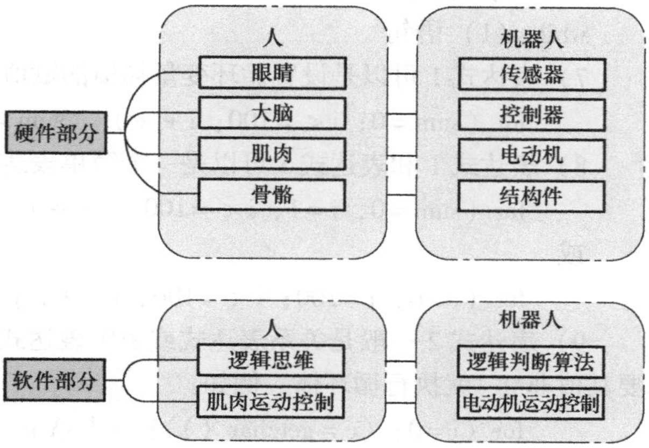

图 2-25　机器人与人类的类比框图

种轮式车辆一般至少有三个轮子同时着地。同样，在设计轮式机器人时也尽量不选择两轮结构。

表2-3列出了七种常见的轮式机器人底盘结构类型。其中，第五种结构类型的四个轮可以单独驱动控制，具有很强的机动能力，且动力强劲，所以本任务采用第五种底盘结构类型。

表2-3　常见轮式机器人底盘结构对照表

序号	结构类型	说　明
1	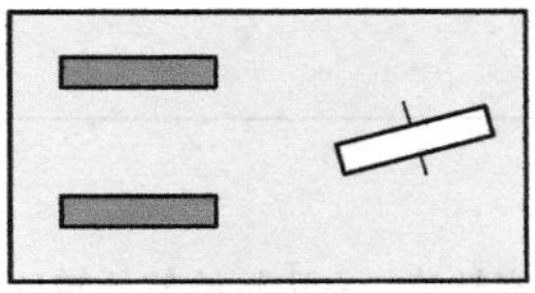	后面是两个独立驱动轮，前面是一个转弯用无驱动轮
2	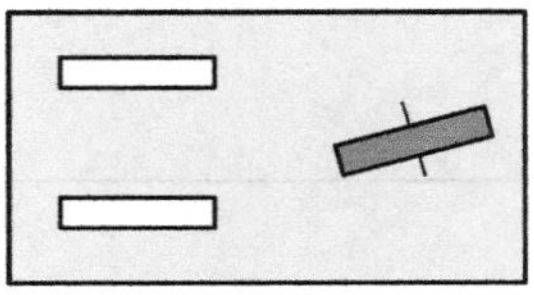	后面是两个无动力轮，前面是一个动力轮
3	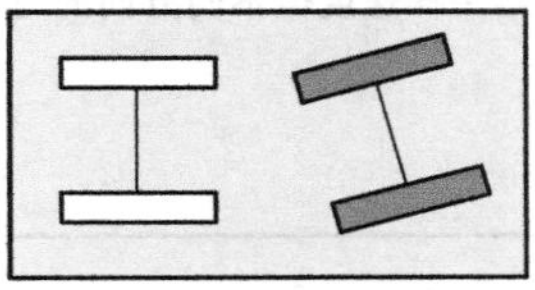	前面两轮驱动，后面两轮从动，前后都带差速器
4	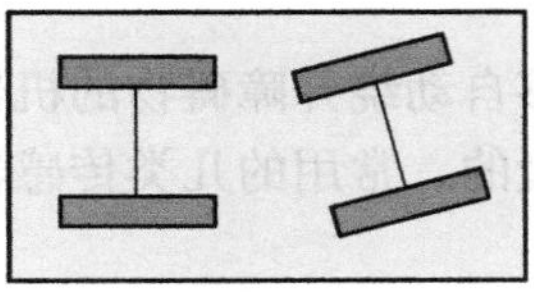	前后四轮都是驱动轮，带差速器，属越野车的驱动方式
5	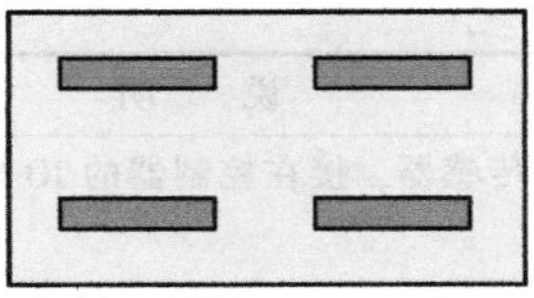	四轮独立驱动，属模型四驱车的驱动方式
6	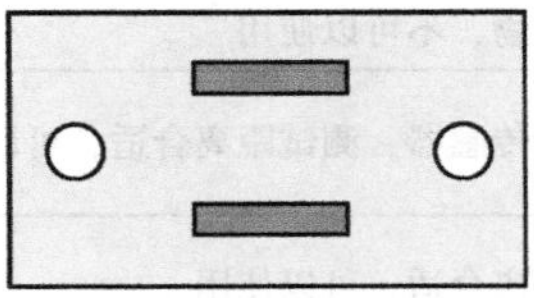	中间有两个独立驱动轮，前后各有一个万向轮
7	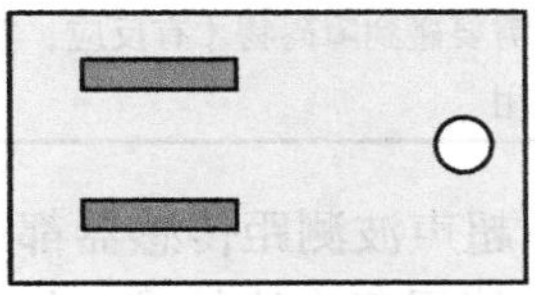	前面有一个万向轮，后面有两个独立驱动轮

注：▬为有动力的驱动轮，▭为无动力的随动轮，○为万向轮。

本任务控制四个电动机使机器人灵活运动，四个电动机转动输出和机器人运动方向对应关系见表2-4。可根据机器人前方障碍物具体方向，控制机器人转动方向。

表 2-4　电动机转动输出与机器人运动方向关系对照表

状态	电动机转动输出	说　明
前进和后退	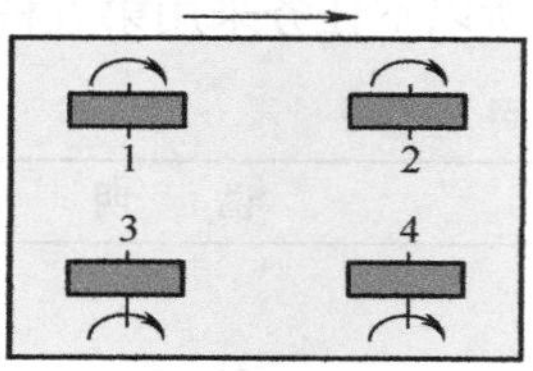	给左右两边轮同样向前或向后的电动机转速，底盘就前进或后退
有转弯半径的转向	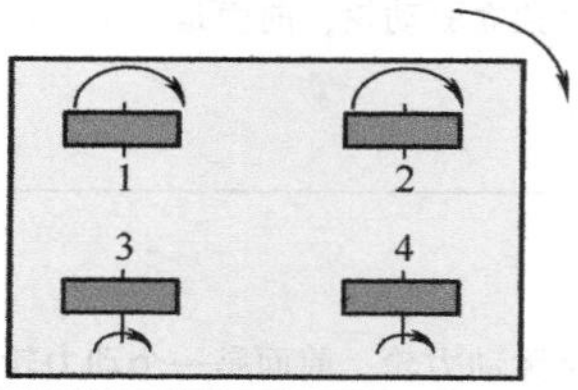	左边轮给较高转速，右边轮给较低转速，底盘就会向右前方转向
无转弯半径的转向	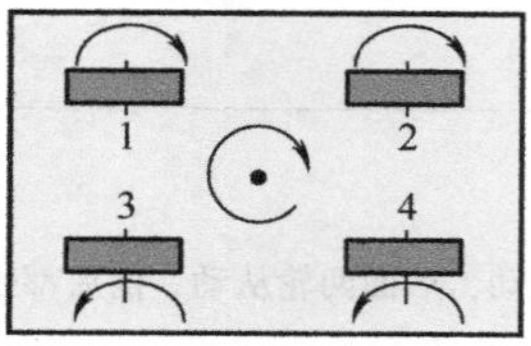	左右两边轮给一样速度但不同方向的电动机转速，底盘会原地转动

2. 感知方案设计

避障机器人顾名思义就是能够感知前方障碍，并能够自动绕开障碍物的机器人。通过前面的任务分析可知，机器人是通过传感器来感知周围环境的。常用的几类传感器特性分析对比见表 2-5。

表 2-5　传感器特性分析对比

传感器类型	特　性	说　明
红外接近传感器	开关量传感器，探测距离 20cm，可探测大多数介质表面	开关量传感器，接在控制器的 IO 输入接口，使用方便
霍尔接近传感器	开关量传感器，探测距离 10mm，只对铁磁性材料敏感	探测距离只有 10mm，没有足够的空间让机器人转向避开障碍物，不可以使用
红外测距传感器	模拟量传感器，探测距离 10 ~ 80cm，可探测大多数介质表面	模拟量传感器，测试距离合适，可以使用
超声波测距传感器	RS - 422 传感器，探测距离 4 ~ 500cm，可探测大多数介质表面	探测距离合适，可以使用
碰撞传感器	开关量传感器，触碰才有反应	机器人需要碰到障碍物才有反应，容易碰坏机器人，不可以使用

由表 2-5 可知，红外接近传感器、红外测距传感器、超声波测距传感器都可以实现避障机器人的避障功能，而超声波测距传感器对于初学者来说使用起来比较难。另外，红外测距传感器的数据输出频率为 40ms，每秒钟只能接收 25 次距离信息。红外接近传感器的数据是开关量，只能确认 20cm 范围内是否有障碍物，但使用简单，程序编写简单，传感器反应迅速。本任务采用红外接近传感器作为机器人的感知方案。

如图2-26所示，在机器人的前方安装两个红外接近传感器，如果左边的传感器触发、右边的没有触发，说明机器人左边有障碍物而右边没有，因此可以向右边转弯避开。同理可以判断前方障碍物、右边障碍物等情况。

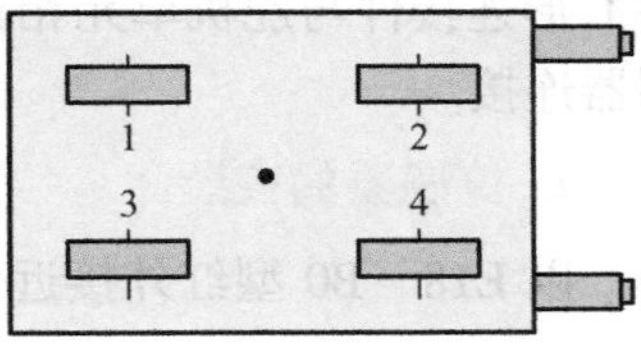

图2-26 传感器布置简图

3. 避障策略

对避障机器人进行目标规划：机器人在没有遇到障碍物时不断前行，遇到障碍物时能够转弯避开。搭建好机械本体后，需要编程让机器人运动起来。没有程序的机器人只是没有思想的由塑料、硅材料、金属组合的躯壳。程序决定了机器人的行为模式。

在编程时可以把自己当成机器人，以第一视角来考虑问题：我，一个机器人。我能看见前方20cm距离的东西，我的使命是在这片区域内漫游，并且不能撞上障碍物。首先探寻面前是否有障碍物，如果没有的话，我将一直直行，直到遇见障碍物。如果前面有障碍物，则将判断障碍物在左边还是右边，如果在左边，就向右转，然后绕开；如果是在右边，就向左转。如果障碍物充满了整个视野，挡住了整个前进的路线，我将向后退，然后左转，重新探寻路线。

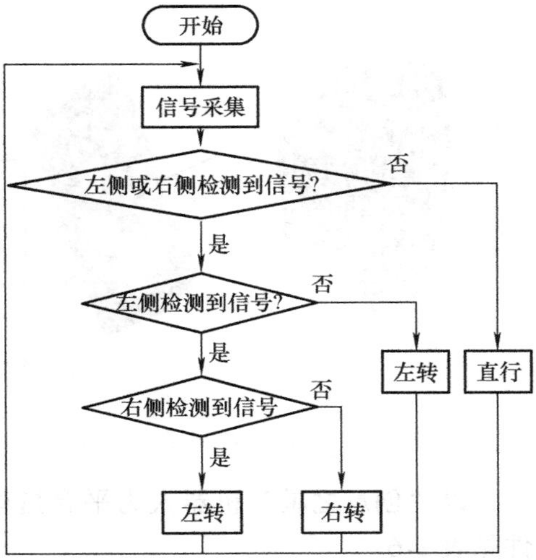

图2-27 避障策略流程图

第一视角下的避障策略虽然简单，但完整、可行，更复杂的避障策略只是在此基础上添加更复杂的判断而已。上述避障策略的流程图如图2-27所示。

至此，已完成避障机器人从结构搭建到程序控制的所有方案的拟定。接下来需要制定完成该任务的计划：

1）控制器的使用。这是整个任务的关键环节。

2）搭建机器人。这是整个任务的基础。

3）编程。将控制策略的流程图用真正的程序语言实现并烧录到控制器上，让控制器扮演人类“大脑”的角色。

4）总结和分析。每做一个项目都需要进行总结和思考，这样才能有所沉淀、有所进步。

任务2.2 搭建避障机器人

一、任务目标

能独立搭建避障机器人。

二、任务准备

1. 避障机器人的搭建

本任务以北京博创兴盛科技有限公司的“创意之星”机器人为平台搭建避障机器人，

将L形连接件与舵机单元相连接，形成一个基本的轮子单元，并将装配好的舵机单元与控制器连接。

2. 传感器的安装

以E18－B0型红外接近传感器感知机器人周围环境，并对传感器进行安装与调试。

三、任务实施

1. 搭建轮子结构

1）用结构件和CDS5500型舵机搭建出如图2-28所示的基本舵机单元。

2）将L形连接件与舵机单元相连接，形成一个基本的轮子单元，如图2-29所示。

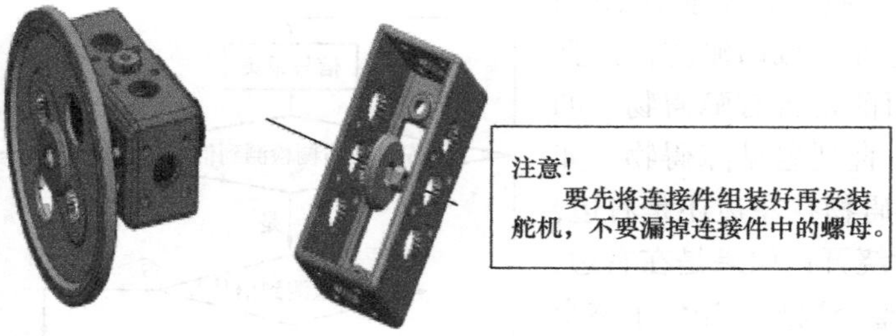

注意！
要先将连接件组装好再安装舵机，不要漏掉连接件中的螺母。

图2-28　基本舵机单元

图2-29　基本轮子单元

2. 搭建完整的避障机器人

以“创意之星”机器人为平台搭建避障机器人所需配件见表2-6。

机器人的机械零件和部件功能

表2-6　避障机器人配件

配件			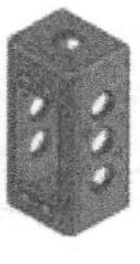						
数量	×1	×4	×5	×4	×5	×1	×8	×4	×4
配件									
数量	×2	×4	×4	×4	×4	×4	×4	×12	

1）将控制器与舵机相连的部件按图2-30装配。装配完成后的控制器与舵机连接部分如图2-31所示。

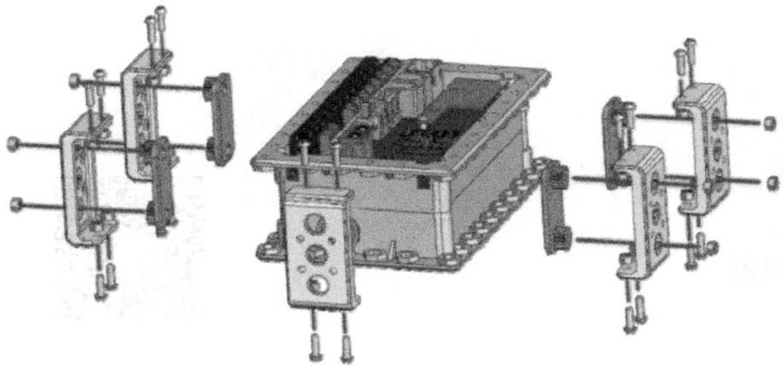

图 2-30　控制器与舵机相连的部件的连接方法

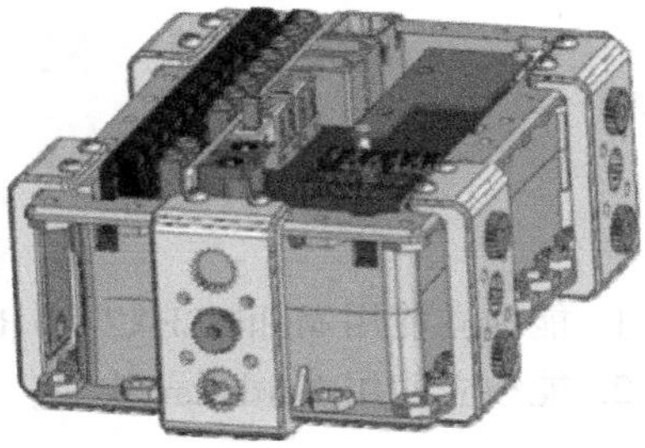

图 2-31　控制器与舵机连接部分

2）将已装配好的舵机单元与控制器连接，如图 2-32 所示。

3. 红外接近传感器安装与调试

“创意之星”机器人所使用的红外接近传感器型号为 E18-B0，其外形如图 2-33 所示。规格如下：

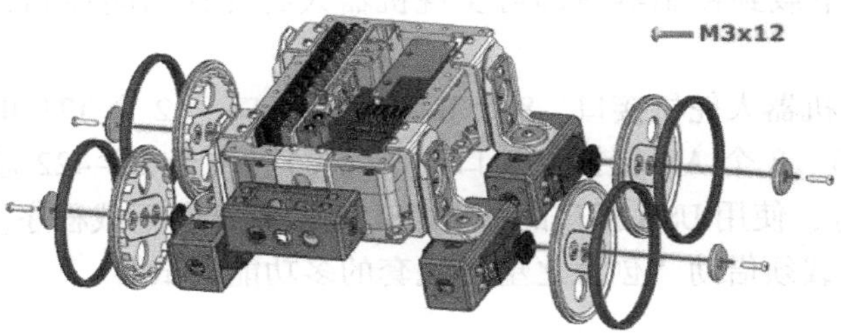

图 2-32　避障机器人装配图

图 2-33　红外接近传感器外形

1）V_{CC}：5V。

2）工作电流：小于 100mA。

3）输出形式：NPN 型晶体管 OC 输出。

4）封装形式：工程塑料。

红外接近传感器输出为开关量，只有 0 和 1 两种状态。将红外接近传感器装配好后连接至控制器传感器 IO0～IO11 的任意一个接口，都可以通过 NorthStar 进行数值读取和编程。由于输出是开关量，故红外接近传感器只能判断在测量距离内有无障碍物，不能给出障碍物的实际距离。

红外接近传感器带有一个灵敏度调节旋钮，可以调节感应触发的距离。“创意之星”机器人套件在出厂前已将感应触发距离调整到 20cm。红外接近传感器是机器人常用的传感器之一，用于躲避周围障碍，或者在无须接触的情况下检测各种物体的存在，用途非常多。

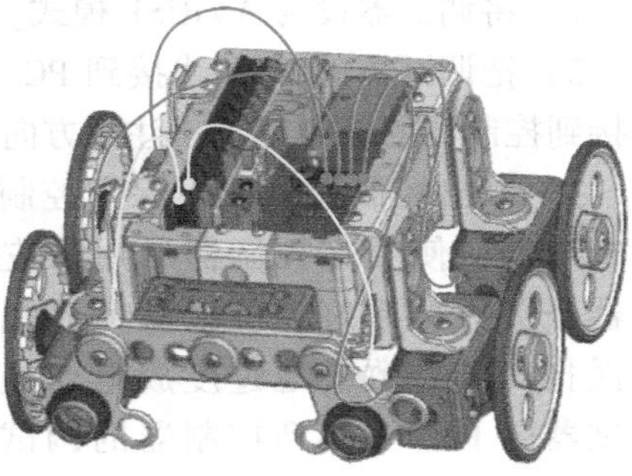

图 2-34　避障机器人接线图

最后用舵机连接线将舵机与 MultiFLEX2-AVR 控制器相连接。避障机器人接线图如图 2-34 所示。

任务 2.3　MultiFLEX2-AVR 控制器的使用

一、任务目标

1. 能独立使用 MultiFLEX2-AVR 控制器。
2. 能独立使用 NorthStar 软件。

"创意之星" 控制器

二、任务准备

"创意之星" 机器人套件标准版和入门版使用的是 MultiFLEX2-AVR 控制器。MultiFLEX2-AVR 控制器是一款小型机器人通用控制器，功能高度集成，具有众多 IO、AD 接口，能够控制 R/C 舵机、机器人舵机，具有 RS-232 接口和 RS-422 总线接口，能够实现常规机器人控制。MultiFLEX2-AVR 控制器使用图形化集成开发环境，开发简单，只需编写程序逻辑流程就能够自动生成 C 语言代码，下载到控制器后即可实现机器人的各种功能控制，且开放所有底层函数接口。

MultiFLEX2-AVR 控制器具有 6 个机器人舵机接口、8 个 R/C 舵机接口、12 个 TTL 电平双向 IO 接口（GND/SIG/VCC 三线制）、8 个 AD 转换器接口（0 ~ 5V）、两个 RS-422 总线接口（可挂接 1 ~ 127 个 RS-422 设备），使用 USB 接口的 AVR ISP 下载调试器下载程序。

MultiFLEX2-AVR 控制器程序的下载须借助 "创意之星" 配套的多功能调试器。

三、任务实施

1. 多功能调试器的使用

多功能调试器是 "创意之星" 机器人套件 MultiFLEX2-AVR 控制器的主要下载、调试工具，如图 2-35 所示。

图 2-35　多功能调试器

多功能调试器的使用步骤如下：

1）将调试器设为 AVRISP 模式。

2）把调试器的 USB 线接到 PC，将 IDC 头接到控制器的 IDC 座上，注意方向。

3）取出控制器，取下保护控制器开关的橡皮筋，使用完控制器后用橡皮筋将控制器开关原样系好，可以避免控制器电源被误打开，导致电池过度放电而损坏。将调试器的 IDC 头接到控制器的调试通信接口上。调试通信接口为 10 针 IDC 头，具有防插反设计，如果插接不顺利，须检查插接方向。

2. 使用 NorthStar 软件进行编程

在进行程序开发时，推荐使用 NorthStar 软件。NorthStar 面对不同控制器，仅在硬件连接及准备工作上存在差异，而在软件程序的开发阶段，所有的操作都一样；在完成程序流程设计之后，仅需要通过指定目标控制器的型号，即可将程序编译下载到该型号的控制器上运行。NorthStar 图形化集成开发环境同时还支持 C 语言编程方式，部分对控制精度有严格要求的用户，推荐使用 C 语言代码模式进行开发。

下面分别介绍使用流程图和代码方式实现用一个开关控制舵机正反转的过程。

（1）采用流程图的编程方法实现用一个开关控制舵机正反转

1）从“开始”→“程序”→“NorthStar 目录”运行程序，从菜单或者工具栏选择“新建”，弹出工程选项，选择控制器为“MultiFLEX2-AVR”，选择机器人类型为“Customized”，如图 2-36 所示；单击“下一步”按钮，设置舵机个数为“2”，将 ID 为“2”的舵机设置为电动机模式，如图 2-37 所示；单击“下一步”按钮，不用设置 AD，直接单击“下一步”，如图 2-38 所示；设置 IO 个数为“2”，单击“完成”，如图 2-39 所示。

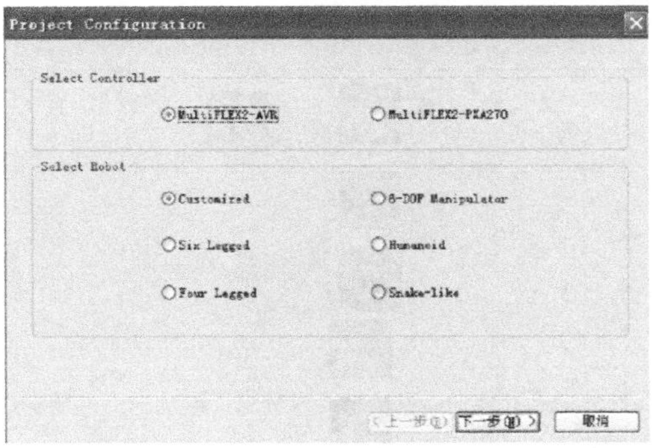

图 2-36　选择控制器和机器人类型

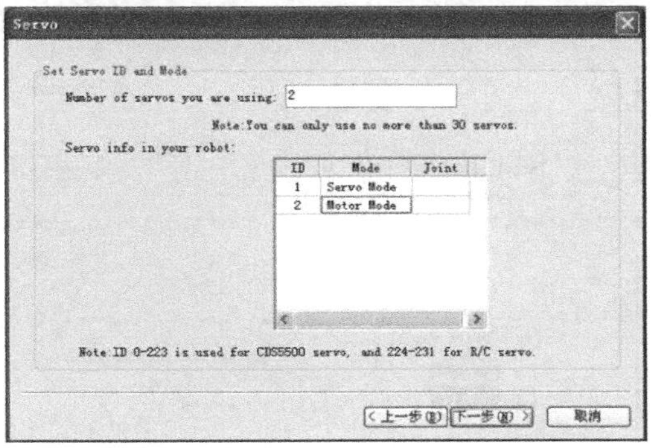

图 2-37　设置舵机

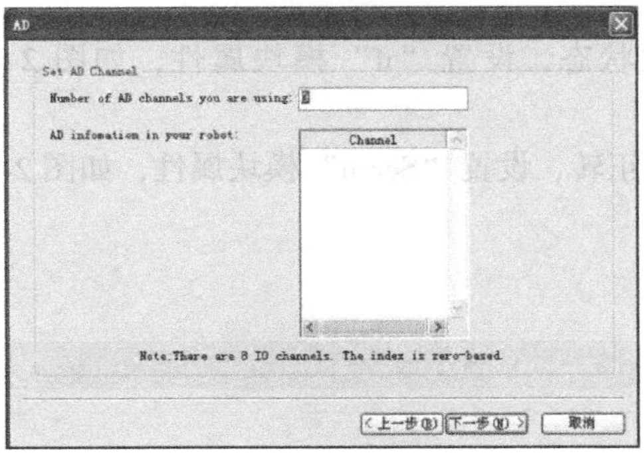

图 2-38　设置 AD 接口

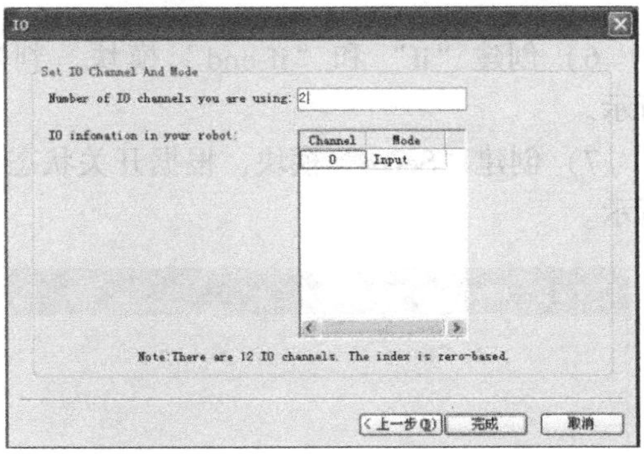

图 2-39　设置 IO 接口

2）创建 while 循环模块，如图 2-40 所示。

3）添加变量以保存传感器的值，设置变量模块属性，如图 2-41 所示。

4）创建“IO Input”模块，查询开关的状态，设置“IO Input”模块属性，如图 2-42 所示。

5）初步连接各模块如图 2-43 所示。

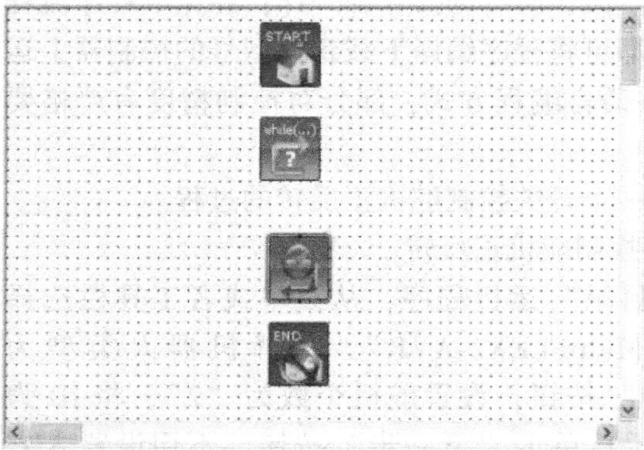

图 2-40　创建 while 循环模块

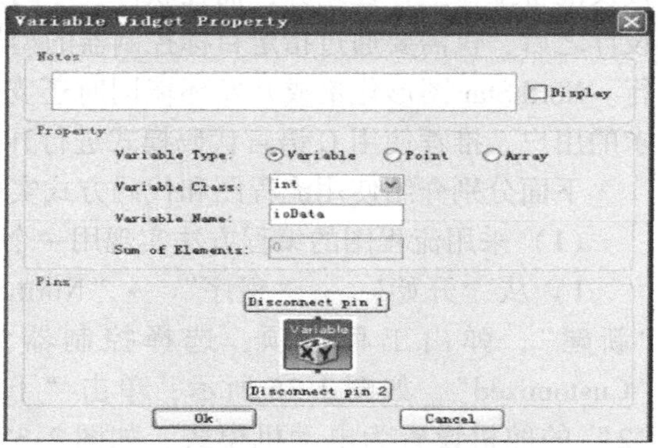

图 2-41　设置变量模块属性

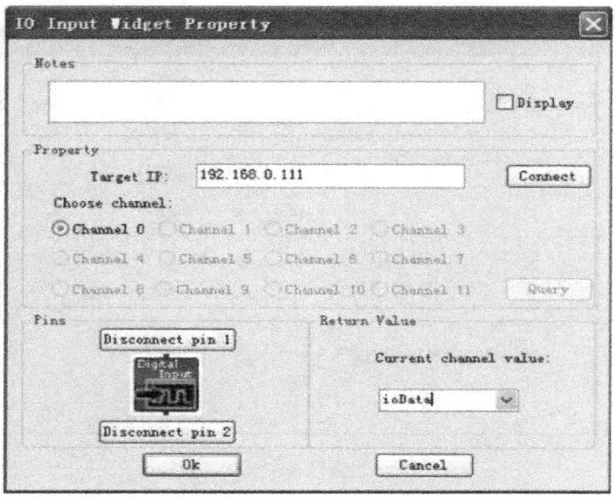

图 2-42　创建并设置“IO Input”模块

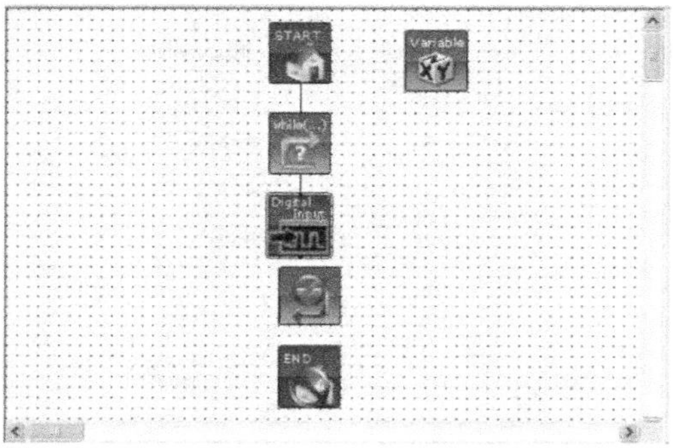

图 2-43　初步连接各模块

6）创建“if”和“if-end”模块，判断开关状态，设置“if”模块属性，如图 2-44 所示。

7）创建“Servo”模块，根据开关状态让舵机正转，设置“Servo”模块属性，如图 2-45 所示。

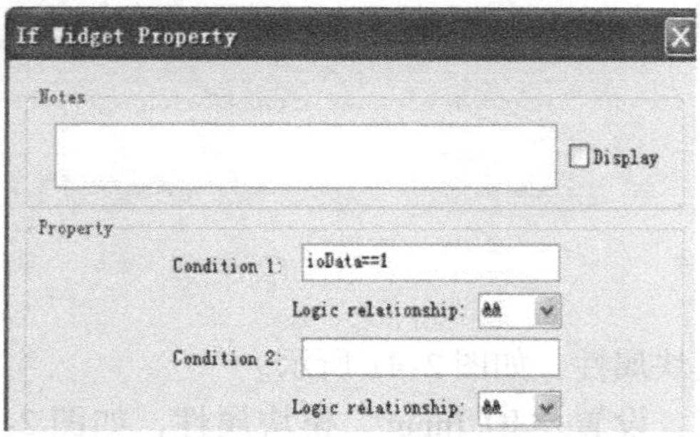

图 2-44　设置“if”模块属性

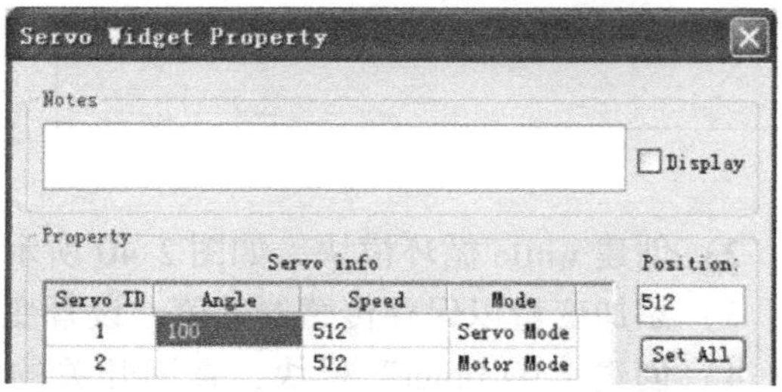

图 2-45　设置“Servo”模块属性

8）连接模块，如图 2-46 所示。

9）创建“Servo”模块，让舵机反转，设置“Servo”模块属性，如图 2-47 所示。

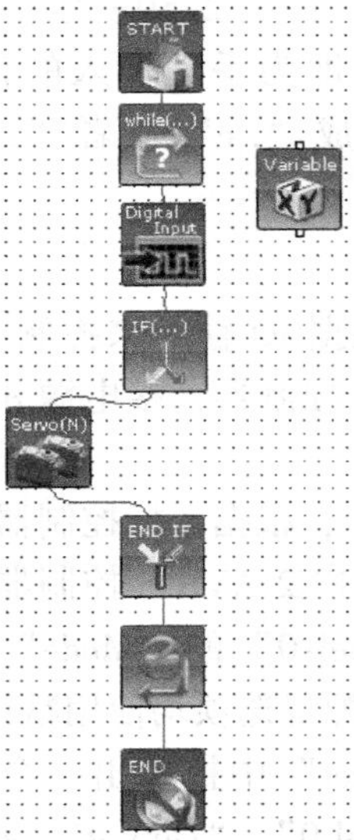

图 2-46　连接模块

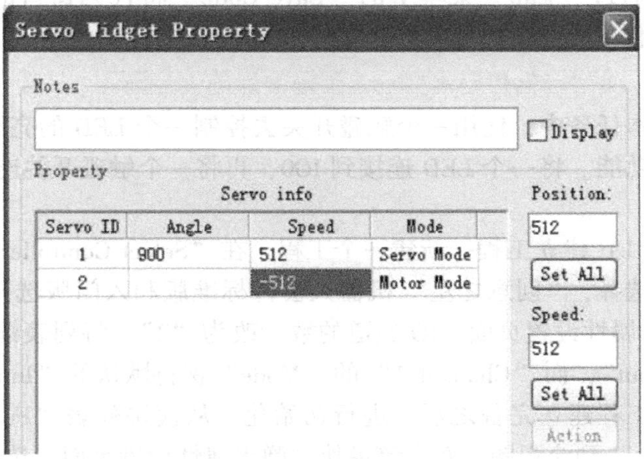

图 2-47　设置“Servo”模块属性

10）创建“Delay”模块，让舵机有时间执行动作，设置“Delay”模块属性，如图 2-48 所示。

11）连接所有模块，如图 2-49 所示。

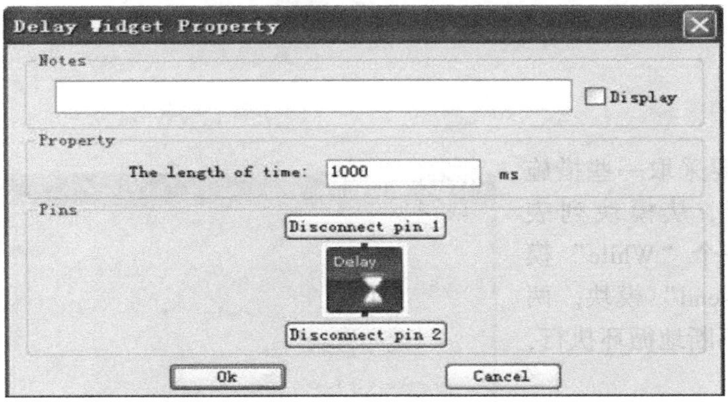

图 2-48　设置“Delay”模块属性

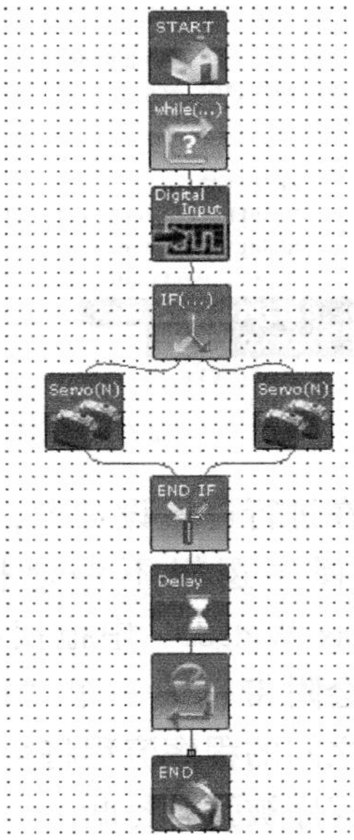

图 2-49　连接所有模块

12）从菜单或工具栏选择“Compile”。

13）连接控制器，从菜单或工具栏中选择“Download”即可下载程序；把 ID 为 1 和 2 的舵机连接到控制器上，将一个红外接近传感器插入 IO0 通道，按下和放开开关时，舵机就会正反转。

（2）代码开发　在流程图编辑过程中，如果需要手动输入代码，可从“Tools”菜单或工具栏中单击“Edit Code”，软件就会切换到代码编辑模式，如图2-50所示。此时手动输入代码，然后编译下载，即可运行程序。图中选中的区域即为手动输入的代码。可以通过“File”菜单下的“Save Code”将代码窗口的代码保存成“. c”或者“. cpp”的文件，或通过“Load Code”加载代码文件到代码窗口。

3. 使用MultiFLEX2-AVR控制器的IO接口

本任务中，使用一个触碰开关去控制一个LED的亮灭，完成根据IO输入来控制IO输出的功能。将一个LED连接到IO0，再将一个触碰开关连接到IO1。控制器连接电源和下载设备。

（1）建立工程　新建一个工程，在“Select Controller”选项组中，根据目标控制器进行型号选择，“创意之星”机器人套件标准版和入门版选择“MultiFLEX2-AVR”控制器。进入IO属性设置页面，IO通道的数量改为“2”，将列表框中“Channel-0”的“Mode”改为“Output”，而“Channel-1”的“Mode”保持默认的“Input”。其余配置选项均使用默认值。

工程建立完备之后，进行初始化。从模块列表“Function Widget”中拖拽出一个“IO Output”到流程图，双击该模块，弹出属性设置页面，选择“Channel 0”，“Output”选项中将输出值设为“0”，通过输出低电压点亮LED，作为初始化完成的信号，如图2-51所示。

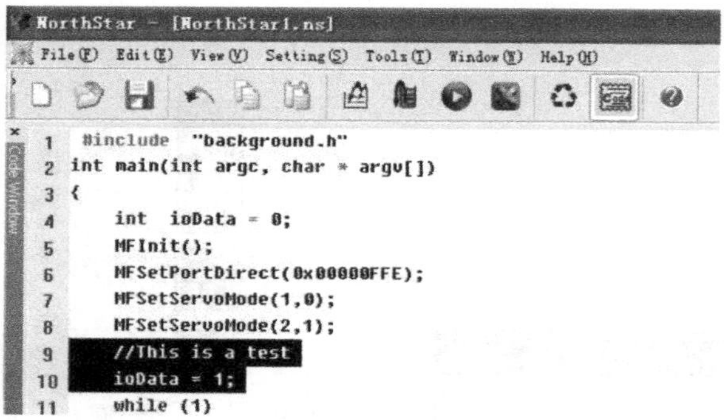

图2-50　代码编辑模式

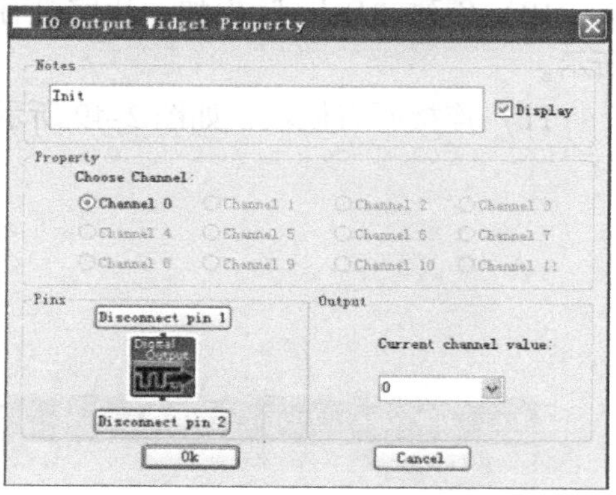

图2-51　设置IO属性

在进行逻辑设计前，需要采取一些措施保证程序逻辑不停地执行。从模块列表“Syntax Widget”中拖拽出一个“While”模块，会附带生成一个“Loop-end”模块。两模块之间的程序流程将会被不断地循环执行，直到程序被强行打断。

（2）程序逻辑设计　首先添加一个存储IO输入量的容器，即先从模块列表中拖拽出一个“Variable”模块。双击该模块弹出属性页面，如图2-52所示，类型选择“int”，变量名定为“SW_ 1”。

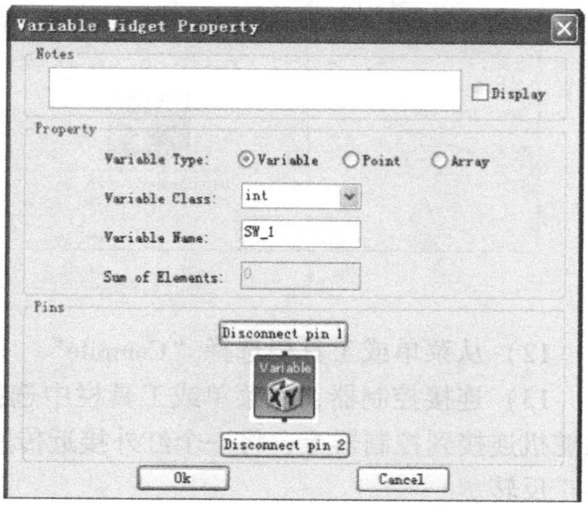

图2-52　设置变量属性

然后，再拖入一个“IO Input”模块，选择“Channel 1”与触碰开关建立对应关系，返回值选择“SW_ 1”，如图 2-53 所示。

接下来对输入值进行判断，从“Syntax Widget”模块列表中拖拽出一个 if 模块，建立一个判断分支，双击拖拽出的 if 模块弹出属性页面，“Condition1”中填入判断条件“SW_ 1 = = 0”，即触碰开关被触发时，IO 输入为低电压如图 2-54 所示。

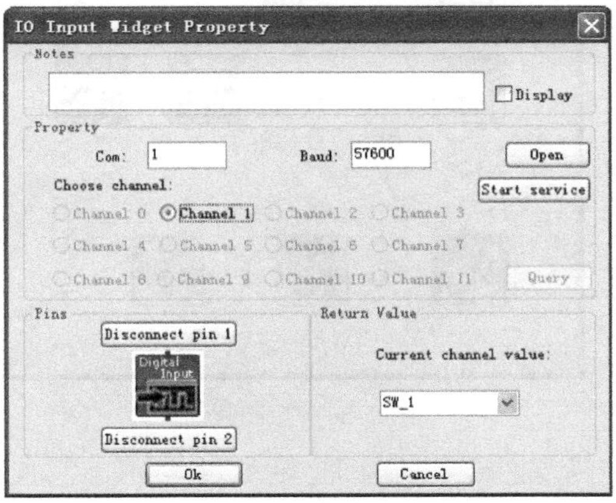

图 2-53　设置 IO 输入属性

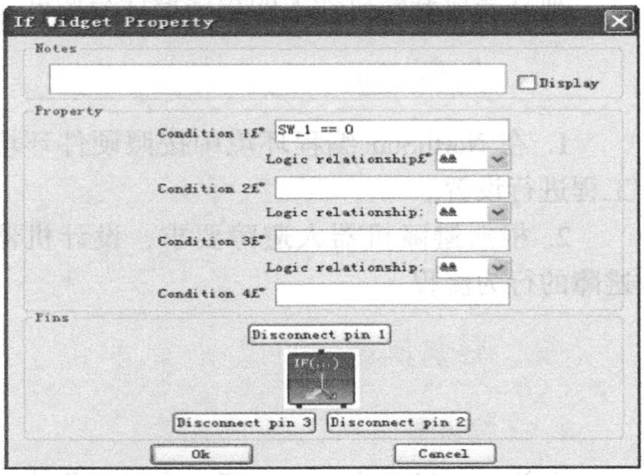

图 2-54　设置 if 属性

然后，从模块列表中拖拽出两个“IO Output”模块，分别连接到 if 模块后面的两个分支中。If 模块的左侧引脚表示当 Condition 成立时的程序支流，右侧则与左侧相反。先双击左侧分支的“IO Output”模块，选择“Channel 0”，“Output”输入“1”，即当触碰开关被按下时，在 IO0 上输出低电压，熄灭 LED；接着双击右侧分支的“IO Output”模块，选择“Channel 0”，“Output”输入“0”，即当触碰开关被放开时，再次点亮 LED，如图 2-55 所示。用线将模块按照所设计的逻辑联系起来，一个简单的 IO 控制程序就完成了，结果如图 2-56所示。

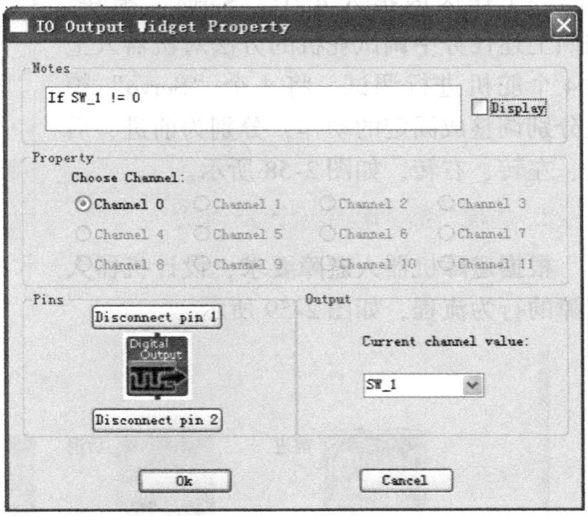

图 2-55　设置 IO 输出属性

（3）下载运行　单击工具栏的“编译”，等待程序编译结束。若未出现错误提示，单击“下载”将编译结束后的程序下载到控制器上。确认一切无误之后，单击“运行”启动程序。

程序启动后，连接在 IO0 上的 LED 点亮，然后按下 IO1 上的触碰开关，可以看到 LED 熄灭，松开触碰开关，LED 再次亮起。

本任务通过 MultiFLEX2-AVR 控制器的 IO 端口获取一个开关量的输入，同时输出一个开关量以控制 LED 的亮灭。

任务 2.4　程序设计与调试

一、任务目标

独立完成避障机器人的程序设计与调试。

二、任务准备

1. 在 NorthStar 编程环境中按照硬件环境对工程进行设置。

2. 根据避障机器人避障要求，设计机器人避障的行为流程。

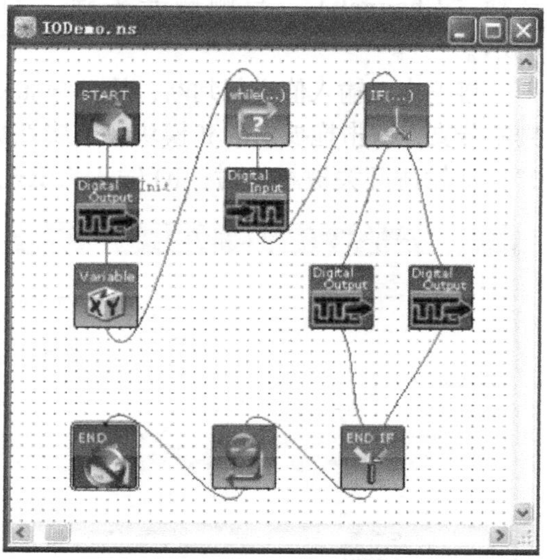

图 2-56　控制程序

三、任务实施

1. 工程设置

在前面的任务中，选择了 4 个舵机作为轮子的避障机器人结构，在 NorthStar 编程环境中按照硬件环境对工程进行设置；在“Servo”模块中设置 4 个舵机，并使它们处于“Motor Mode”，在“AD”中保持默认的“0”，在“IO”中设置两个 IO 端口，并使其处于“Input”模式，如图 2-57 所示。

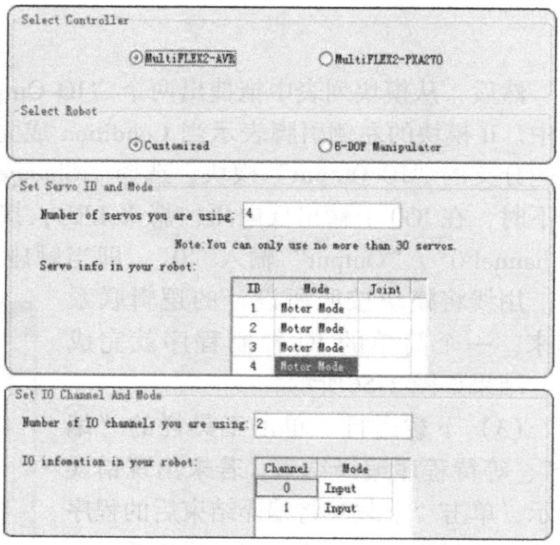

图 2-57　初始化设置

在工作区内拖入 4 个“Servo”模块，按照上述任务中调试舵机的方法对机器人上的 4 个舵机进行调试，将 4 个“Servo”模块分别调整成固定的动作，分别为前进、后退、左转、右转，如图 2-58 所示。

2. 避障机器人程序设计及调试

根据避障机器人避障要求，设计机器人避障的行为流程，如图 2-59 所示。

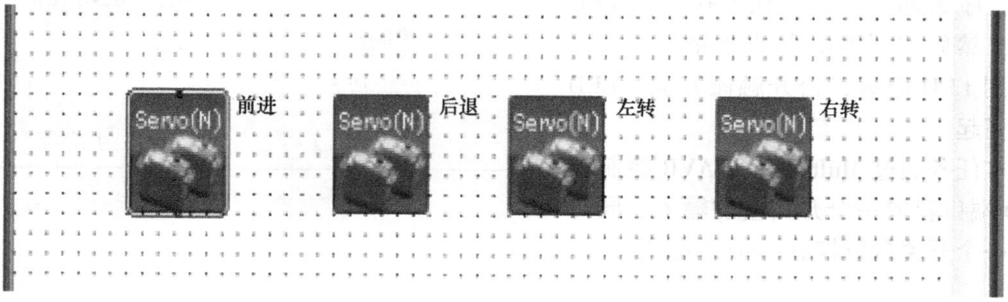

图 2-58　机器人基本运动方式模块的创建

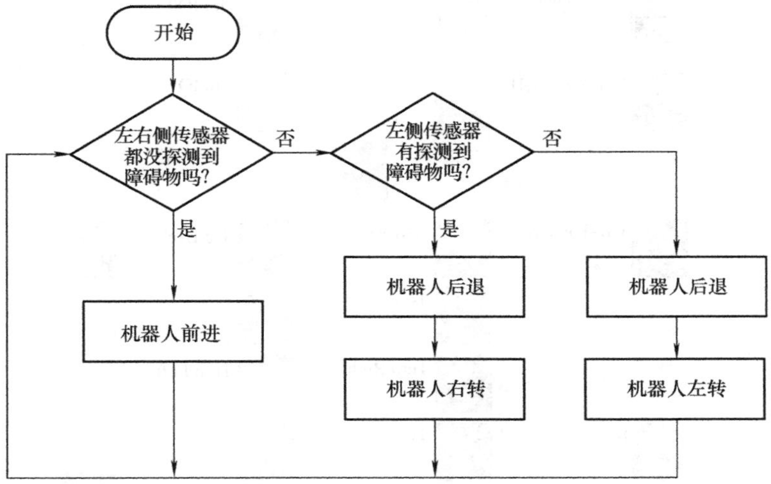

图 2-59 机器人避障行为流程

确认避障机器人的行为流程后，以此为依据设计控制程序流程图，如图 2-60 所示。

依据避障机器人控制程序流程图进行编程，参考程序如图 2-61 所示。最后，将程序进行编译，并下载到避障机器人的控制器中，检验程序结果，如果与预期不符则仔细检查修正程序流程。

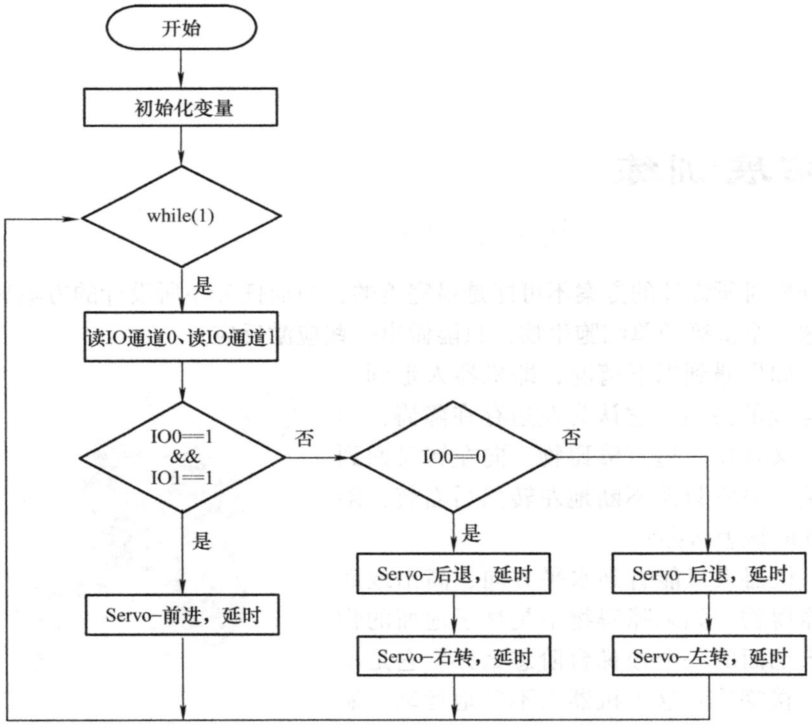

图 2-60 避障机器人控制程序流程图

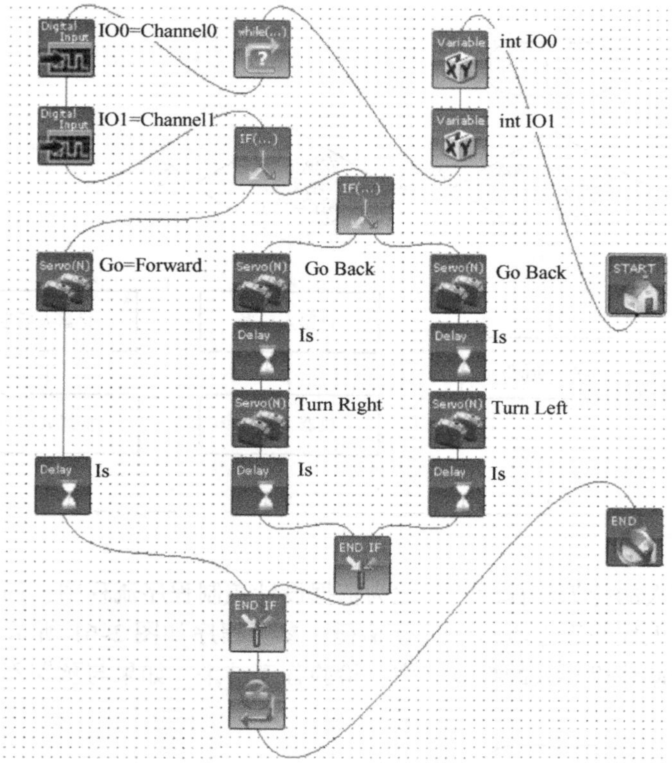

图 2-61　参考程序

拓展训练

更智能的避障机器人

在策略分析时所设计的方案不可能是最完美的，前面任务中所设计的方案比较机械，不够智能，就像一个低级的单细胞生物，只能做出一些应激反应。

问题一：如果遇到以下情况，即机器人走到一个由两堵墙构成的夹角，它认为左边存在障碍，向右转，右转后又发现右边有障碍物，向左转又回到初始状态。接下去它只能不断地左转然后右转，陷入死循环，此时该怎么办？

问题二：机器人只能看到水平方向、高出地面一定高度的障碍物。如果障碍物不是高于地面的物体，而是低于地面的一个楼梯台阶怎么办？它是不是会直接滚落楼梯呢？这个机器人不停地运动，避开障碍物，能不能给它安排一些任务呢？如何实现一个斗牛小车（推障碍物）？如何根据障碍物远近来决定机器人的速度？

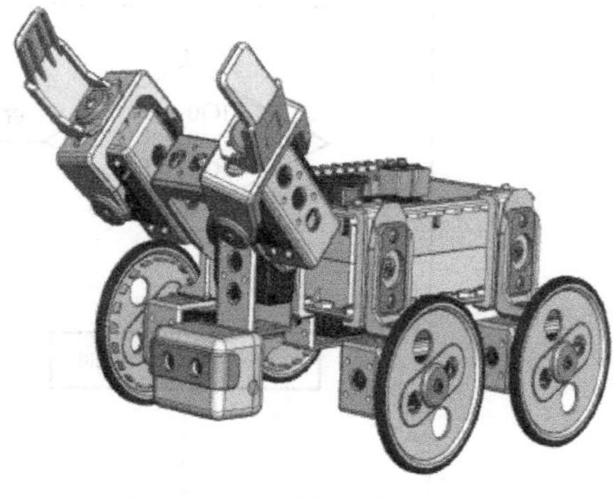

图 2-62　智能避障机器人

现实中需要设计出更智能的避障机器人，如图 2-62 所示。

习 题

一、填空题

1. 机器人的常用电动机有________、________和________。

2. 直流电动机在负载一定的情况下，电压越大，电动机转速________。

3. 避障机器人常用的传感器是________。

二、判断题

1. 步进电动机在工作时转角有累计误差。 （ ）

2. 红外接近传感器不能检测反光度较低的物体。 （ ）

三、选择题

1. 舵机的特点是（ ）。

A. 转速可以调节，电动机可以做连续圆周运动

B. 转速不能调节，电动机的转角可以调节

C. 转速和转角均可以调节

D. 转速和转角均不能调节

2. 机器人编程中，为了让机器人不断采集信息，执行动作的循环语句是（ ）。

A. for（1） B. while（1）

C. for（i = 0；i < 100；i + +） D. while（0）

项目3 灭火机器人

项目导读

随着机器人技术的不断发展和进步，机器人的应用领域不断扩展，机器人已从最初的工业领域逐渐融入人们的生活。灭火机器人作为智能机器人一个重要的研究分支，逐渐得到机器人爱好者的广泛关注。

项目目标

制作能够自主灭火的智能机器人。

促成目标

1. 了解机器人电池的起源、发展状况。
2. 能合理选择、使用灭火机器人所用的传感器。
3. 能合理选择灭火机器人执行机构。
4. 掌握灭火机器人灭火的基本策略与算法。
5. 了解灭火机器人大赛。

知识链接

3.1 机器人的“心脏”——电源

机器人的能源子系统是为机器人所有的控制子系统、驱动及其执行子系统提供能源的部分。小型或微型机器人通常采用直流电作为电源。本节重点介绍和对比当今常见的机器人电池技术。

3.1.1 干电池

干电池（Dry Cell）是一种以糊状电解液来产生直流电的化学电池（湿电池则为使用液态电解液产生直流电的化学电池），大致上可分为一次电池及二次电池两种，是日常生活中普遍使用且非常轻便的电池。

目前为止，干电池的种类已经有 100 多种。常见的有普通锌锰电池（或称碳锌电池）、碱性锌锰电池、镁锰电池、锌空气电池、锌氧化汞电池、锌氧化银电池、锂锰电池等。

由于干电池属于一次性电池，成本相对较高；并且不管是普通的锌锰电池还是碱性电池，其内阻都比较大（通常为 0.5 ~ 10Ω），因此当负载较大时，电压下降很快，无法实现大电流连续工作。因此干电池并不是机器人系统的理想电源。

3.1.2 铅酸蓄电池

蓄电池于1859 年由普兰特（Plante）发明，至今已有100 多年的历史。其中，铅酸蓄电池因其价格低廉、原材料易于获得，使用上有充分的可靠性，以及适用于大电流放电和宽泛的环境温度范围等优点，在化学电源中一直占有绝对优势。铅酸蓄电池外形如图 3-1 所示。

构成铅酸蓄电池的主要成分有：阳极板，二氧化铅(PbO_2)，活性物质；阴极板，海绵状铅（Pb），活性物质；电解液，稀硫酸［硫酸（H_2SO_4）+水(H_2O)］；隔离板、电池外壳等附件。

图 3-1 铅酸蓄电池

铅酸蓄电池的工作原理为：电池内的阳极(PbO_2)及阴极（Pb）浸到电解液（稀硫酸）中，两极间会产生 2V 的电动势。

铅酸蓄电池最大的优点是价格较低，支持 20C 以上的大电流放电（20C 意味着 10A · h 的电池可以达到 200A 的放电电流），对过充电的耐受强，技术成熟，可靠性相对较高，无记忆效应，充放电控制容易。缺点是寿命较低（充放电循环通常不超过 500 次），质量大，维护困难。为了解决铅酸蓄电池电解液需要补充、维护的问题，免维护铅酸蓄电池应运而生。

免维护铅酸蓄电池的工作原理与普通铅酸蓄电池相同。放电时，正极板上的二氧化铅和负极板上的海绵状铅与电解液内的硫酸反应生成硫酸铅和水，硫酸铅沉淀在正负极板上，而水则留在电解液内；充电时，正负极板上的硫酸铅又分别还原成二氧化铅和海绵状铅。

3.1.3 镍镉/镍氢电池

镍镉电池最早应用于手机、笔记本计算机等设备，具有良好的大电流放电特性、耐过充、放电能力强、维护简单等优点。缺点是镍镉电池在充放电过程中如果处理不当，会出现严重的记忆效应，使得电池容量和使用寿命大大降低。所谓记忆效应就是电池在充电前，电池的电量没有被完全放尽，久而久之将会引起电池容量降低，并且在电池充放电过程中（放电较为明显），会在电池极板上产生微小气泡，这些气泡不仅减小了电池极板的面积也间接影响了电池的容量。此外，镉是有毒金属，镍镉电池不利于环保，废弃后必须严格回收。目前镍镉电池的使用已越来越少，但在如电动航空模型、电动玩具车等需要大电流放电的场合，镍镉电池因其大电流放电、高可靠性、维护简单等优点，仍被广泛使用。

镍氢电池是早期的镍镉电池的替代产品，它不再使用有毒的镉，从而消除了重金属元素对环境带来的污染问题。镍氢电池使用氧化镍作为阳极，以及吸收了氢的金属合金作为阴极，该金属合金可吸收高达本身体积100倍的氢，贮存能力极强。镍氢电池另一个优点是大大减小了镍镉电池中存在的记忆效应，使用更方便。

镍氢电池较耐过充和耐过放，具有较高的比能量，是镍镉电池比能量的1.5倍，循环寿命也比镍镉电池长，通常可达600~800次。但镍氢电池的大电流放电能力不如铅酸蓄电池和镍镉电池，通常能达到5~6C，尤其是电池组串联较多时放电能力更弱。镍氢电池有多种型号，外形有圆柱形和方形两种，其原理和结构类似，但圆柱形应用较为普遍。镍氢电池有AAA（七号）、AA（五号）、2/3AA、4/3AA、B、C、D型，其尺寸和容量不同，标称电压都是1.2V。

3.1.4 锂离子电池

当前广泛使用的可充电电池是锂离子电池（Li-Ion Battary）。锂离子电池因为拥有非常低的自放电率、低维护性和相对短的充电时间，已被广泛应用于数码产品、通信产品中。

常见的锂离子电池主要是锂－亚硫酸氯电池。此系列电池具有很多优点，如单元标称电压达3.6~3.7V，在常温下以等电流密度放电时，放电曲线极为平坦，整个放电过程中电压平稳。另外，在－40℃的环境下，锂－亚硫酸氯电池的电池容量还可以维持在常温容量的50%左右，远超过镍氢电池，因此其具有极为优良的低温操作性能。再加上锂－亚硫酸氯年自放电率约为2%，所以一次充电后贮存寿命可长达10年。

针对移动机器人所需的电源特征，总结以上所列的各种电池特性，其对照表见表3-1（干电池未列入其中）。

表3-1 各种电池特性对照表

内容	铅酸蓄电池	镍镉电池	镍氢电池	锂离子电池	锂聚合物电池
能量密度	30~50W·h/kg 差	35~40W·h/kg 差	60~80W·h/kg 一般	90~110W·h/kg 较好	130~200W·h/kg 非常好
大电流放电能力	非常好	非常好	较好	较好	较好
可维护性	非常好	较好	好	一般	较好
放电曲线性能	好	好	一般	非常好	较好
循环寿命	400~600次	300~500次	800~1000次	500~600次	500~600次
安全性	非常好	较好	较好	一般	较好
价格	低	低	较低	高	高
记忆效应	无	严重	较轻	轻微	轻微

3.2 灭火机器人的“感官”——传感器

灭火机器人主要使用了三类传感器，见表3-2。

表3-2 灭火机器人所使用的传感器

传感器名称	功 能
红外接近传感器/碰撞开关	检测场地墙壁
远红外火焰传感器	检测火焰
地面灰度传感器	检测地面颜色

灭火机器人传感器安装位置如图 3-2 所示。其中，地面灰度传感器和红外接近传感器都在前面的项目中做了具体详细的介绍，下文具体介绍远红外火焰传感器的相关知识。

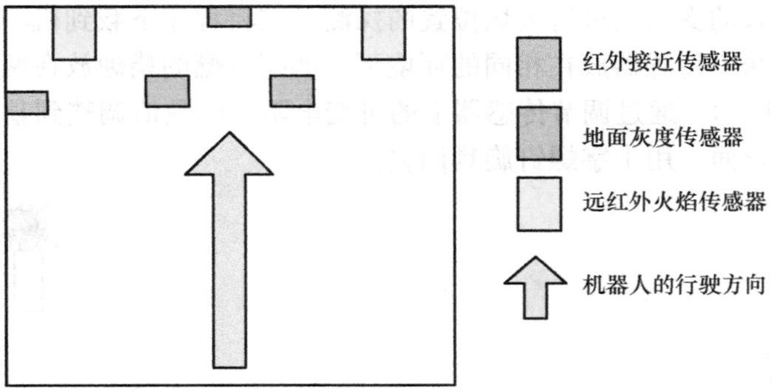

图 3-2 灭火机器人传感器安装位置

任务实训

任务 3.1 认识远红外火焰传感器

一、任务目标

1. 掌握远红外火焰传感器的工作原理。
2. 独立安装并调试远红外火焰传感器。

二、任务准备

远红外火焰传感器是模拟传感器，也称为远红外火焰探头，它可以用来探测火源或其他一些波长在 700～1000nm 范围内的热源，探测角度为 60°，其中红外线波长在 880nm 附近时，其灵敏度达到最高。远红外火焰传感器主要用来检测前方、左前方和右前方的热源，检测距离范围为 0～1m，可以通过调节可变电阻来调节远红外火焰传感器的灵敏度。远红外火焰传感器外形如图 3-3 所示。

三、任务实施

1. 远红外火焰传感器返回值标定

在灭火过程中，远红外火焰传感器起着非常重要的作用，它被当作机器人的“眼睛”来寻找火源。远红外火焰传感器将外界红外线的强弱变化转化为电流的变化，通过 A/D 转换器转换为0～1023 范围内数值的变化。外界红外线越强，数值越小，因此越靠近热源，机器人显示读数越小；外界红外线越弱，数值越大。根据函数返回值的变化能判断红外光线的强弱，从而能大致判别出火源的远近。此外，远红外火焰传感器探测角度为 60°，如图 3-4 所示，测试时最好让热源处于探头的检测范围内。

2. 远红外火焰传感器安装调试

远红外火焰传感器的一端直接连接到扩展板的模拟量输入接口 AD1 ~ AD8 上，然后将另一端固定在机器人的支架上进行火焰位置的探测。在将程序下载到机器人之后，首先进行传感器校准，即将两个传感器放在相同的环境下，如把点燃的蜡烛放在两个传感器相对中间的位置，如图 3-5 所示，通过调节传感器上的可变电阻，将数值调整到基本一致。可变电阻位于传感器电路板背面，用十字螺钉旋具调整。

图 3-3　远红外火焰传感器

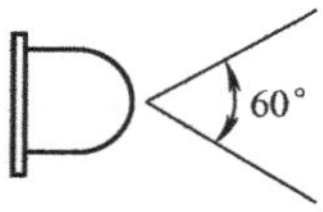

图 3-4　远红外火焰传感器探测角度

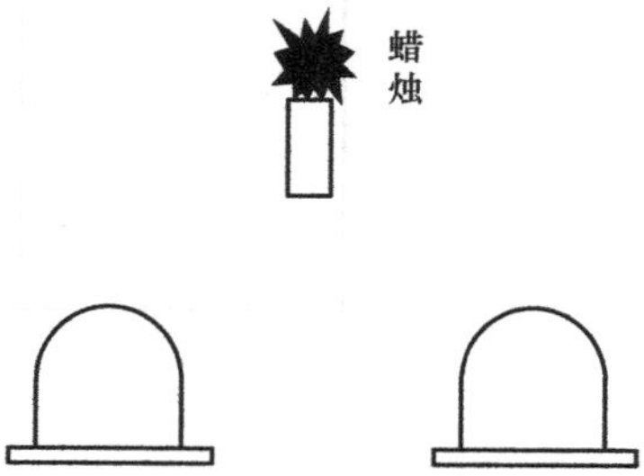

图 3-5　远红外火焰传感器校准

注意：远红外火焰传感器工作温度为 -25 ~ 85℃，存放温度为 30 ~ 100℃，超过以上温度范围时远红外火焰传感器可能会出现工作失常甚至损坏的现象，所以在使用过程中应注意远红外火焰传感器离热源的距离不能太近，以免造成损坏。

任务 3.2　认识灭火装置

一、任务目标

1. 确定灭火机器人的灭火方式。
2. 独立安装灭火风扇。

二、任务准备

1. 制定灭火机器人的灭火方式，最终选用风扇作为灭火装置。
2. 将灭火风扇安装在机器人的扩展支架上。

三、任务实施

1. 确定机器人灭火方式

禁止机器人使用任何危险的或可能破坏比赛场地的方法或物质扑灭蜡烛火焰，如不能通过燃放爆竹产生冲击使蜡烛熄灭，也不能通过碰倒蜡烛而使蜡烛熄灭；但可以使用空气、水、CO_2 等物质以及机械方式等扑灭蜡烛，如可以通过吹气来熄灭蜡烛，这在机器人灭火竞赛中是允许的。使用风扇灭火时，灭火机器人可采用旋转法、摆头法、强风场法等动作灭火。风扇旋转时间可采用固定时间法、实时检测火焰法等确定。图 3-6 所示为灭火风扇。

2. 安装灭火风扇

将电动机连接在数据输出接口，然后将风扇安装在机器人的扩展支架上，如图3-7所示。

图3-6　灭火风扇

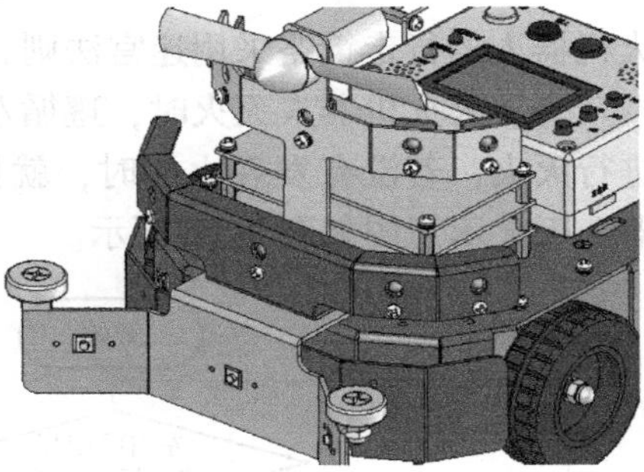

图3-7　灭火风扇的安装

任务3.3　设计灭火机器人的程序

一、任务目标

1. 对灭火机器人进行总体设计。
2. 制定灭火策略。

二、任务准备

本任务要设计一个在规定区域能自主搜索火源并实施灭火的智能机器人，其总体设计框图如图3-8所示。

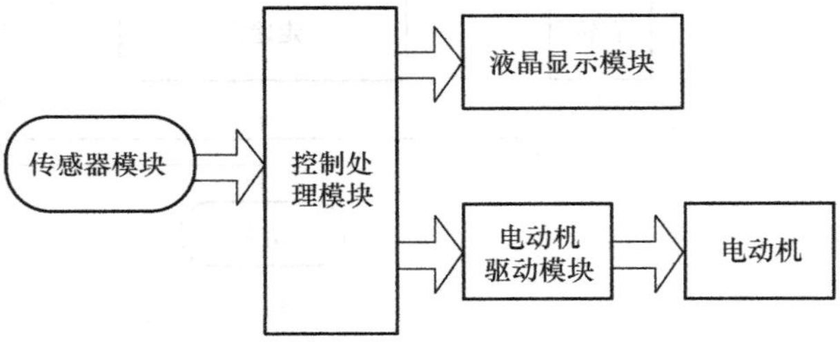

图3-8　灭火机器人总体设计框图

1. 传感器模块

传感器模块包括三种类型的传感器，分别是红外接近传感器、远红外火焰传感器和地面灰度传感器。红外接近传感器模块主要是为了保持机器人在场地通道的中央行走，避免碰撞两边的墙壁；远红外火焰传感器主要是为了寻找到火源；地面灰度传感器是为了保证火焰与传感器之间有一定的距离，防止机器人撞倒蜡烛，同时可以保证远红外火焰传感器的正常工作。

2. 控制处理模块

控制处理模块相当于机器人的“大脑”，处理传感器模块传递的信息，并将采集到的信息进行判断处理后，送至电动机驱动和液晶显示模块，使之做出相应的动作。

3. 执行模块

执行模块由液晶显示模块、电动机驱动模块和电动机组成。液晶显示模块主要是将控制器处理的结果进行实时显示，方便用户及时了解系统当前的状态；电动机驱动模块根据控制器指令控制两个电动机动作，使它们能够根据需要做出相应的加速、减速、转弯、停车等的动作，同时根据控制器的信号指示风扇动作，达到预期的目的。

三、任务实施

1. 灭火机器人灭火流程设计

灭火机器人的行走策略采用迷宫法则，迷宫法则就是：发现障碍、避开障碍、没发现障碍、靠近障碍。灭火机器人灭火时，遵循左手法则前进搜索房间，当发现前面有火焰时，调整姿势进行灭火；若没有发现火焰时，就执行走迷宫法则。机器人灭火流程图如图 3-9 所示。机器人灭火示意图如图 3-10 所示。

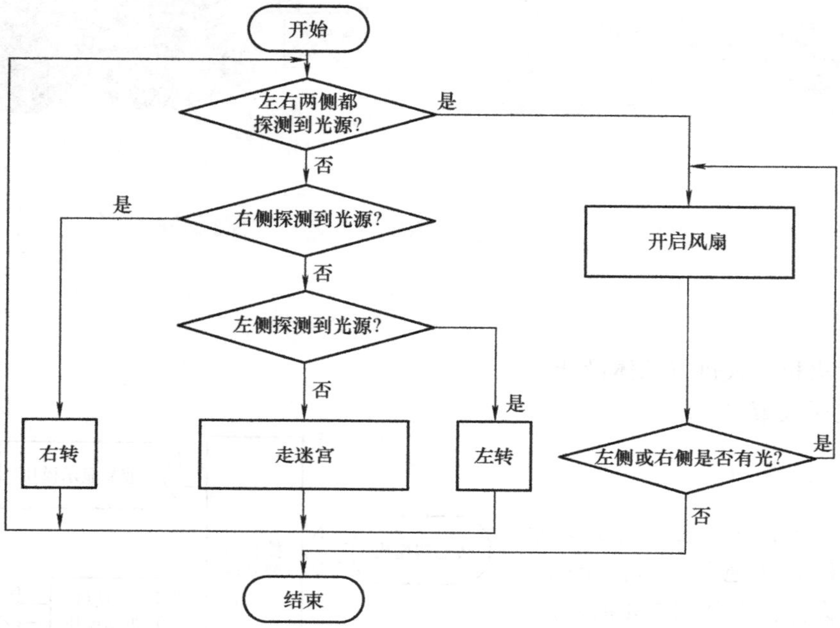

图 3-9　机器人灭火流程图

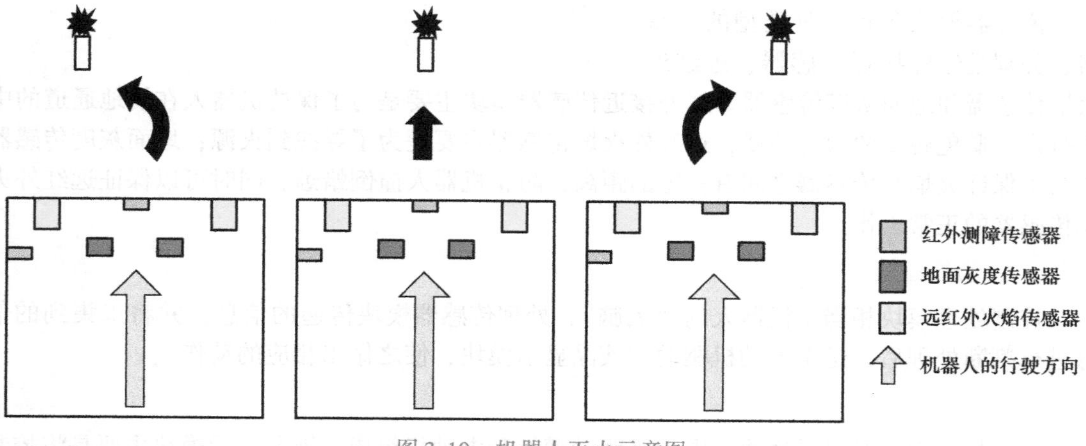

图 3-10　机器人灭火示意图

2. 子程序设计

在机器人底部安装两个远红外火焰传感器、两个地面灰度传感器和两个红外测障传感器就制作成了灭火机器人。

主程序主要由三部分组成：灭火子程序、沿墙走子程序和调整子程序。主程序流程图如图 3-11 所示。

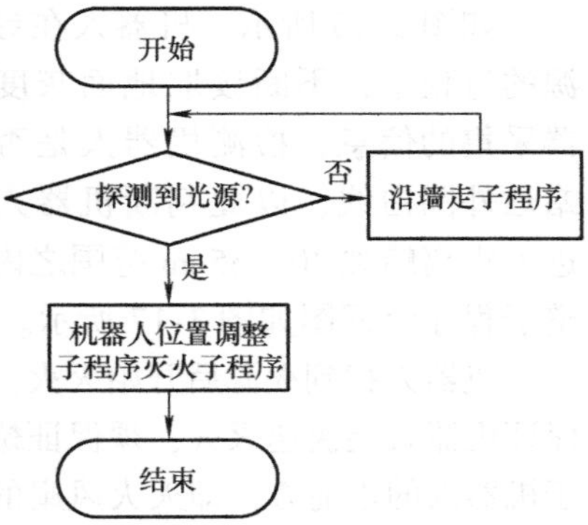

图 3-11 主程序流程图

机器人行走模式采用沿墙走模式，即机器人从出发位置出发，沿着离目标位置最近的一面墙壁行进。在整个行进过程中要对机器人离墙距离、前方墙壁、通道、房间门口等情况进行识别并处理。

1）为了保证机器人在场地通道的中央行走，避免碰撞两边的墙壁，建议将左边的红外检测距离调整为 15 ~ 20cm。当机器人左侧为墙壁时，机器人前进，如图 3-12 所示。

2）当机器人左侧没有墙壁，而是通道或房间门口时，机器人向左走弧线，如图 3-13 所示。

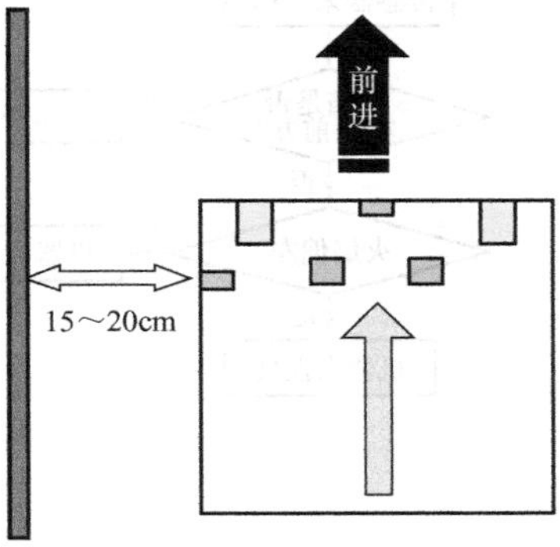

图 3-12 机器人行走模式 1

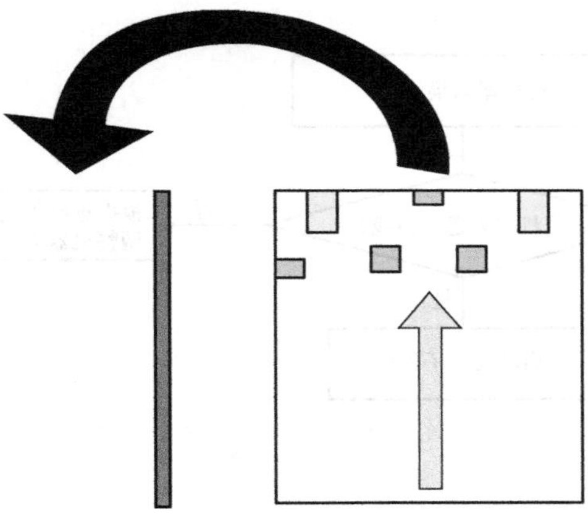

图 3-13 机器人行走模式 2

3）为了避免机器人速度过快而撞墙，建议将前面的红外检测距离调整为 30 ~ 35cm。当机器人前方有墙壁时，机器人原地向右转弯，如图 3-14 所示。

机器人沿墙走子程序的流程图如图 3-15 所示。

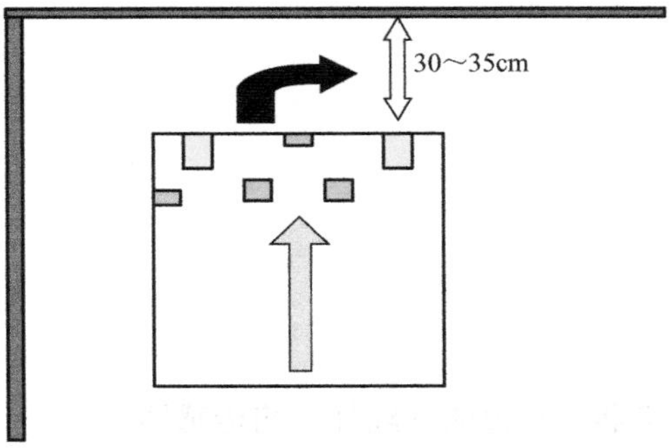

图 3-14 机器人行走模式 3

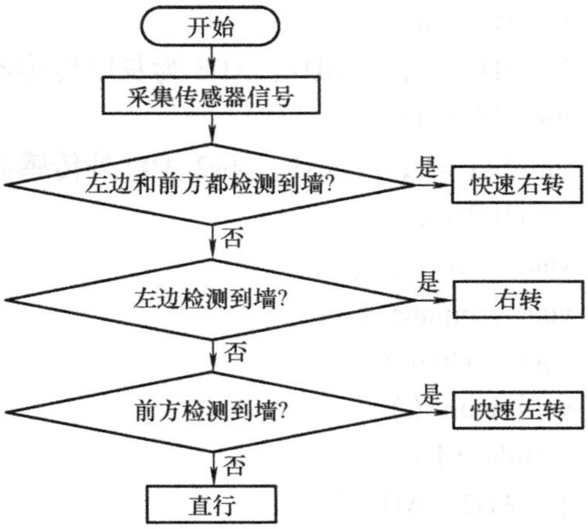

图 3-15 沿墙走子程序流程图

如图 3-16 所示，机器人在寻找光源的过程中，不断读取地面灰度传感器采集的信息，检测机器人是否经过蜡烛外围白线，以此判断机器人是否进入距离蜡烛 30 ~ 35cm 范围之内。调整子程序流程图如图 3-17 所示。

机器人找到火源后开始灭火，为了保证机器人能快速灭火，须保证蜡烛位于机器人的正前方，即灭火风扇的正前方，所以应根据远红外火焰传感器检测得到的数值对机器人进行相应的调整。灭火子程序流程图如图 3-18 所示。

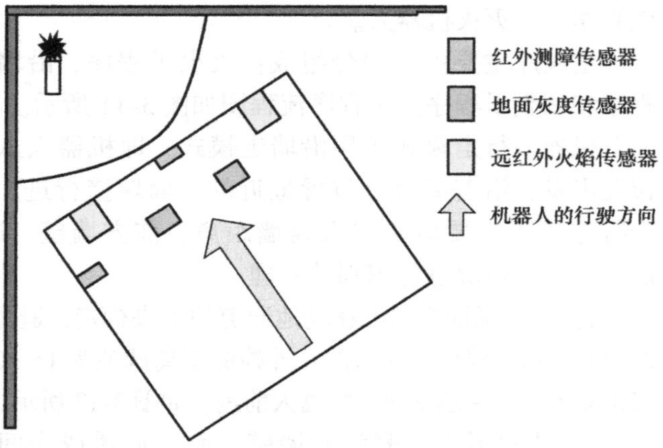

图 3-16　机器人寻找光源示意图

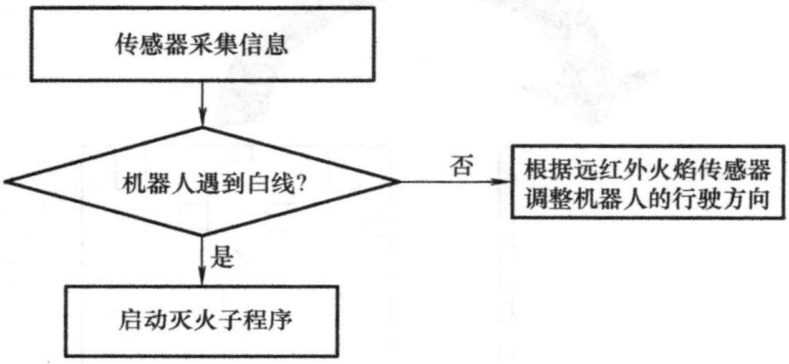

图 3-17　调整子程序流程图

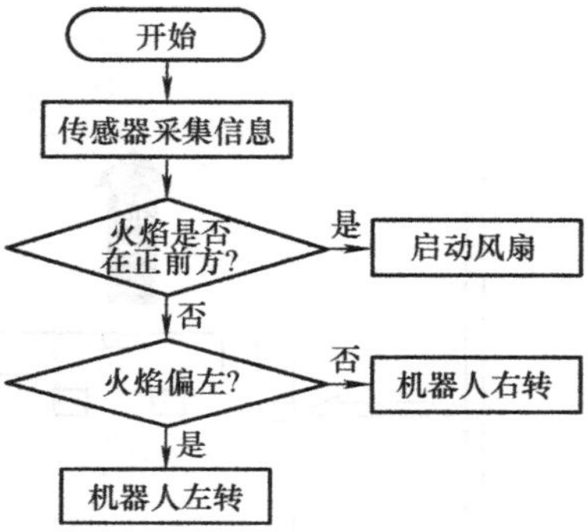

图 3-18　灭火子程序流程图

3. 程序设计

```
//主函数
#include < stdio. h >
#include" ingenious. h"
int AD2 =0;        //AD2、AD3 为远红外火焰传感器
int AD3 =0;
int AD7 =0; //AD7、AD8 为灰度传感器
int AD8 =0;
int obs1 =0; //obs1、obs2 为红外传感器
int obs2 =0;
void tiaozheng ();
void yanqiang ();
void miehuo ();
void main ()
{while (1)
{   AD2 = AD (2);                  //机器人左边的远红外火焰传感器
    AD3 = AD (3);                  //机器人右边的远红外火焰传感器
```

```
   AD7 = AD (7);                        //机器人左边的灰度传感器
   AD8 = AD (8);                        //机器人右边的灰度传感器
obs1 = IR_ CONTROL (6, 1);              //机器人左边的红外传感器
obs2  = IR_ CONTROL (6, 2);             //机器人前方的红外传感器
Mprintf (1,"AD2 = %d", AD2);            //显示 AD 接口的数值
Mprintf (1,"AD3 = %d", AD3);
Mprintf (7,"AD8 = %d", AD8);
Mprintf (7,"AD7 = %d", AD7);
         if ((AD2 <280) && (AD3 <280))
         {  yanqiang ();
         }
         else
         {tiaozheng ();
         }          }}
//沿墙走子程序
    void yanqiang ()
{
           if (obs1 = =0&&obs2 = =0)
           {     move (200, -200, 0);         //机器人快速右转
           sleep (80);
             }
           else
                 {if (obs1 = =0)
{   move (200, 100, 0); //机器人右转
    sleep (50); }
else
                 {
                 if (obs2 = =0)
{   move (-200, 200, 0); //机器人快速左转
    sleep (800);    }
else
    move (100, 100, 0);}
}}
//调整子程序
void tiaozheng ()
{   if (AD8 <500&&AD7 <500) //AD7 和 AD8 分别采集左边和右边灰度传感器的数据
    {
         miehuo ();
    }
```

```
else
{   if (AD7 >100)
    {
    move (200, -200, 0);
    sleep (800);
}
else
{   if (AD2 >100 | | AD3 >100)
    {   if (AD2 - AD3 >50)
        {move (180, 150, 0);
                            sleep (500);
                        }
                        else
                        {   if (AD3 - AD2 >50)
                                move (150, 200, 0);
                            else
                            move (180, 180, 0);
                        }
                    }   }}}
//灭火子程序
void miehuo ()
{                   stop ();
                    sleep (1000);
                    if (AD2 > =400 || AD3 > =400)                {
  DO (5, 1); //启动风扇
  sleep (10000);
  DO (5, 0);
  move ( -160, -165, 0);
  sleep (1000);
  move (200, -200, 0);
  sleep (1200);
  move (180, 185, 0);
  sleep (2000);                }}
```

拓展训练

了解智能机器人灭火比赛

智能机器人灭火比赛是目前全球规模最大、普及程度最高的全自主智能机器人大赛之一。典型的灭火比赛场地如图 3-19 所示。

灭火比赛场地墙壁高 33cm，比赛时房间里会有模拟的家具，象征火源的蜡烛（高度为 15～20cm），蜡烛摆放的房间在比赛现场通过抽签确定。机器人从 H 位置出发，在 4 个房间里搜索，寻找火源，搜索过程中尽量不要碰撞墙壁；可以触摸家具，但不允许移动家具。

思考：怎么做可以使机器人尽快找到火源并能够在最短的时间内完成灭火任务？

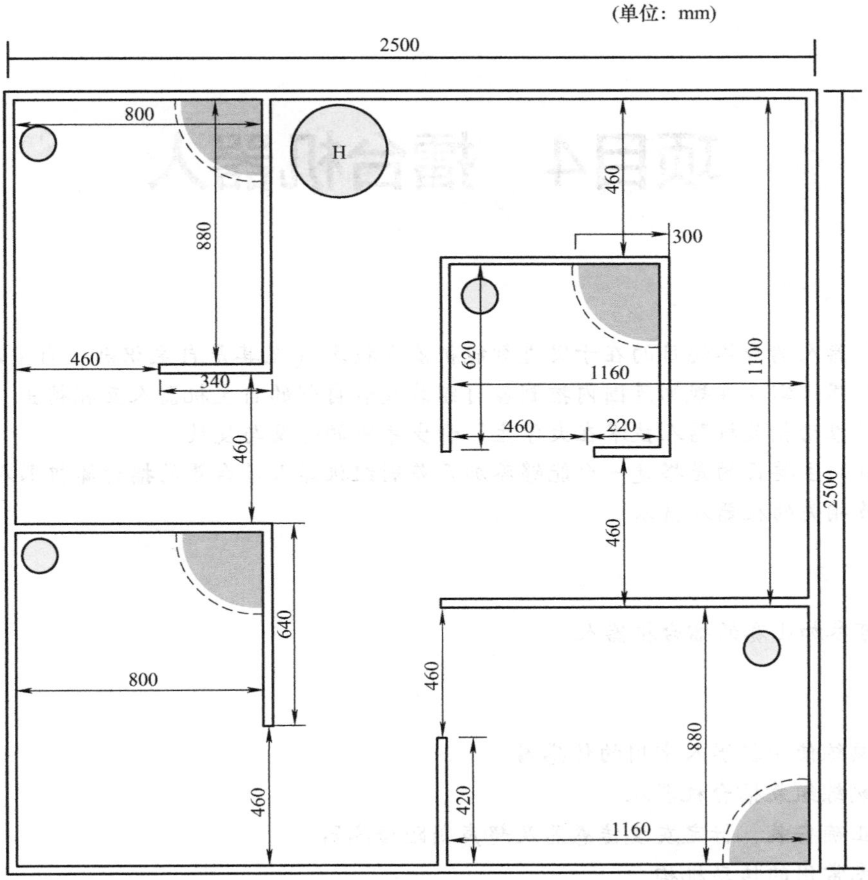

图 3-19　典型的灭火比赛场地

习　　题

一、填空题

1. 灭火机器人常用的传感器有________、________、________。
2. 灭火机器人由控制处理模块、________、________构成。
3. 灭火机器人可采用________、________、________等动作灭火。

二、判断题

1. 灭火机器人的行走策略采用迷宫法则。（　　）
2. 机器人能源子系统为机器人所有的控制子系统、驱动及其执行子系统提供能源。（　　）

项目4　擂台机器人

项目导读

举办机器人擂台赛的目的在于促进智能机器人技术（尤其是自主识别、自主决策技术）的普及。参赛队需要在规则范围内控制各自组装或者自制的自主机器人互相搏击，以对抗性竞技的形式推动相关机器人技术在大学生、青少年中的普及与发展。

本项目的主要目的是搭建一台能够参加无差别组机器人擂台赛的擂台赛机器人，同时掌握搭建环节相关的机器人技术。

项目目标

制作可参加比赛的擂台机器人。

促成目标

1. 能熟练使用机器人常用的传感器。
2. 能熟练组装擂台机器人。
3. 能正确安装、标定灰度传感器及超声测距传感器。
4. 熟悉常用的传动机构。

知识链接

4.1　机器人常用的传感器

4.1.1　超声波测距传感器

超声波测距传感器的工作原理是探头向前方发射一束超声波，超声波经前方障碍物反射返回，传感器接收反射波，通过声波往返时间与声速即可计算出障碍物的距离。由于超声波指向性强，能量消耗缓慢，在介质中传播的距离较远，因而经常用于距离测量，如测距仪和物位测量仪等，都可以通过超声波来实现。利用超声波检测往往比较迅速、方便，计算简单，易于做到实时控制，并且在测量精度方面能达到工业实用的要求，因此在移动机器人领域也得到了广泛应用。

1. 超声波发生器

传感器需要有和蝙蝠一样能够产生超声波的部件，称为超声波发生器。一般而言，超声波发生器可以分为两大类：一类是用电气方式产生超声波；一类是用机械方式产生超声波。电气方式包括压电式、磁致伸缩式和电动式等；机械方式有加尔统笛、液哨和气流旋笛等。它们所产生的超声波的频率、功率和声波特性各不相同，因而用途也各不相同。目前较为常用的是压电式超声波发生器。

2. 压电式超声波发生器原理

压电式超声波发生器利用压电晶体的谐振效应工作。超声波发生器内部有两个压电晶片和一个共振板。当超声波发生器两电极外加脉冲信号且其频率等于压电晶片的固有振荡频率时，压电晶片将会发生共振，并带动共振板振动，产生超声波。反之，如果超声波发生器两电极间未外加电压，则当共振板接收到超声波时，将压迫压电晶片振动，从而将机械能转换为电信号，这时超声波发生器就转变为超声波接收器。

3. 超声波测距原理

超声波发生器向某一方向发射超声波，并在发射时刻开始计时。超声波在空气中传播时，碰到障碍物就会立即返回，超声波接收器接收到反射波就立即停止计时。超声波在空气中的传播速度 v 为 340m/s，根据计时器记录的时间 t，就可以计算出发射点距障碍物的距离，即 $s=vt/2$，这就是所谓的时间差测距法。

图 4-1 所示为“创意之星”机器人套件中的 UP-Sonar5KN 超声波测距传感器。将其接至控制器的任意一个 RS-422 接口，就可以通过 NorthStar 软件进行数值读取和编程。

4.1.2 电感式、电容式、霍尔效应接近开关

接近开关又称无触点行程开关。它能在一定的距离（几毫米至几十毫米）内检测有无物体靠近。当物体与接近开关的距离接近设定距离时，接近开关就会发出动作信号。

接近开关的核心部分是感辨头，它对正在接近的物体有很高的感辨能力。常用的接近开关外形如图 4-2 所示。

图 4-1　超声波测距传感器

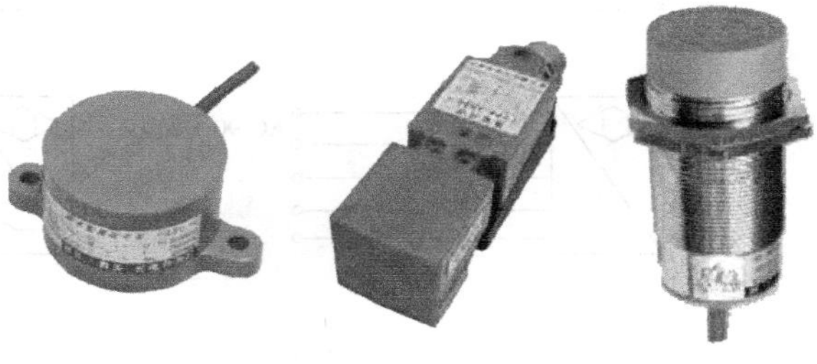

图 4-2　接近开关外形

常用的接近开关有电涡流式、电容式、霍尔式、光电式、微波式、超声波式等。

1）电涡流式接近开关：俗称电感接近开关，属于一种开关量输出的位置传感器。它由

LC 高频振荡器和放大处理电路组成，当金属物体接近能产生交变电磁场的振荡感辨头时，可以使物体内部产生涡流，该涡流又反作用于接近开关，使接近开关振荡能力衰减，内部电路的参数发生变化，由此识别出有无金属物体接近，进而控制接近开关的通断。电感接近开关能检测的物体必须是导电性能良好的金属物体。

电感式传感器的工作原理

2）电容式接近开关：所检测物体可以是导电体、介质损耗较大的绝缘体、含水的物体（如饲料、人体等）。电容式接近开关可以接地也可以不接地。调节电容式接近开关尾部的灵敏度调节电位器，可以根据被测物不同改变动作距离。

3）霍尔式接近开关：利用霍尔效应（Hall Effect）制成的接近开关，主要用于检测磁性物体。常见的霍尔式接近开关的检测距离为 10mm 左右。

霍尔式接近开关为开关量传感器，接控制器 IO0 ~ IO11 的任意一个接口，即可通过 NorthStar 进行数据读取和编程，使用方法和红外接近传感器一致。霍尔式接近开关对磁场或磁性物体很敏感。工厂据此在水泥地面上镶嵌磁化的铁条，作为自动导引车（Automatic Guided Vehicle，AGV）的行车轨迹，自动导引车可以检测到预铺设的铁条，确定行车方向。

接近开关的种类非常丰富，安装方式也很多样。但无论是电涡流式、电容式还是霍尔式，接近开关外观都类似，接口基本上都是三线制，即信号输出（通常为 OC 输出）、电源（通常为 5 ~ 30V）和接地。常用的接近开关输出形式有 NPN 三线、NPN 四线、PNP 三线、PNP 四线、DC 二线、AC 二线、AC 五线（带继电器）和模拟量输出型等，如图 4-3 所示。

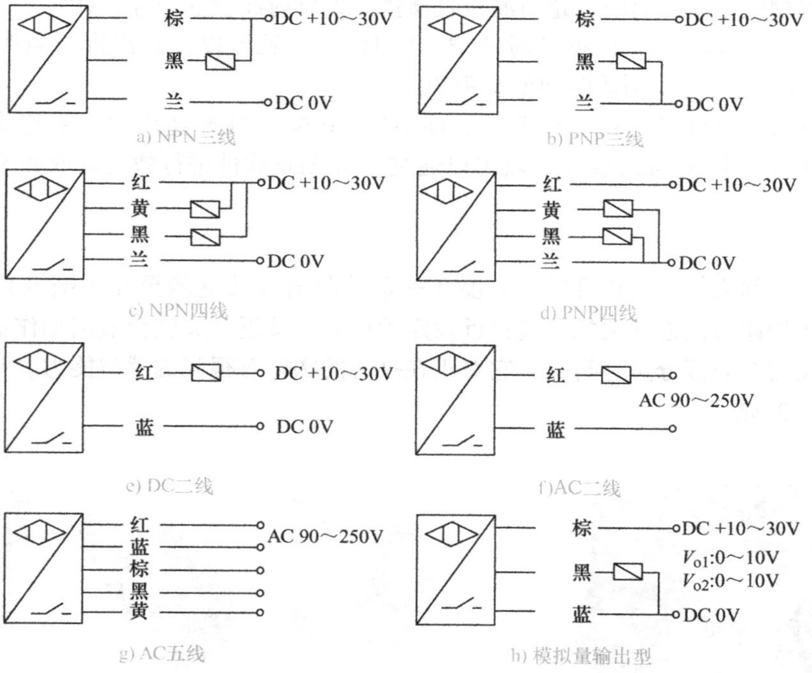

图 4-3　常用接近开关的输出形式

接近开关与被测物体不接触，不会产生机械磨损和疲劳损伤，工作寿命长，响应快，无触点，无火花，无噪声，防潮，防尘、防爆性能较好，输出信号负载能力强，体积小，安装、调整方便；缺点是触点容量较小、输出短路时易烧毁。

4.1.3　光纤传感器

光纤传感器包括由一束光纤构成的光缆和一个可变形的反射表面。光通过光纤束投射到可变形的反射材料上，反射光按相反方向通过光纤束返回。如果反射表面是平的，则通过每条光纤所返回的光的强度相同；如果反射表面因与物体接触受力而变形，则反射光的强度不同。用高速光扫描技术进行处理，即可得到反射表面的受力情况。

光纤触觉及光纤握力觉传感器是安装于机器人触须及机械手握持面的光纤微弯力觉传感器。利用光纤微弯感生的由芯模到包层模的耦合，使光在芯模中再分配，通过检测一定模式的光功率变化探测外界施加压力的大小。

光纤传感器在机器人检测领域应用广泛，在工业机器人中常被用作颜色检测，如分别用于 LED 颜色检测、有色电缆识别，药物颜色分配检测、彩色印刷对比等。其外观如图 4-4 所示。

图 4-4　光纤传感器

4.1.4　色标传感器

色标传感器常用于检测特定色标或物体上的斑点。它通过与非色标区相比较来实现色标检测，而不是直接测量颜色。色标传感器实际上是一种反向装置，光源垂直于目标物体安装，而接收器与物体呈锐角方向安装，只检测来自目标物体的散射光，从而避免传感器直接接收反射光，并且可使光束聚焦很窄。白炽灯和单色光源都可用于色标检测。OMRON E3MV 型色标传感器外观如图 4-5 所示。

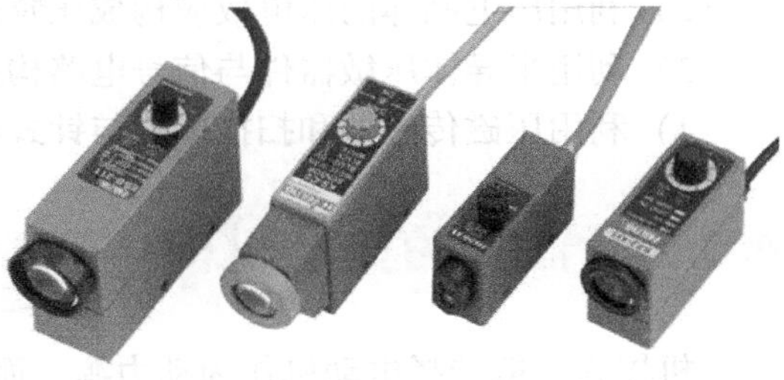

图 4-5　色标传感器

由于在传感器对面安装传感器时会发生相互干扰现象，所以在安装色标传感器时，注意勿将两边传感器的光轴相对。

4.1.5　视觉传感器

视觉传感器是组成智能机器人最重要的传感器之一。目前，机器人视觉多数是由摄像机和对信号进行处理的运算装置实现，由于其主体是计算机，所以又称为计算机视觉。机器人视觉硬件主要包括图像获取和视觉处理两部分，而图像获取部分又由照明系统、视觉传感器、模拟/数字转换器和帧存储器等组成。

机器人视觉传感器的工作过程可分为四步，即检测、分析、绘制和识别。视觉信息一般通过光电检测器转化为电信号。常用的光电检测器有摄像头和固态图像传感器。摄像头是一种典型的视觉传感器，如图 4-6 所示，机器人通过对摄像头拍摄到的图像进行图像处理来计算被测物体的特征量（如面积、重心、长度、位置、颜色等），并输出数据和判断结果。

4.1.6 压觉传感器

压觉传感器是安装于机器人手指上、用于感知被接触物体压力值大小的传感器，如图4-7所示。压觉传感器又称为压力觉传感器，可分为单一输出值压觉传感器和多输出值分布式压觉传感器。

图4-6 摄像头

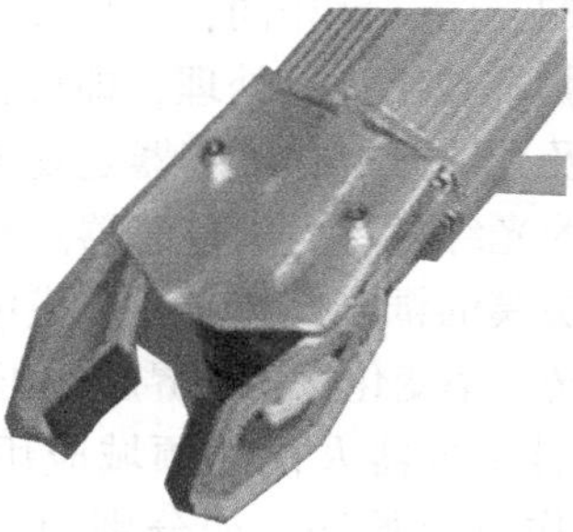

图4-7 机械手上的压觉传感器

常用的压觉传感器一般有以下几种：

1）利用某些材料的压阻效应制成压阻器件，将它们密集配置成阵列构成压觉传感器，即可检测压力的分布。

2）利用压电晶体的压电效应构成压觉传感器即可检测外界压力。

3）利用半导体压敏器件与信号电路构成集成压觉传感器。

4）利用压磁传感器和扫描电路与针式接触觉传感器构成压觉传感器。

4.2 机器人的传动机构

机器人一般选择电动机作为动力源，而将电动机的运动和动力传递到行走机构或抓取机构需要依靠机器人另外一个重要的机构——传动机构。

传动机构没有好坏优劣之分。选择传动机构时需要考虑设计需求或加工条件，也可以根据需要将几种传动机构配合使用；传动机构可以通过机械传动，也可以通过气体或液体传动。常见的传动机构如图4-8所示。

（1）带传动或链传动机构　带传动或链传动机构利用带或链条传递平行轴之间的回转运动，也可将回转运动转换成直线运动。带传动或链传动机构有齿形带传动及滚子链传动机构等。

（2）齿轮传动　齿轮传动方式有很多，可用直齿轮或斜齿轮传递两平行轴之间的回转运动，也可用锥齿轮传动机构传递两相交轴之间的运动，还可用齿轮齿条传动机构将回转运动转换为直线运动。

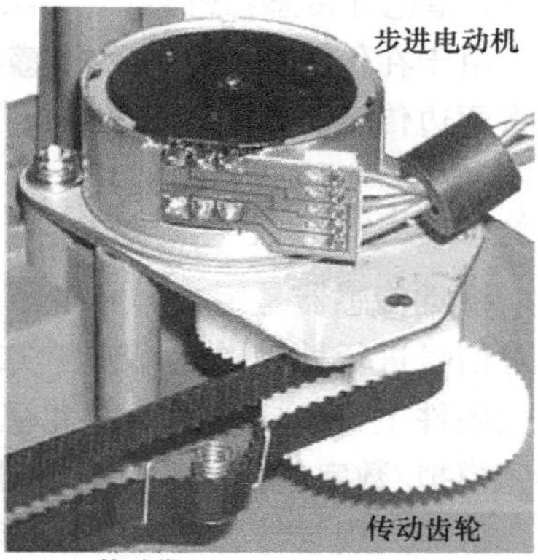

图4-8 常见的传动机构

（3）丝杠螺母传动机构　通过丝杠的转动将回转运动转换为螺母的直线运动。丝杠螺母传动机构是连续的面接触，传动中不会产生冲击，传动平稳，无噪声，并且能自锁。

（4）连杆传动机构　连杆传动机构应用范围非常广，并且形式多样。常用的有曲柄连杆机构、曲柄滑块机构等。连杆传动机构既可以将回转运动转换为回转运动，也可以将回转运动转换为直线运动，并且结构简单，易于制作。

（5）流体传动机构　流体传动机构分为液压和气压传动，即利用液体和气体为媒介传递能量。液压传动驱动精度高，功率大，适用于搬运笨重物品的机器人；气压传动成本低，容易达到高速，多用于完成简单工作的机器人。使用液压或气压传动机构时，机器人上需要安装液压或气压控制阀及液压或气压缸等装置，这将使机器人结构变得复杂。

（6）常见减速器　减速器是原动机与工作机之间的独立封闭式传动装置，用来降低转速并相应地增大转矩。此外，在某些场合也有用作增速的装置，称为增速器。减速器是一种动力传递机构，利用各种机械速度转换器（齿轮、链轮、摩擦轮等）将电动机等制动器的回转数减小到所需要的回转数，并得到较大转矩。

移动机器人大多使用直流电动机作为原动机，驱动关节、轮子、履带等作为执行机构。直流电动机的额定转速为1000～10000r/min，额定转矩为0.01～5N·m，如果直接驱动各执行机构，则会使电动机速度过快而转矩不足。因此，需要在电动机输出端串联减速器，以获得适当的转速和转矩。

减速器的特点是实现减速的同时提高了输出转矩，输出转矩等于电动机输入转矩乘减速比（不能超出减速器额定转矩）；并且降低了负载的输出惯量，输出惯量反比于减速比的平方。

常见的减速器有斜齿轮减速器（包括平行轴斜齿轮减速器、蜗轮减速器、锥齿轮减速器等）、行星齿轮减速器、蜗轮蜗杆减速器、行星摩擦式机械无级变速机等。对机器人应用而言，相对于传统机械，通常选择减速器时需要考虑的主要方面依次是单位体积输出转矩（转矩密度）、传动精度、价格和效率。

4.3　擂台机器人的“感官”——传感器

红外测距传感器工作原理

4.3.1　红外测距传感器

日本SHARP公司推出了一系列的红外测距传感器，用来测量前方物体和传感器探头之间的距离。这些传感器体积小（手指大小）、质量小（不到10g），接口简单，非常适用于微型机器人的测距。典型的GP2D12型红外测距传感器模拟输出电压为0～2.5V（电压值随距离变化），量程范围为10～80cm，可作为大多数微型移动机器人的避碰和漫游测距用传感器，另外还可以用于检测机器人各关节位置、姿态等。

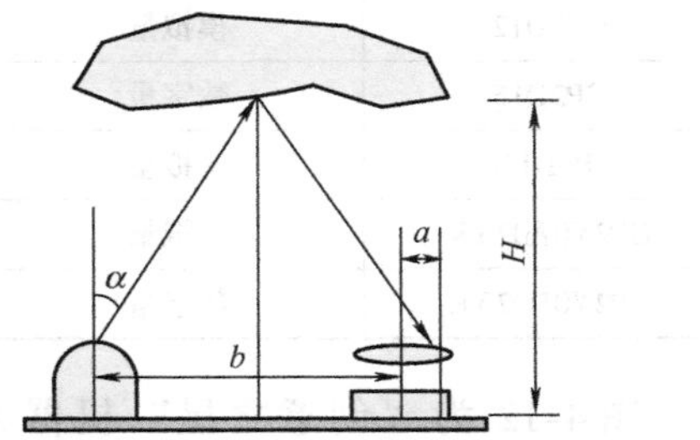

图4-9　GP2D12型红外测距传感器原理图

GP2D12型红外测距传感器主要由红外发射器、位置敏感检测装置（Position-Sensitive Detector，PSD）及相关处理电路构成，其原理如图4-9所示。红外发射器发射一束红外光线，红外光线遇到障碍物被反射回来，通过透镜投射到PSD上，投射点和PSD的中心位置存在偏差值a。由图4-9中的α、b、a即可计算出H的值，并输出相应电平的模拟电压。

红外测距传感器具有以下特性：

（1）与障碍物夹角基本无关　图 4-10 为 GP2D12 型红外测距传感器以不同角度面对障碍物时测距结果与障碍物夹角的关系。实际距离均为 40cm，障碍物为一块 40cm × 40cm 的白色木板。可以看出在障碍物垂直于光路及夹角为 20°、40°、60°时，输出值误差很小。

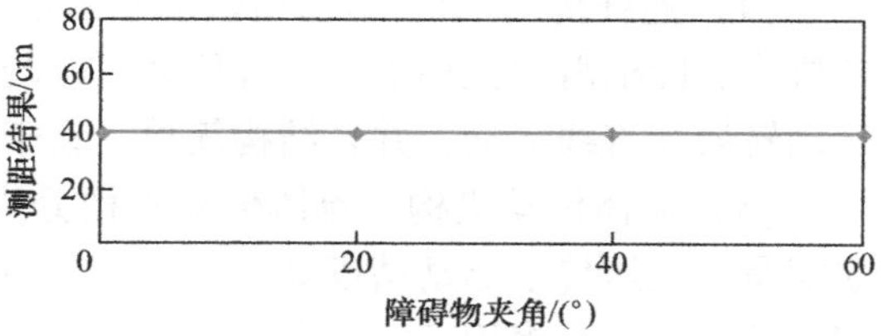

图 4-10　GP2D12 型红外测距传感器测距结果与障碍物夹角的关系

（2）与障碍物材质基本无关　红外测距传感器对障碍物的材质并不敏感，实际输出并不随材质而变化，但有效测量距离会因障碍物材质而不同。如对于白纸，最大有效测量距离可达 80cm；但对于黑色皮革，有效测量距离可能只有 60 ~ 70cm，这是由不同材质的反射率不同所致。

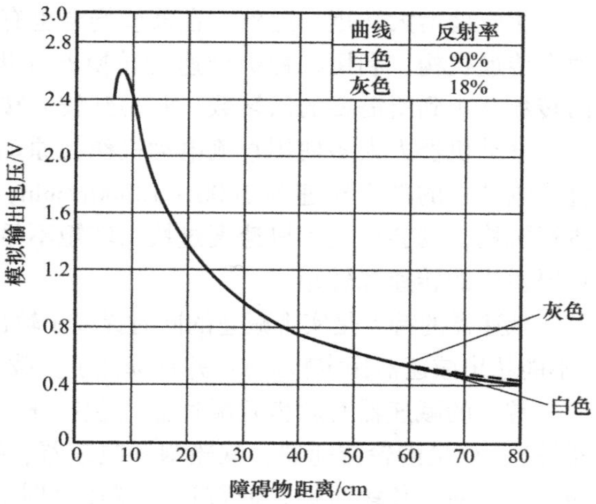

图 4-11　GP2D12 型红外传感器测距结果与障碍物距离的关系

图 4-11 为不同距离下，采用一个 16 位的 A/D 转换器对 GP2D12 型红外测距传感器的输出信号进行 A/D 转换后的结果。可见这种传感器的输出并非是线性的，也就是说，测距结果与实际反射物距离并非成反比或正比关系。使用时，需要对红外测距传感器的这一特性进行标定，多测量一些数据，并采用查表方式获取测距结果与实际距离的对应关系。

表 4-1 列出了 SHARP 不同型号红外测距传感器的性能参数。

表 4-1　SHARP 红外测距传感器性能参数

型号	输出形式	最小测量距离/cm	最大测量距离/cm	工作电流/mA
GP2D12	模拟量	10	80	-33
GP2D15	数字量	—	固定检测 24	-33
GP2D120	模拟量	4	30	-33
GP2Y0A02YK	模拟量	10	150	-33
GP2Y0D02YK	数字量	—	固定监测 80	-33

图 4-12 为“创意之星”机器人套件使用的 GP2D12 型红外测距传感器，与常见的 GP2D12 型红外测距传感器不同的是它的外壳，可以方便地安装到“创意之星”零件上。其为模拟量输出传感器，接 AD0 ~ AD7 的任意一个接口，即可通过 NorthStar 进行数据读取和编程。其规格数据如下：

1）探测距离：10 ~ 80cm。

2）工作电压：4 ~ 5.5V。

3）标准电流消耗：33 ~ 50mA。

4）输出量：模拟量输出，输出电压和探测距离非比例相关。

MultiFLEX2-AVR 控制器和 MultiFLEX2-PXA270 控制器的 AD 精度为 10 位，测量电压范围为 0～5V，对应输出值为 0～1023。计算真实电压值需要进行两次换算，假设从 NorthStar 读取的输出值为 491，则真实电压值为 5V×(491/1023)=2.4V。

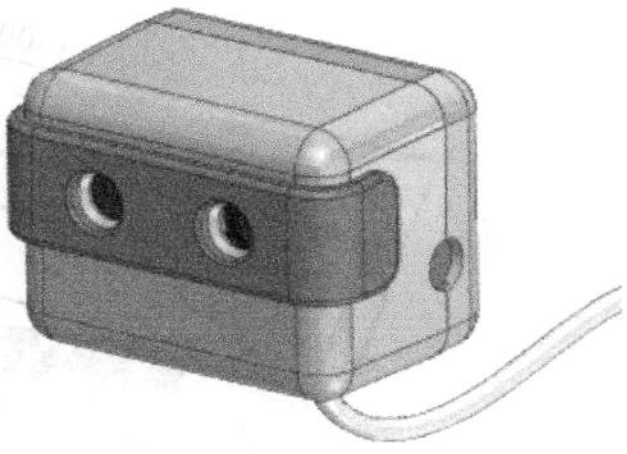
图 4-12　红外测距传感器

4.3.2　灰度传感器

灰度传感器通过自身的高亮白色 LED 照亮被检测物体，被检测物体反射 LED 的白光。由于不同的颜色对白光的反射能力不同，同样材质白色反射率最高，黑色反射率最低。灰度传感器前端有一个光敏电阻，用于检测反射光的强弱，据此可以推断出被检测物体的灰度值。

图 4-13 为"创意之星"机器人套件的灰度传感器，输出模拟量信号，接 AD0～AD7 的任意一个接口即可通过 NorthStar 进行数值读取和编程。在机器人擂台赛或者足球机器人比赛中，可使用多个灰度传感器组成阵列判断比赛场地的颜色梯度。在循迹机器人项目中，灰度传感器可以作为区别白线与周围地面的传感器。

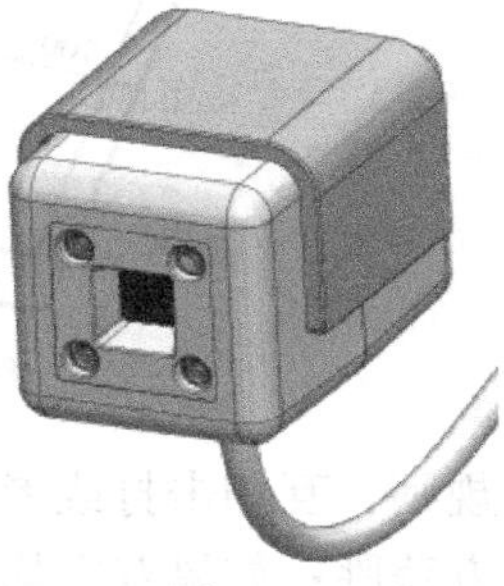
图 4-13　灰度传感器

任务实训

任务 4.1　分析比赛规则、制定对策

一、任务目标

1. 能独立分析比赛规则。
2. 能根据比赛规则制定对策。

二、任务准备

1. 场地要求

擂台机器人比赛场地如图 4-14 所示。擂台是长、宽分别为 2400mm，高为 150mm 的正方形矮台，擂台上表面即为擂台场地。底色从外侧四角到中心为纯黑到纯白渐变的灰度。场地的材质为木质，场地表面最大承重能力为 50kg。场地的两个角落设有坡道，坡道入口处的区域为出发区。出发区及坡道用正蓝色和正黄色颜色涂敷。出发区平地尺寸为 400mm×400mm。坡道水平长度为 400mm，宽度为 400mm，坡道顶端高度为 150mm，与擂台平齐。机器人从出发区起动后，沿着坡道走上擂台。场地四周 700mm 处有高 500mm 的方形白色围栏。

象棋棋子的材质为松木，重约 50～100g，外形为直径 70mm、高 44mm 的圆桶状（两个棋子粘连叠放），颜色为松木原色，字体颜色为黑（红）色，如图 4-15 所示。

2. 比赛规则

在指定的擂台上有双方机器人和 5 个中国象棋棋子。双方机器人模拟中国古代擂台搏击

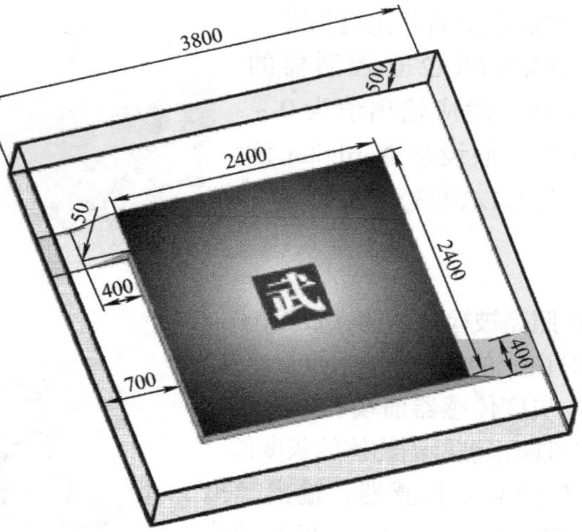

图 4-14　擂台机器人比赛场地示意图（单位：mm）

图 4-15　象棋棋子示意图

的规则，互相击打或者推挤。如果一方机器人整体离开擂台区域或者不能再继续行动，则另一方获胜；如果双方均未离开擂台区域且都能自主移动，则在比赛时间结束后，推下擂台上象棋棋子数量多的一方获胜，否则双方判为平局。

对比赛场地和比赛规则进行分析，可知以下要点：

1）分为无差别组和仿人组，本任务的实施针对无差别组。

2）需要从擂台外的出发区上坡道进入擂台。

3）需要确保自身不掉下擂台。

4）需要能够找到棋子或者敌方。

5）需要能够将棋子推下擂台。

6）需要能够推动敌方，将敌方推下擂台。

7）需要避免自己被敌方推下擂台。

三、任务实施

1. 制定对策

根据比赛规则和比赛场地提炼出来的几个要点是设计擂台机器人的依据。

（1）自动上坡，到达比赛场地　可采用两种方式实现爬坡行为：

1）定时方式。根据场地调试，设置合适的机器人速度和延时，使机器人实现自行爬坡。

2）传感方式。安装传感器或者摄像头，通过区分斜坡和场地的颜色实现机器人自行爬坡。

其中，定时方式较为简单，传感方式较为复杂。对于无差别组机器人来说，采用定时方式即可。

（2）需要确保自己不掉下擂台　需要有传感器进行擂台边沿检测，当发现机器人已经靠近边沿应立刻执行转弯或者掉头。擂台和地面存在比较大的高度差，通过红外测距传感器很容易发现这个高度差，从而判断出擂台的边沿。如图 4-16 所示，在机器人上安装一个红外测距传感器，斜向下测量地面和机器人的距离。机器人到达擂台边沿时，传感器的输出值会突然间变得很小（表明距离值很大，距离和输出值呈反比关系）。红外测距传感器使用方便，并且

“创意之星”控制器最多可以接入8个红外测距传感器，可以将它作为首选方案。

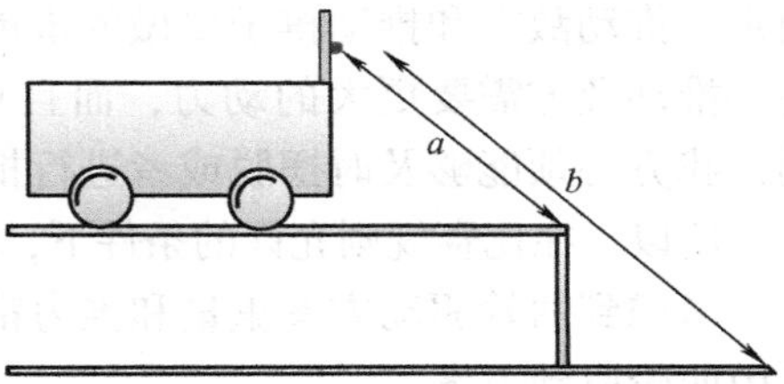

图4-16　擂台边沿检测

擂台地面有灰度变化，因此可以在机器人腹部安装一些灰度传感器，以判读机器人覆盖区域的灰度变化，从而判断机器人相对场地的方向。可以通过整体灰度值判读机器人的位置是不是靠近边沿，如果机器人靠近边沿则立即转弯或者后退。

（3）需要能够找到棋子或者敌方　由比赛规则可知，棋子对于我方机器人而言就是障碍物，而敌方机器人就是一个外形比棋子大一点的障碍物，差别在于棋子不会动，而敌方机器人会动。根据“项目2 避障机器人”可知，避障机器人可以发现障碍物并绕开，只是擂台赛中不是要让机器人绕开障碍物而是要将障碍物推下擂台。同样可以通过红外接近传感器来发现障碍物，但红外接近开关的有效测量范围为20cm，20cm之外的物体察觉不到，因此可改用红外测距传感器，其有效测量范围为10～80cm，比较适合擂台赛的使用场合。可以布置高低不同的两个红外测距传感器，用于区分棋子或者敌方机器人，如图4-17所示。

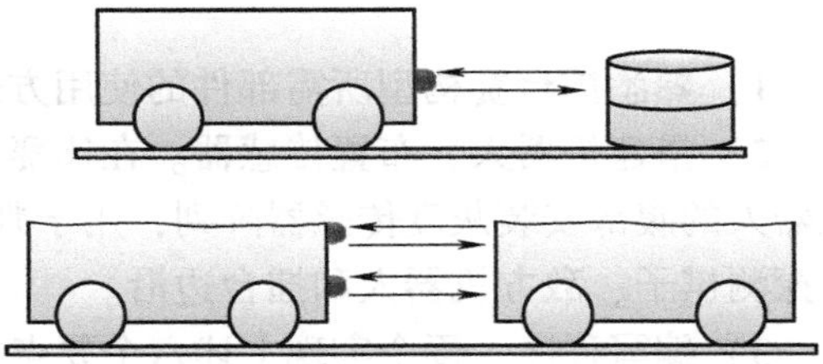
图4-17　前方传感器安装位置示意图

（4）需要能够将棋子推下擂台　推棋子时，机器人需要做三件事情：寻找棋子，推动棋子，自身定位。寻找棋子的实现主要依赖于灰度传感器和红外测距传感器。机器人必须能够通过灰度传感器定位自己的位置，通过红外测距传感器确定棋子的位置。因此，构型设计时必须合理布置传感器位置。比赛中输赢的关键是把敌方推出场外，所以可以采用被动式策略寻找棋子，即机器人按照某种策略漫游，如果检测到棋子就把棋子推出场外，否则机器人继续漫游。当把棋子推出场外时，机器人会接近擂台边沿，此时机器人需要适当调整状态（速度、位置）以防止掉出擂台。这个过程中机器人的自身定位非常重要。

机器人找到棋子后，可采用以下两种方法将它们推下擂台：

1）不转弯一直往前走，这样一定能走到擂台的边沿，也能够将棋子推下擂台。

2）通过识别场地的灰度，判断出机器人的位置和方向，对准最近的边沿前进。

其中，方法1）简单，程序实现难度小，但是可能出现机器人需要推动棋子走过超过半个场地才能到达边沿的情况，这个过程中可能出现敌方干扰、推挤，失败的概率很高；方法2）实现难度较高，但是效率高。

（5）需要能够推动敌方，将敌方推下擂台　可以想象，两只斗牛相互推挤，赢的一定是力气比较大的一方。因此需要考虑影响小车推力的因素。

在现实生活中，常常可见两种现象：

1）一辆汽车在爬坡，但是动力不足，慢慢从坡上滑了下来。

2）汽车在泥地上行走，但走不快，因为轮子总是在打滑。

由上述现象可以得出以下影响汽车行进效果的两个因素：

1）动力不足。如果我方机器人动力不足，可能会被敌方机器人推得轮子倒着转。

2）摩擦力不够。如果摩擦力不够，机器人在推挤时轮子就会打滑，导致机器人不能往前走。推动敌方和推动棋子要做的事情是一样的，即寻找敌方→推动敌方→自身定位。不同的是推动敌方需要更大的动力，而且自身定位更加重要。如果我方机器人被敌方机器人推动，我方必须能够及时摆脱或者进行抵抗。

所以，在比赛规则允许的条件下，应尽量增加小车的质量、动力输出和轮子的接地面积。

考虑到两轮驱动方案重量和推力都不够，而六轮驱动方案不便转弯且不够灵活，本任务采用四轮驱动方案。

（6）需要避免自己被敌方推下擂台　如果我方机器人在前进时被敌方从后面推挤，并且我方机器人没有察觉，此时，我方机器人的动力方向和敌方机器人的动力方向刚好一致，敌方不费吹灰之力就可以将我方机器人推下擂台。所以机器人需要能够察觉这种正在被推挤的状态，并且能够通过掉头、转弯、后退等手段避开或对抗敌方机器人的推挤。

2. 任务规划

1）熟悉擂台赛构型所需部件的使用方式。如灰度传感器、红外测距传感器等。

2）搭建机器人、布置传感器。在比赛规则允许的条件下搭建四轮驱动的擂台机器人。机器人的腹部安装灰度传感器阵列，用于判读场地灰度变化；前方安装红外测距传感器，用于探测棋子、敌方机器人和擂台边沿。

3）编写程序，逐个实现上述六个要点，并做练习。

4）模拟比赛练习。

任务4.2　擂台机器人的本体搭建

一、任务目标

1. 能根据计划设计擂台机器人结构。
2. 能根据结构图搭建擂台机器人。

二、任务准备

灰度传感器的标定可以采用三种方法：平行边沿标定法、灰度梯度标定法和随机标定法。

1. 平行边沿标定法

平行边沿标定法步骤如下：

1）按300mm等分场地边沿，如图4-18所示，图中白色方块表示机器人放置位置；然后从一边开始，依次将机器人放置在等分点上（机器人侧边和擂台边沿平行），用NorthStar查询灰度传感器值并做相应记录。

2）将机器人掉头后，从另一边开始，依次在每个等分点上查询灰度值并记录。

2. 灰度梯度标定法

灰度梯度标定法步骤如下：

1）将场地对角线的一半等分为六份，如图4-19所示，图中白色圆块表示机器人放置位置。

2）将机器人面向场地中心放置在图4-18中最外侧的等分点上，记录灰度值。

3）依次将机器人放置在其他的等分点记录灰度值。

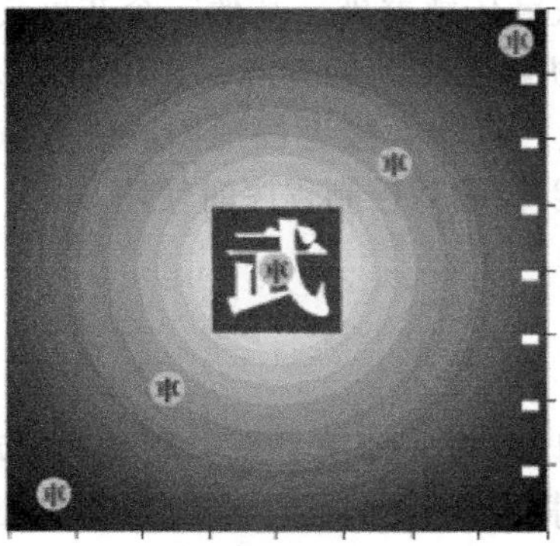

图 4-18 等分场地边沿

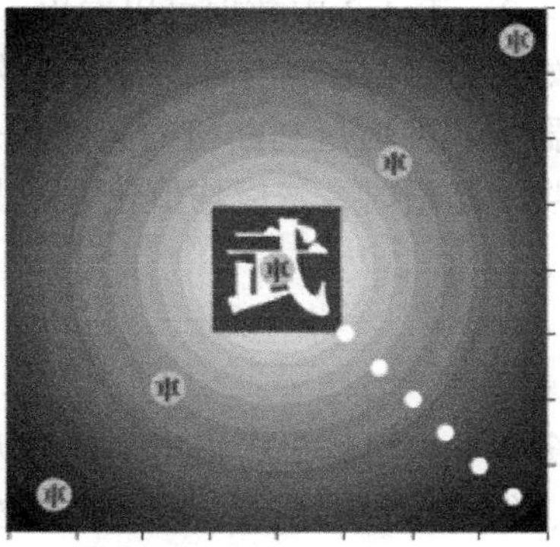

图 4-19 等分场地对角线

3. 随机标定法

将机器人以非规则的方式（与场地边沿不平行，或者没有正好面向场地中心）放置在场地的不同位置，采集几组灰度值，记录并观察四个灰度传感器的值和机器人的位置关系；计算机器人处在距场地中心不同距离处的灰度均值、传感器的最大最小值、前后灰度之间的差值、障碍物和机器人之间距离与传感器值之间的关系等数据，以备程序设计时使用。表 4-2和表 4-3 分别为一组场地实测数据。灰度值受灰度传感器的一致性、安装位置和环境光的影响较大，表中数据仅供参考。

表 4-2 等分场地边沿的实测灰度值

项目	前	后	右	左	前-右	前-后	后-右	前-左	右-左	均值
灰度值	235	207	231	265	4	28	-24	-30	-34	234.5
	367	348	319	412	48	19	29	-45	-93	361.5
	410	404	349	453	61	6	55	-43	-104	404
	405	424	355	457	50	-19	69	-52	-102	410.25
	356	394	324	425	32	-38	70	-69	-101	374.75
	275	304	267	336	8	-29	37	-61	-69	295.5
	231	233	232	274	-1	-2	1	-43	-42	242.5

注：机器人侧边和边沿平行。

表 4-3 等分场地对角线的实测灰度值

项目	前	后	右	左	前-右	前-后	后-右	前-左	右-左	均值
灰度值	244	207	234	261	10	37	27	17	-27	236.5
	339	283	305	355	34	56	22	-16	-50	320.5
	493	453	425	505	68	40	-28	-12	-80	469
	551	537	482	567	69	14	-55	-16	-85	534.25
	612	614	537	621	75	-2	-77	-9	-84	596

注：机器人面向中心。前表示安装在前面的灰度传感器；前-后表示前面传感器减去后面传感器的灰度差值；均值表示前、后、左、右灰度数据的平均值。

由表 4-2、表 4-3 中数据可以看出，除左边的灰度传感器外，其他三个灰度传感器的值一致性较好。可以根据这三个传感器的灰度值判断机器人当前的方向。另外，可以根据四个灰度传感器的灰度均值判断机器人在场地上的位置。机器人接近场地中心时，灰度均值较小；接近场地边沿时，灰度均值较大。上述逻辑可以在编写控制程序时使用。

三、任务实施

1. 结构设计

在任务 4.1 中已经分析得出了机器人结构的设计要求，即重心低、质量大、动力强劲、行动灵活、传感器合理布置。本任务中按照以上要求设计比赛构型，仍以北京博创兴盛科技有限公司的“创意之星”机器人套件为平台进行搭建。

在开始构型搭建前，需要先熟悉“创意之星”的零件种类和连接方式。只有熟悉“创意之星”的零件使用，搭建过程才会顺利；否则，如果盲目搭建，可能会出现搭建步骤错误、反复拆装的情况发生。

本任务设计的擂台机器人参考构型如图 4-20 所示。该构型符合比赛规则的要求，能够正常完成比赛。

图 4-20　擂台机器人参考构型

2. 结构搭建

（1）搭建框架　先按照图 4-21，搭出两个侧框架。将 A、B、C、D、E、F 的连接花键装到框架上，注意需要将 M3 螺母装到花键里面，如图 4-22 所示。

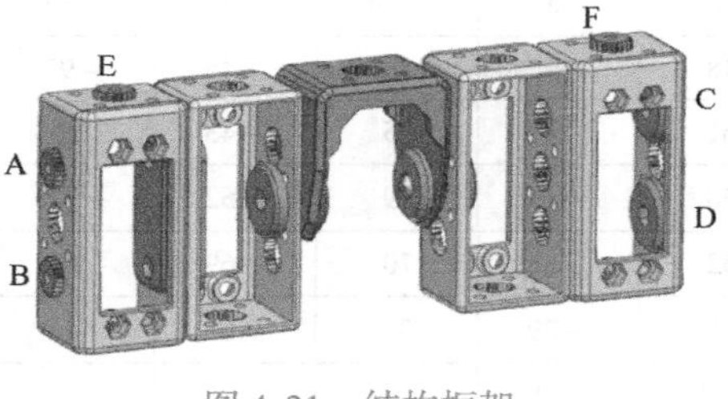

图 4-21　结构框架

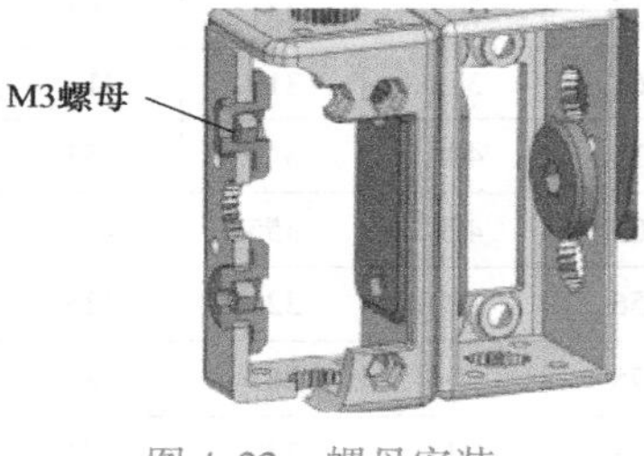

图 4-22　螺母安装

（2）安装驱动舵机和轮子　将驱动舵机安装到侧框架上，如图 4-23 所示。安装过程中需要注意舵机不能装反，确保上一步预先安装上去的花键里的螺母不能掉出来。最后安装轮子，如图 4-24 所示。

图 4-23　安装驱动舵机

图 4-24　安装轮子

（3）整体组装　将两个侧框架通过 17 号零件连接起来，构成一个完整的底盘框架。无差别组轮式底盘如图 4-20 所示。

3. 安装传感器

场地最重要的部分是擂台上的黑白渐变区域，这是比赛得以进行的关键。简单地说，机器人要想赢得比赛，就得在这块区域里行动自如，随心所欲。要想做到这点，机器人必须能随时确定自己所处的位置，而要想确定自己的位置，机器人就必须有雪亮的“眼睛”。在擂台赛中，机器人的“眼睛”就是灰度传感器和红外测距传感器。本任务完成传感器的安装调试工作。

利用一个向前方倾斜的红外测距传感器进行擂台边沿的检测，避免机器人掉下擂台。红外测距传感器探测点必须和机器人主体之间有一定的距离，让机器人有反应的空间和时间。安装示意图如图 4-25 所示。

另外，可以在机器人的正前方安装两个红外测距传感器用于敌方机器人和障碍物的探测。棋子的高度是 44mm，而机器人必然会比棋子高，因此将两个传感器安装在不同的高度。如图 4-26 所示，在距地板 28mm 和 59mm 的位置分别安装一个红外测距传感器，定为 A、B 传感器。在比赛过程中，如果 A 探测到障碍物而 B 没有，说明障碍物是棋子；如果 A 探测到障碍物，B 也同时探测到障碍物，且两者探测到的障碍物距离差距不大时，说明障碍物可能是敌方机器人。当然，这个过程可能会有其他因素的干扰，可以在实际调试过程中设法解决。

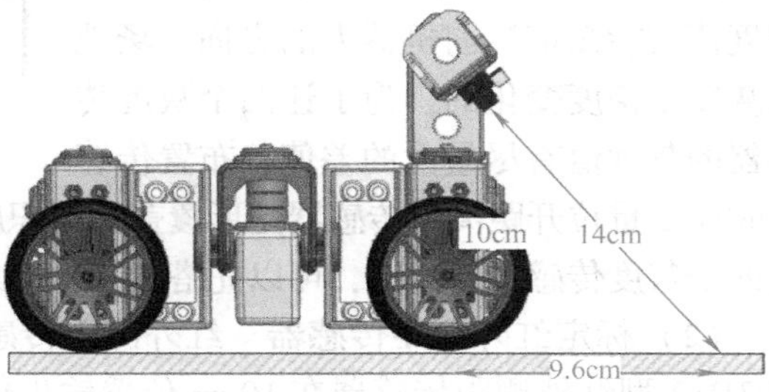

图 4-25　红外测距传感器的安装示意图（一）

根据本项目之前的分析，灰度传感器采用菱形分布，如图 4-27 所示。

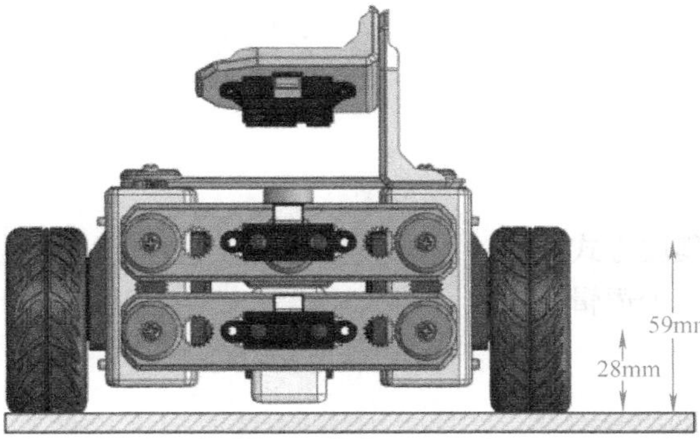

图 4-26　红外测距传感器的安装示意图（二）

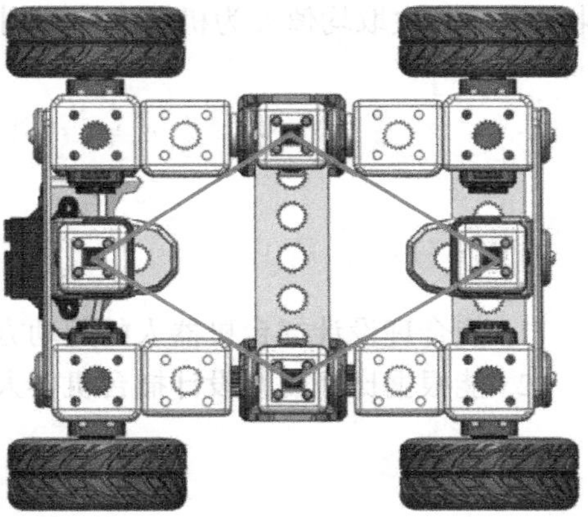
图 4-27　灰度传感器布置示意图

上述传感器布置方案是一种可行并且通过验证的方案，可以作为搭建构型的参考。“创意之星”机器人套件的结构多样，可以用“创意之星”设计出更加合理的方案。

4. 调试传感器

（1）标定灰度传感器　受制造工艺、材料的限制，很难保证两个传感器有完全一致的性能。在实际使用过程中会发现，即使以同样的标准使用两个不同的灰度传感器测量灰度，得到的数据也会有一定的差值。

为了消除这种差异性，需要对传感器进行标定，就像一个两眼视力不一样的人，需要佩戴两个镜片度数不同的眼镜一样。标定的目的是建立灰度传感器的值和场地区域的对照表，以方便后续编写控制程序时使用。构型上使用菱形分布的四个灰度传感器进行场地灰度测量，如图4-28所示，1、2、3、4号灰度传感器采集到的灰度值不一样，对比这四个灰度传感器的灰度值就能知道当前机器人的方向。场地的灰度是梯度变化的，为了让四个灰度传感器的灰度值有尽量大的差值，布置传感器时应尽量拉开距离，传感器菱形覆盖的面积应尽量大。标定灰度传感器需要同时标定构型中的四个灰度传感器。此时，可以先搭建一个简易的机器人底盘，固定好传感器。

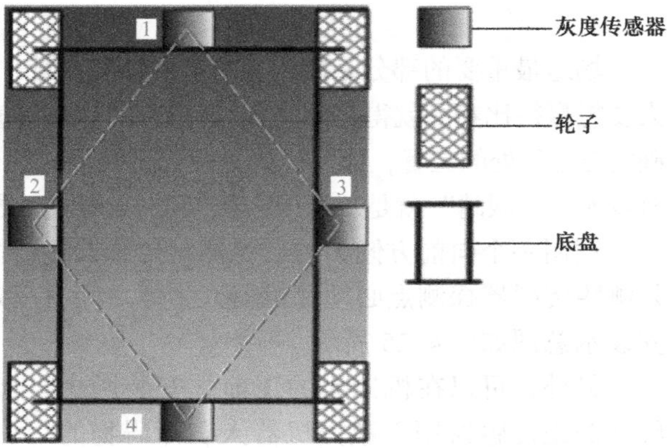

图4-28　灰度传感器布局示意图

（2）标定红外测距传感器　红外测距传感器的输出值和实际距离不是简单的线性关系。GP2D12型红外测距传感器在10cm位置输出值最大，10cm以内的范围是检测盲区，因此在检测距离小于10cm时不建议使用GP2D12型红外测距传感器。10~20cm是最灵敏的检测区域，所以，需要保证构型中的GP2D12和地板的距离保持在10~20cm之间。在擂台上，只需要判断机器人是不是到达边沿即可。比赛构型搭建完成、传感器安装位置确定后，将机器人放置于擂台的不同位置，读取GP2D12的AD值，将这些AD值取平均值。将机器人移至擂台边沿，当传感器红外射线和地面的交点A离开擂台边沿时，传感器AD值会大幅度变化，测量几次取均值即为机器人检测到擂台边沿的AD值。

任务4.3　擂台机器人的工作方式及程序设计

一、任务目标

1. 能合理设计擂台机器人的起动方式和爬坡方式。
2. 能根据比赛规则设计擂台机器人的推棋子逻辑。

二、任务准备

为了让机器人的起动可以控制，可以给机器人加入一个“软开关”，即通过触发一个红外接近传感器让其开始运行，“软开关”流程图如图4-29所示。本任务中使用安装在机器人正前方的两个红外接近传感器中的任意一个实现起动控制。

机器人起动后，第一步就是上坡。本任务中采用定时方式练习上坡，这种方式较为简单。需要注意的是，在上坡前需要先抬起铲子，等上了坡后再将铲子放下来。根据实际情况，编写爬坡程序的流程图如图4-30所示。

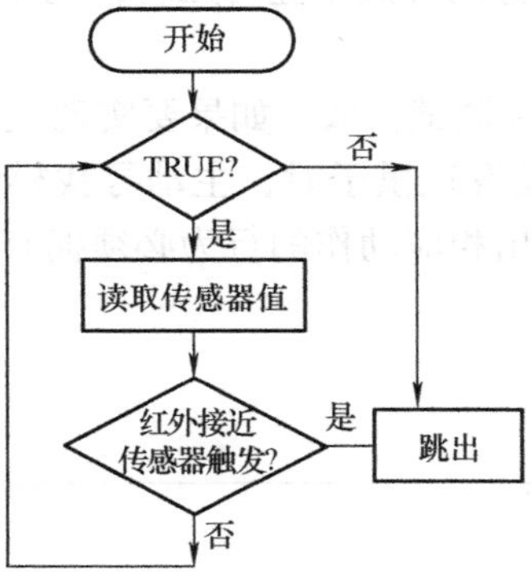

图 4-29　“软开关”流程图

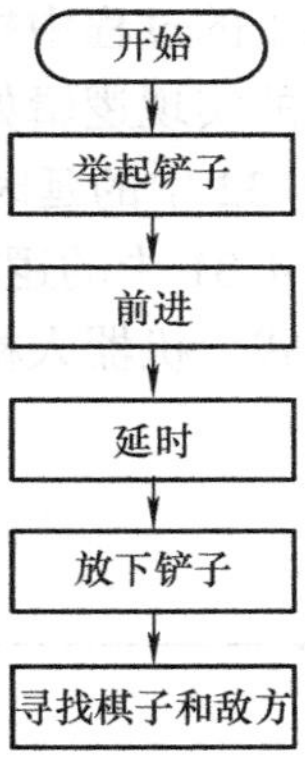

图 4-30　爬坡程序流程图

三、任务实施

1. 擂台机器人推棋子逻辑设计

棋子质量较小，比较容易推动。实现擂台机器人推棋子的关键是棋子的检测和边沿检测。本任务实现逻辑以保证机器人不会掉落擂台为主，即机器人不主动去寻找棋子，而是在场内漫游，发现棋子后向前推动，推出场地后后退、左转，然后继续漫游。推棋子实现逻辑如图 4-31 所示。

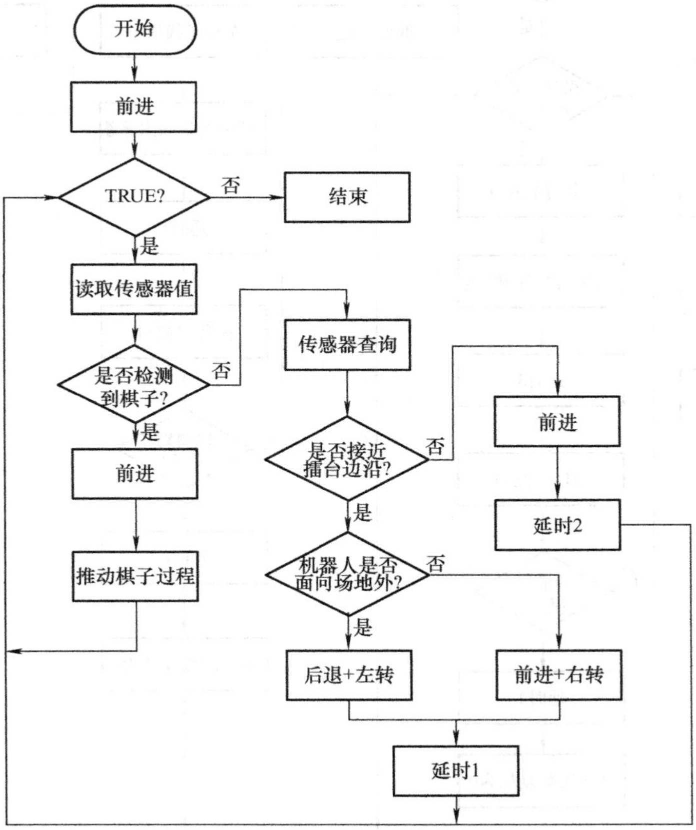

图 4-31　推棋子实现逻辑

由于在推动棋子的过程中机器人需要根据自身位置做相应的处理，这里把推动棋子的过程单独封装，具体的实现逻辑如图 4-32 所示。

图 4-31 和图 4-32 中的延时需要根据场地实际调试获取。如果要实现主动寻找棋子的策略，就需要改变图 4-31 中的逻辑，让机器人在没发现棋子时，主动寻找棋子。无论采用主动模式还是被动模式，机器人检测擂台边沿并做出相应动作的行为必须拥有最高优先级。

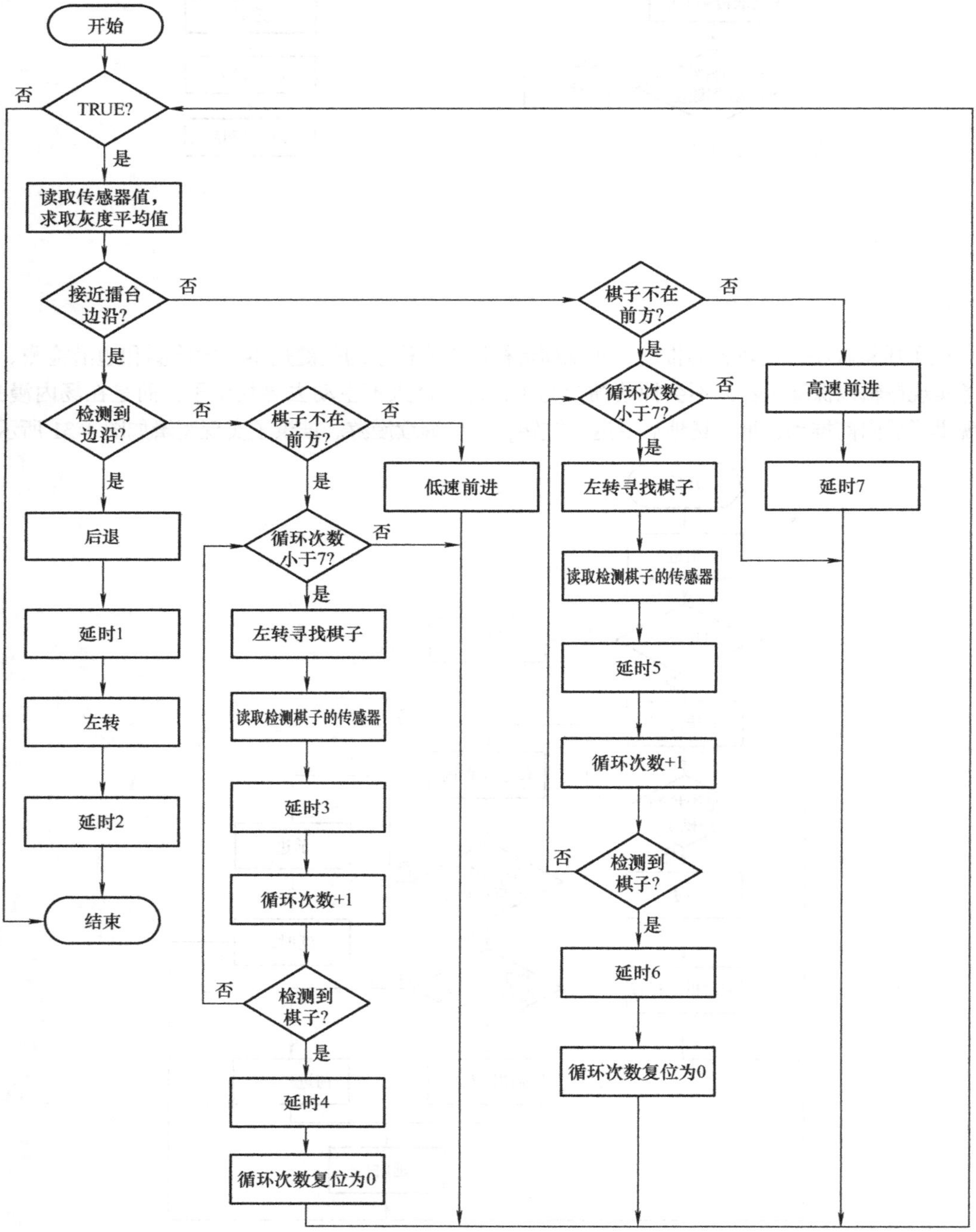

图 4-32　推动棋子过程实现逻辑

2. 擂台机器人实战对抗逻辑设计

擂台赛的关键是在我方不掉出擂台的情况下将敌方推出场外，所以推动敌方的策略最为关键。由于敌方机器人同样拥有动力装置，推动时必然遭受巨大阻力，因此在检测到敌方机器人时，必须以最大的动力迅速将敌方推出场外。设计时须考虑不同机器人动力的差异性，同时需要考虑应对我方机器人动力不足、被敌方推动的情况。图 4-33 为实战对抗的实现逻辑，图 4-34 为推动敌方机器人过程的实现逻辑。

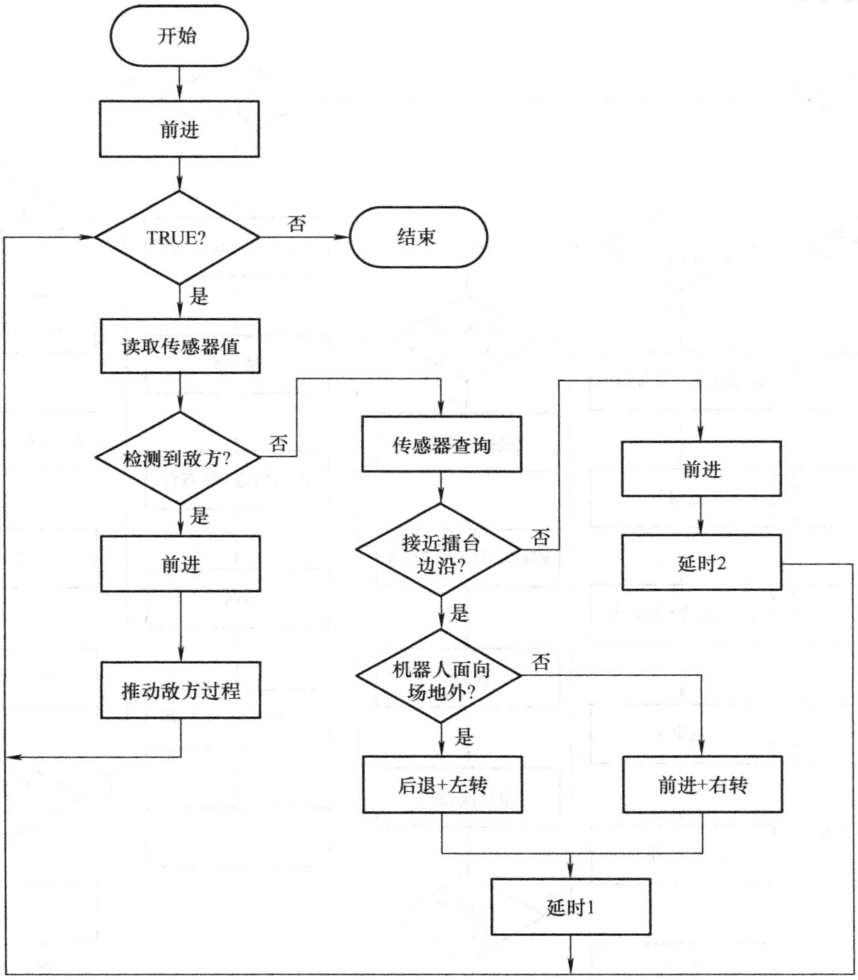

图 4-33　实战对抗实现逻辑

需要注意的是，图 4-33 中的逻辑中加入了爬坡环节。爬坡作为比赛中最先完成的行为，在编程实现实战对抗策略时，需要与实战对抗行为衔接起来。此外，这里对机器人即将把敌方推出场外的情况的实现逻辑处理为高速前进 + 延时 + 高速后退 + 延时，目的为了快速将敌方推出场外且保证自己不会掉出场外。

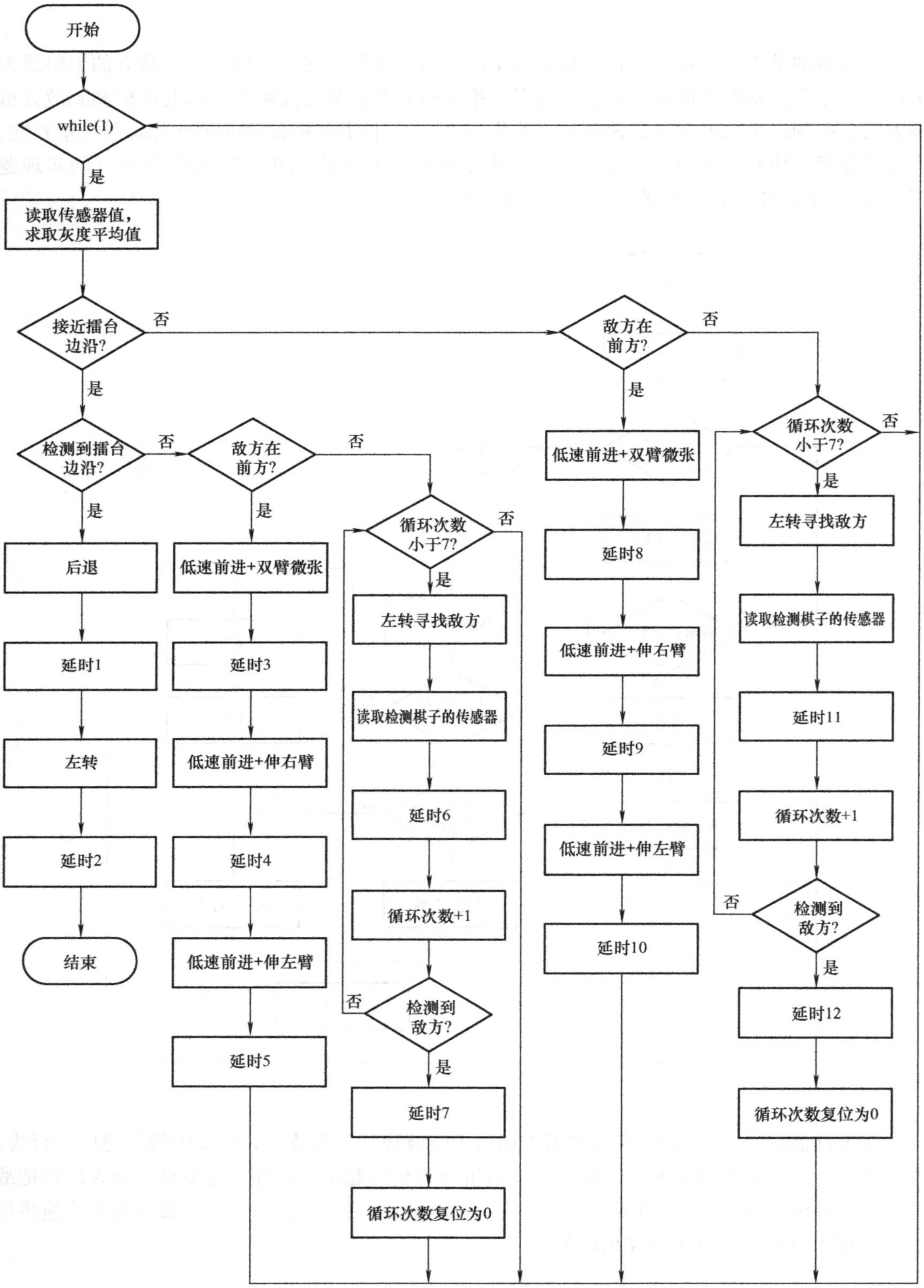

图 4-34　推动敌方机器人过程实现逻辑

拓展训练

改进竞赛能力

调试中可以发现，机器人的质量对机器人行为的影响较大。动力性能相同的情况下，质量小的机器人很难和质量大的机器人对抗。另外，边沿检测传感器的位置需要保证机器人不会掉到场外，灰度传感器的安装高度对机器人性能影响较大。所以本训练要求对擂台机器人进行以下改进：

（1）增加机器人重量　比赛规定机器人质量不超过3kg，在此条件下，可以给机器人增加配重。配重可以选用电池或者其他物体。安装配重时要尽量保持机器人的重心最低。

（2）调整边沿检测传感器位置　比赛规定机器人在场地上的投影尺寸不超过300mm × 300mm，在此条件下，将边沿传感器安装位置尽可能地伸出底盘外侧或者架高传感器，让传感器探测红外线与地面交点尽量远离机器人本体。

（3）调整灰度传感器距地面高度　灰度传感器距离地面太远，反射光线太弱；距地面太近，反射光线太强。反射光过强或者过弱都会导致机器人自身定位不准确。调整时，可以设定几个位置，调试并找出沿着场地灰度梯度方向变化范围最大的位置。

习　题

一、填空题

1. 灰度传感器的标定方法有________、________、________。

2. 擂台机器人常用的传感器有________、________。

二、判断题

1. 擂台机器人检测擂台边沿并做出相应动作的行为必须拥有最高优先级。（　）

2. 接近开关会产生机械磨损和疲劳损伤，触点容量较大。（　）

三、简答题

1. 红外传感器的特性有哪些？

2. 为了提高擂台机器人的竞赛能力，可以从哪些方面进行改进？

项目5 三菱RV-3SD型工业机器人

项目导读

早期的工业机器人在生产中主要用于机床上下料、定位焊及喷漆作业。随着柔性自动化生产线的出现，工业机器人得到了更广泛的应用，如焊接机器人、搬运机器人、码垛机器人、装配机器人、喷漆及喷涂机器人、铸造及锻造机器人等。本项目以三菱 RV-3SD 型工业机器人为依托，介绍工业机器人系统组成和工作原理，使学生能够正确对三菱 RV-3SD 型工业机器人进行操作和编程。

项目目标

熟悉工业机器人控制原理；能够对三菱 RV-3SD 型工业机器人进行操作及编程。

促成目标

1. 掌握工业机器人系统各部分功能。
2. 掌握工业机器人各轴运动规律。
3. 熟悉示教器结构、操作界面及按键功能。
4. 能进行三菱 RV-3SD 型工业机器人示教编程及程序自动运行。
5. 掌握常用的 MELFA-BASIC-V 编程指令。
6. 能熟练操作工业机器人控制器。
7. 能熟练操作 RT-TOOLBOX2 编程软件。

知识链接

5.1 工业机器人概述

工业机器人诞生于 20 世纪 60 年代，在 20 世纪 90 年代得到迅速发展，是最先产业化的机器人技术，是综合了计算机、控制理论、机构学、信息和传感技术、人工智能及仿生学等多学科而形成的高新技术。工业机器人的出现有利于制造业的规模化生产。工业机器人代替人进行单调、重复性的体力劳动，提高了生产质量和效率。

国际标准化组织对工业机器人的定义为："工业机器人是一种具有自动控制的操作和移动功能，能完成各种工作的可编程操作机，这种操作机具有几个轴，能够借助可编程操作来处理各种材料、零件工具和专用装置，以执行各种任务。"

1954 年，乔治·德沃尔取得了"附有重放记忆装置的第一台机械手"的专利权，这一年被人们认为是"机器人时代"的开始。该设备能够执行从一点到另一点的受控运动。

1958 年，同被誉为"机器人之父"的约瑟夫·英格尔伯特和乔治·德沃尔创建了世界上第一个机器人公司——Unimation 公司，并参与设计了第一台"尤尼梅特（Unimate）"机器人，意思是万能自动。

1962 年，美国机械与铸造公司也制造出了一台工业机器人，称为"沃尔萨特兰（Versatran)"，意思是万能搬动。它主要用于机器之间的物料搬运，采用液压驱动。该机器人的手臂可绕底座回转，沿垂直方向升降，也可以沿半径方向伸缩。一般认为"尤尼梅特（Unimate)"和"沃尔萨特兰（Versatran)"机器人是世界上最早的工业机器人，而且至今仍在使用。

我国的机器人技术从 20 世纪 80 年代起步，在"七五"计划中，机器人被列为国家重点科研规划内容，在"863 计划"的支持下，机器人基础理论与基础元器件研究全面开展。1986 年，全国第一个机器人研究示范工程在沈阳建立。目前，我国已基本掌握了机器人技术，可生产部分关键元器件，已开发出喷漆、弧焊、点焊、装配及搬运机器人。

5.1.1　工业机器人的系统组成与控制方式

1. 工业机器人的系统组成

工业机器人的本体结构是一种类似于人体上肢的关节型机械手，其控制系统组成如图 5-1所示。

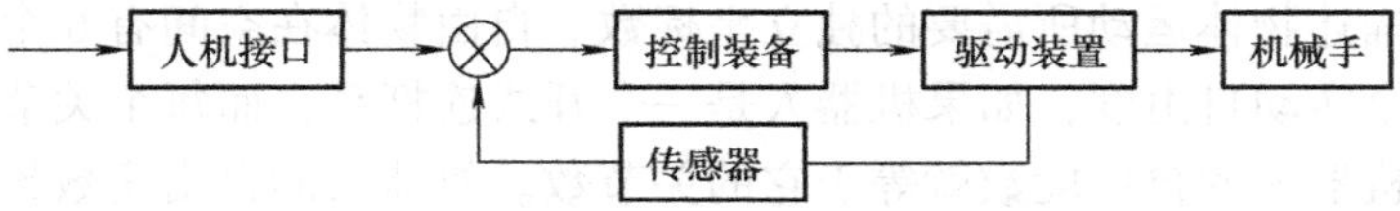

图 5-1　一般工业机器人控制系统组成

高性能的通用型机器人一般采用关节式的机械结构，在每个关节中安装伺服电动机，通过计算机对驱动装置进行控制，实现机器人的运动。工业机器人系统组成如图 5-2 所示。

图 5-2 中，1 号器件为电源变压器，用于完成不同制式电源的转换；2 号器件为气源，提供系统动作过程中的空气动力；3 号器件为机械手，机械手是一台六自由度的工业机器人；4 号为机械手控制器。

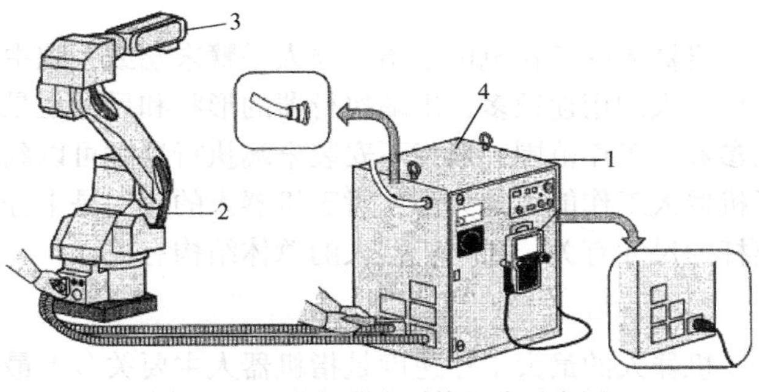

图 5-2　工业机器人系统组成示意图

机械手的每一轴都由伺服电动机驱动。轴上安装转角编码器，可以随时检测每轴的运动位置，提高工作精度高和灵巧性。

人机接口除了包括一般计算机键盘、鼠标外，通常还包括示教器，通过示教器可以对机器人进行控制和示教操作。上位控制机具有存储单元，可实现重复编程、存储多种操作程序以及生成运动轨迹。下位控制机用于实现伺服控制、轨迹插补计算及系统状态检测。机器人的测量单元一般包括位置检测元件（如光电编码器）和速度检测元件（测速发电动机），被测量反馈到控制器中，用于闭环控制、监测或示教操作。

2. 工业机器人的控制方式

工业机器人分类

工业机器人的控制方式包含示教再现控制和位置控制两种。给出起动命令后，系统从存储单元中读出信息并送到控制装置，控制装置发出控制信号，由驱动机构控制机械手在一定精度范围内按照存储单元中的内容完成各种动作，这种控制方式称为示教再现控制。工业机器人与一般自动化机器的最大区别是它具有示教再现功能，因而表现出通用、灵活的柔性特点。

工业机器人的位置控制方式包含点位控制和连续路径控制两种。点位控制方式只控制机器人运动的起点和终点位置，而不关心这两点之间的运动轨迹，这种控制方式可以完成无障碍条件下的定位焊、上下料及搬运等操作。连续路径控制方式不仅要求机器人以一定的精度达到目标点，而且对移动轨迹也有一定精度要求，如机器人喷漆、弧焊等操作。连续路径控制方式的实现以点位控制为基础，在每两个点之间进行满足精度要求的轨迹插补运算即可实现轨迹的连续化。

5.1.2 工业机器人的技术指标

工业机器人的自由度

工业机器人的技术指标反映了机器人的适用范围和工作性能，是选择、使用机器人的依据。

1. 自由度

自由度是指描述物体运动所需要的独立坐标数。自由物体在空间有6个自由度，即3个移动自由度和3个转动自由度，如果机器人是一个开式连杆系，而每个关节运动副又只有一个自由度，那么机器人的自由度数就等于它的关节数。机器人的自由度数越多，功能就越强大，应用范围也就越广。目前，工业生产中应用的机器人通常具有4~6个自由度。计算机器人的自由度时，末端执行件（如手爪）的运动自由度和工具（如钻头）的运动自由度不计算在内。

2. 工作范围

机器人的工作范围是指机器人手臂末端或手腕中心运动时所能达到的所有点的集合。由于机器人的用途很多，末端执行器的形状和尺寸也是多种多样，为了能真实反映机器人的特征参数，工作范围一般指不安装末端执行器时可以到达的区域。工作范围的形状和大小反映了机器人工作能力的大小，对于机器人的应用是十分重要的参数。工作范围不仅与机器人各连杆的尺寸有关，还与机器人的总体结构有关。

3. 最大工作速度

机器人的最大工作速度是指机器人主要关节上最大的稳定速度或手臂末端最大的合成速度。因机器人生产厂家不同，最大工作速度的标注也会有所不同，一般都会在技术参数中加以说明。很明显，最大工作速度越高，生产效率也就越高；然而，工作速度越高，对机器人最大加速的要求也就越高。

4. 负载能力

工业机器人的负载能力又称为有效负载，它是指机器人在工作时臂端可能搬运的物体质量或所能承受的力。当关节型机器人的臂杆在工作空间中处于不同位姿时，其负载能力不同。机器人的额定负载能力是指其臂杆在工作空间中任意位姿时腕关节端部所能搬运的最大质量。除了用可搬运质量表示机器人的负载能力外，由于负载能力还和被搬运物体的形状、尺寸及其质心到手腕法兰之间的距离有关，因此，负载能力也可用手腕法兰处的输出扭矩来表示。

5. 定位精度和重复定位精度

工业机器人的运动精度主要包括定位精度和重复定位精度。定位精度是指工业机器人的末端执行器的实际到达位置与目标位置之间的偏差；重复定位精度（又称重复精度）是指在同一环境、同一条件、同一目标动作及同一条指令下，工业机器人连续运动若干次重复定位至同一目标位置的能力。

工业机器人具有定位精度较低、重复精度较高的特点。一般情况下，其绝对精度比重复精度低 1 ~2 个数量级，且重复精度不受工作载荷变化的影响，故通常用重复精度作为衡量示教再现方式工业机器人精度的重要指标。

点位控制机器人的定位精度不够，会造成实际到达位置与目标位置之间有较大的偏差；连续轨迹控制型机器人的定位精度不够，则会造成实际工作路径与示教路径或离线编程路径之间的偏差。

除了以上技术指标外，机器人的技术指标中通常还包括电源、环境温度、湿度等，这些指标要求也是机器人能够正常工作的必要条件。

5.1.3　工业机器人的应用

工业机器人是目前最成熟、应用最广泛的一类机器人。工业机器人主要应用在以下几个方面：

1）自动化生产领域。随着柔性自动化生产线的出现，工业机器人得到了更广泛的应用，如搬运机器人、自动分拣机器人、铸造机器人及锻造机器人等。

2）恶劣、危险的工作环境。如有核污染的核电站检测、高层建筑外墙的清洗等。这些工作有害人体健康或存在危及生命的不确定因素，不适宜人工作业，用最适合工业机器人去完成。

3）特殊作业场合。即对人来说不能企及的作业场合。

综上所述，工业机器人的应用给人类带来了许多好处，如降低生产成本、提高生产效率、改进产品质量、增加制造过程的柔性、减少材料浪费、改善劳动环境等。

5.2　伺服电动机

伺服电动机

伺服（Servo）指系统跟随外部指令进行人们所期望的运动，运动要素包括位置、速度和力矩。按照伺服的概念，伺服电动机并非单指某一类型的电动机，只要是在伺服控制系统中能够满足任务所要求的精度、快速响应性以及抗干扰性，就可以称为伺服电动机。

通常，伺服电动机为了能够达到伺服控制的性能要求，都需要具有位置/速度检测部件。伺服电动机可以是直流电动机、永磁同步电动机，也可以是步进电动机，还可以是直线电动机。最常见的伺服电动机是交流永磁同步伺服电动机，其内部转子是永磁铁，驱动器控制三相交流电在定子中形成变化的电磁场，转子在磁场的作用下转动，同时电动机自带的编码器反馈信号给驱动器，驱动器根据反馈值与目标值进行比较，调整转子转动的角度。伺服电动机的精度取决于编码器的精度（线数）。最常见的是2500线标准编码器配置的伺服电动机。

伺服电动机又称执行电动机，在自动控制系统中用作执行元件，把所接收到的电信号转换为电动机轴上的角位移或角速度输出。

伺服电动机分为直流和交流伺服电动机两大类。

在交流伺服系统中，电动机的类型有交流永磁同步电动机（Permanent-Maynet Synchronous Motor，PMSM）和交流异步电动机。其中，永磁同步电动机具备十分优良的低速性能，可以实现弱磁高速控制，调速范围宽广、动态特性和效率都很高，已经成为交流伺服系统的主流之选；异步电动机虽然结构坚固、制造简单、价格低廉，但是在特性上和效率上与永磁同步电动机存在差距，因此只应用于某些大功率场合。

交流伺服系统的性能指标可以从调速范围、定位精度、稳速精度、动态响应和运行稳定性等方面来衡量。中低档的伺服系统调速范围在1∶1000以上，一般的伺服系统调速范围在1∶5000～1∶10000，高性能的伺服系统调速范围可以达到1∶100000以上；定位精度一般都要达到±1个脉冲；稳速精度尤其是低速下的稳速精度（如给定1r/min时），一般在±0.1r/min以内，高性能的伺服系统稳速精度可以达到±0.01r/min以内；动态响应方面，通常衡量的指标是系统最高响应频率，即给定最高响应频率的正弦速度指令，系统输出速度波形的相位滞后不超过90°或者幅值不小于50%。在一些要求高的特定场合，如MR-J3系列的伺服电动机最高响应频率可达900Hz，目前国内主流伺服电动机的最高响应频率为200～500Hz；运行稳定性方面，主要是指系统在电压波动、负载波动、电动机参数变化、上位控制器输出特性变化、电磁干扰、以及其他特殊运行条件下，维持稳定运行并保证一定的性能指标的能力。

典型的伺服系统构成如图5-3所示。其中，上位机可以是单片机、PLC及各种控制器等。

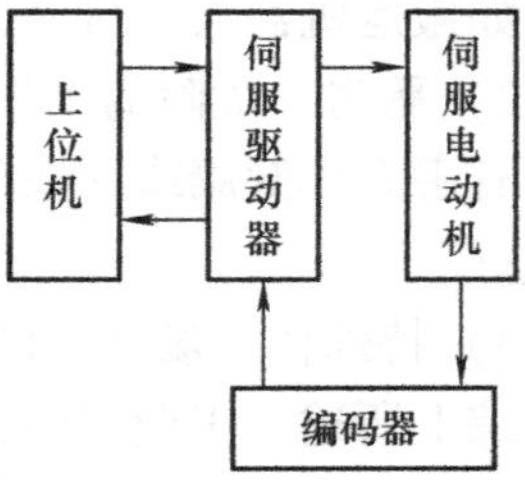

图5-3　典型的伺服系统构成

交流伺服电动机与普通电动机的区别如下：

1）交流伺服电动机属于控制类电动机。根据电动机基本原理，伺服的基本概念是快速响应、准确定位。伺服电动机的构造与普通电动机是有区别的，伺服电动机带编码器反馈闭环控制，能满足快速响应和准确定位，而普通电动机构造相对简单，没有编码器反馈。现在市面上的交流伺服电动机多为永磁同步电动机，这种电动机受工艺限制，很难做到大功率，十几千瓦以上的同步伺服电动机价格很高。在大功率应用场合，多采用异步伺服电动机+变频驱动。

2）交流伺服电动机的材料、结构和加工工艺要远远高于变频器驱动的普通交流电动机（一般交流电动机或各类变频电动机）。也就是说，当伺服驱动器输出的电流、电压、频率变化很快时，伺服电动机能产生相应的动作变化，响应特性和抗过载能力远远高于变频器驱动的交流的电动机。当然，不是说变频器不能输出变化那么快的电源信号，而是普通电动机本身反应跟不上，所以变频器在内部算法设定时为了保护电动机做了相应的过载设定。

3）交流电动机一般分为同步和异步电动机。

① 交流同步电动机：转子由永磁材料构成，电动机转动后，随着定子旋转磁场的变化，转子也做响应频率的速度变化，而且转子速度等于定子速度，所以称为同步。

② 交流异步电动机：转子由感应线圈和磁性材料构成。电动机转动后，定子产生旋转磁场，感应磁场追随定子产生的旋转磁场的变化，转子线圈中产生感应电流，进而产生感应磁场，感应磁场追随定子旋转磁场的变化，但转子感应磁场的变化永远小于定子感应磁场的变化，一旦等于就没有了变化的磁场切割转子的感应线圈，转子线圈中也就没有了感应电流，转子磁场消失，转子失速又与定子产生速度差又重新获得感应电流。所以在交流异步电动机里有个关键的参数是转差率，也就是转子与定子的速度差的比率。

③ 对应交流同步和异步电动机，变频器有相应的同步变频器和异步变频器，伺服电动机也有交流同步伺服电动机和交流异步伺服电动机。在变频器里，常见的是交流异步变频；在伺服系统中，常见的则是交流同步伺服。

4）交流伺服电动机与普通电动机还有很多区别，如普通电动机通常功率很大，尤其是起动电流很大。

一般伺服系统有三种控制方式：速度控制方式、转矩控制方式和位置控制方式。速度控制和转矩控制都是用模拟量来控制的；位置控制则是通过发送脉冲来控制的。如果上位控制器有比较好的闭环控制功能，用速度控制效果较好。如果系统本身要求不是很高，或者基本没有实时性的要求，则用位置控制方式即可。就伺服驱动器的响应速度来看，转矩模式运算量最小，驱动器对控制信号的响应最快；位置模式运算量最大，驱动器对控制信号的响应最慢。

1）转矩控制方式。该方式通过外部模拟量输入或直接的地址赋值设定电动机轴对外输出转矩的大小。例如若10V对应5N·m，则当外部模拟量输入设定为5V时电动机轴输出转矩为2.5N·m。当电动机轴负载转矩低于2.5N·m时电动机正转；负载转矩等于2.5N·m时电动机不转；负载转矩大于2.5N·m时电动机反转（通常在有重力负载情况下产生）。电动机输出转矩的大小可以通过即时改变模拟量输入设定来改变，也可以通过通信方式改变对应的地址赋值来改变。转矩控制方式主要应用在对材质的受力有严格要求的缠绕和放卷装置中，如绕线装置或拉光纤设备，转矩的设定需要根据缠绕半径的变化随时更改，以确保材质的受力不会随着缠绕半径的变化而改变。

2）位置控制方式。该方式一般是通过外部输入的脉冲频率确定转动速度的大小，通过脉冲的个数确定转动的角度，也有些伺服电动机可以通过通信方式直接对速度和位移进行赋值。由于位置控制方式对速度和位置都有很严格的控制，所以一般应用于定位装置，如数控机床、印刷机械等场合。

3）速度控制方式。该方式通过模拟量输入或脉冲频率进行转动速度的控制，在有上位控制装置的外环PID控制时速度控制方式也可以进行定位，但必须把电动机的位置信号或直接负载的位置信号反馈给上位控制装置以做运算用。位置控制方式也支持直接负载外环检测位置信号，此时电动机轴端的编码器只检测电动机转速，而位置信号则由直接的最终负载端的检测装置提供，从而减少了中间传动过程中的误差，增加了整个系统的定位精度。

任务实训

任务5.1　认识工业机器人

一、任务目标

1. 熟悉工业机器人的机械结构。
2. 熟悉三菱工业机器人的系统组成。
3. 掌握三菱工业机器人示教器菜单及窗口。

二、任务准备

工业机器人机械结构也就是它的执行机构，由一系列连杆、关节或其他形式的运动副组成，可实现各个方向的运动。早期工业机器人的机械结构如图5-4所示。

机器人本体各部分的基本结构、材料的选择将直接影响整体性能。机器人本体主要包括机身及行走机构、臂部、腕部、手部及传动部件等。

1. 机身及行走机构

工业机器人的机身是机器人的基础部分，是直接连接、支撑和传动手臂的重要部件。机身结构一般由机器人总体设计确定。如圆柱坐标型机器人把回转与升降这两个自由度归属于机身；球坐标型机器人把回转与俯仰这两个自由度归属于机身；关节坐标型机器人把回转自由度归属于机身。为了能使机器人完成较远距离的操作，可以增加行走机构，行走机构多为滚轮式和履带式，行走方式分有轨和无轨两种。近几年发展起来的步行机器人的行走机构多为连杆机构。

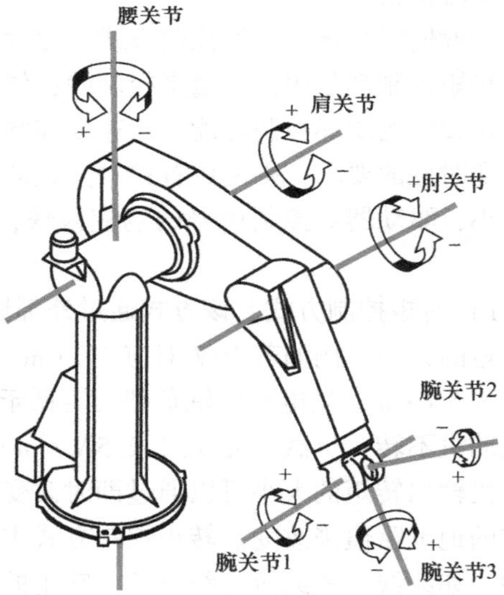

图5-4　早期工业机器人的机械结构

2. 臂部

臂部是机器人的主要执行部件，它支撑腕部（关节）和手部（包括工件或工具），并带动它们在空间运动，改变手部的空间位置。臂部的运动类型包括伸缩、俯仰、屈伸、回转。

3. 腕部

腕部是臂部与手部的连接部件，起支承手部和确定手部姿态的作用。机器人一般设置1 ~3个自由度的腕关节，提高动作适应性，在空间曲面上可进行连续作业。腕关节运动的自由度根据作业要求及驱动源可具有 3 个旋转自由度，即偏转（摆动）、俯仰、翻转（回转）。三轴垂直相交的手腕，理论上可以达到任意的姿态（实际上关节角通常受到结构的限制而无法达到任意的姿态）。腕部典型结构有液压手腕和电动手腕。具有 3 个自由度的腕部如图 5-5 所示。

4. 手部

手部也称为末端执行器，它是装在机器人手腕上直接抓握工件或执行作业的部件。

机器人手部具有以下特点：

1）手部与腕部相连处可拆卸。手部与腕部有机械接口，也可能有电、气、液接口，可以方便地拆卸和更换手部。

2）手部是机器人的末端执行器。它可以像人手那样具有手指，也可以是进行专业作业的工具，如喷漆枪、焊接工具等。

3）手部的通用性比较差。机器人手部通常是专用的装置，如一种手爪往往只能抓握一种或几种在形状、尺寸、重量等方面相近似的工件；一种工具只能执行一种作业任务。

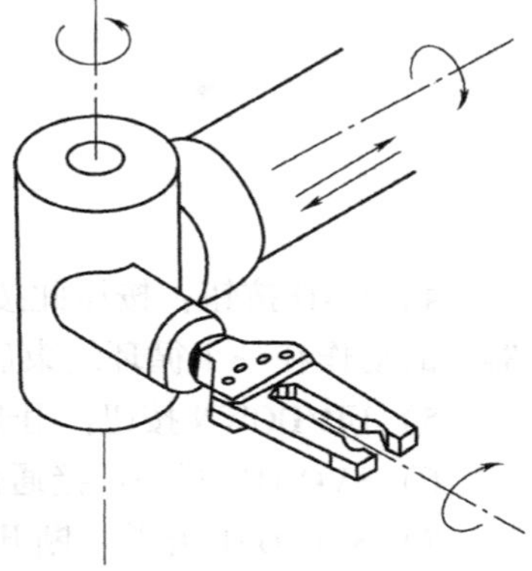

图 5-5　具有 3 个自由度的腕部

4）手部是一个独立的部件，是完成作业好坏以及作业柔性好坏的关键部件之一，具有复杂感知能力的智能化手爪的出现增加了工业机器人作业的灵活性和可靠性。

三菱工业机器人系统

三、任务实施

1. 认识三菱机器人的系统组成及功能

三菱机器人由机器人本体、控制柜及示教器等组成。

（1）机器人本体　在具体的工业场合，机器人本体可用于执行搬运工件、夹持焊枪、喷嘴等任务。

机器人本体主要有垂直多关节型（RV 型）、水平多关节型（RH 型）。如图 5-6 所示。

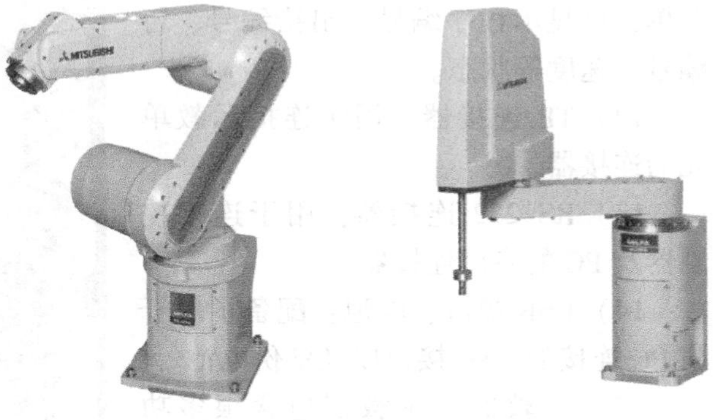

a) 垂直多关节型(RV型)　　b) 水平多关节型(RH型)

图 5-6　机器人本体类型

（2）控制柜　控制柜用于安装各种控制单元，进行数据处理及存储、执行程序等，它是机器人系统的“大脑”。控制柜及其操作盘如图 5-7 所示。

1）START 按钮：执行程序时按压此按钮（进行重复运行）。

2）STOP 按钮：停止程序时按压此按钮。不断开伺服电源。

3）RESET 按钮：解除当前发生的错误时按压此按钮。按压此按钮将对执行中（中途停止）的程序进行复位，程序返回至起始处。

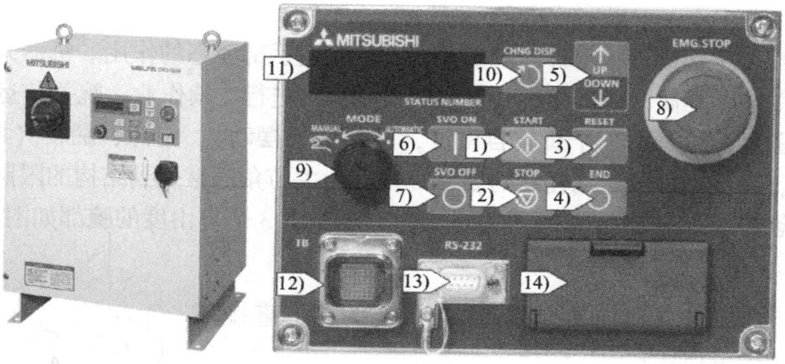

图 5-7　控制柜及其操作盘

4）END 按钮：按压此按钮将执行程序的结束（END）命令，使程序停止运行。在使机器人的动作在一个循环结束后停止时使用此按钮（结束重复运行）。

5）UP/DOWN 按钮：用于在 STATUS NUMBER 中进行程序编号选择及速度的上下调节设置。

6）SVO ON 开关：接通伺服电动机电源。

7）SVO OFF 开关：断开伺服电动机电源。

8）EMG. STOP 开关：紧急停止开关，使机器人立即停止，或者断开伺服电源。

9）MODE 切换开关：是使机器人操作有效的选择开关。对通过示教单元、操作盘或者外部开关执行的动作进行切换。

10）CHNG DISP（CHANGING DISPLAY）开关：将显示菜单（STATUS NUMBER 显示），按程序编号、行编号、速度的顺序进行切换显示。

11）STATUS NUMBER 显示：显示菜单，可显示程序编号、出错编号、行编号、速度等状态。

12）TB 连接器：用于连接示教单元的连接器。

13）RS-232 连接器：用于连接控制器及 PC 的专用连接器。

14）USB 接口、电池：配备了用于与 PC 连接的 USB 接口以及备份电池。

（3）示教器　示教器包含很多功能，如手动移动机器人、编辑程序、运行程序等。它与控制柜通过一根电缆连接。示教器如图 5-8 所示。

1）ENABLE/DISABLE 开关：有效/无效开关，使示教单元操作有效、无效的选择开关。

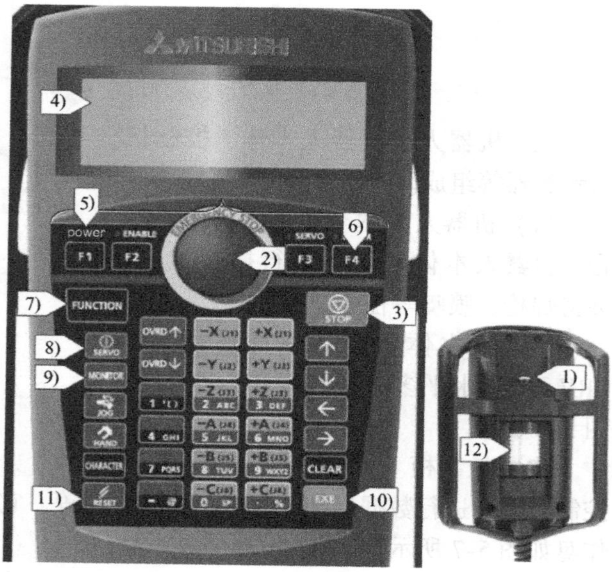

图 5-8　示教器

2）EMG STOP 按钮：紧急停止按钮，使机器人立即停止运行的开关（断开伺服电源）。

3）STOP 按钮：停止按钮，按下此按钮使机器人减速、停止。

4）显示盘：显示示教单元的操作状态。

5）状态指示灯：显示示教单元及机器人的状态，包括 POWER（电源）、ENABLE（有效/无效）、SERVO（伺服状态）、ERROR（有无错误）。

6）F1、F2、F3、F4 键：执行功能显示部分的功能。

7）FUNCTION 键：功能键，进行各菜单中的功能切换，可执行的功能显示在画面下方。

8）SERVO 键：伺服 ON 键，在握住有效开关的状态下按压此键，将进行机器人的伺服电源供给。

9）MONITOR 键：监视键，按下此键变为监视模式，显示监视菜单。如果再次按压，将返回至前一个画面。

10）EXE 键：执行键，确定输入操作。

11）RESET 按钮：出错复位按钮，对发生中的错误进行解除。

12）有效开关：示教单元有效时，在使机器人动作的情况下，握住此开关操作将有效（采用三位置开关）。

2. 显示示教器菜单及窗口

将示教单元的有效/无效开关置于有效。按压任意按键，显示菜单界面，如图 5-9 所示。菜单有 5 种类型，即管理 · 编辑、运行、参数、原点 · 制动、设置 · 初始化。

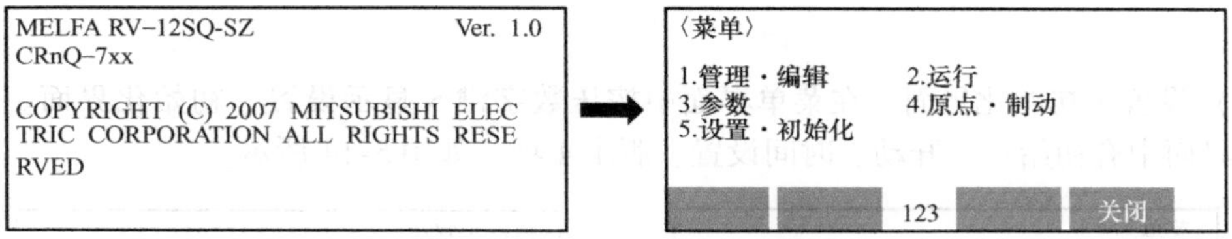

图 5-9　菜单界面

（1）管理 · 编辑界面　在菜单界面中按压数字键 1，可显示管理 · 编辑界面。管理 · 编辑功能用于进行程序的新建及编辑、手爪的位置示教、程序管理等。管理 · 编辑 · 界面如图 5-10所示。

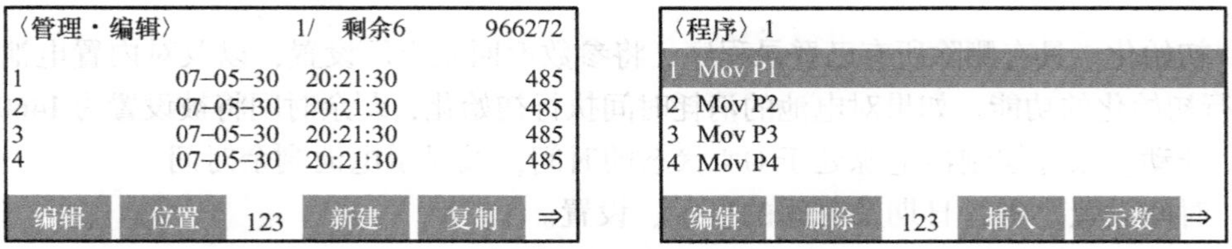

图 5-10　管理 · 编辑界面

（2）运行界面　在菜单界面中按压数字键 2 将显示运行界面。在运行界面中，可进行执行中程序的显示及单步运行等。此外还可进行多任务的内容显示。运行界面如图 5-11 所示。

（3）参数界面　在菜单界面中按压数字键 3 显示参数界面。参数界面中有生产厂家参数及公共参数两种数据类型，可以分别进行数据变更。如图 5-12 所示。

（4）原点 · 制动界面　在菜单界面中按压数字键 4 显示原点 · 制动界面，如图 5-13 所示。

1）原点功能：对机器人的生产厂家固有原点数据进行登录。

2）制动功能：解除各轴的制动。在用手扶住机器人手臂的同时使之运动。

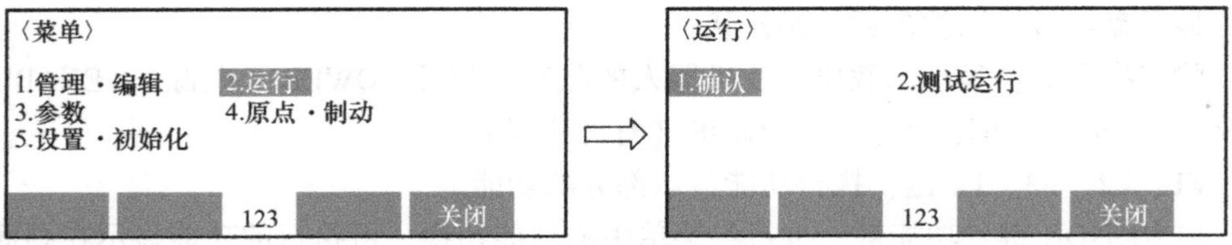

图 5-11　运行界面

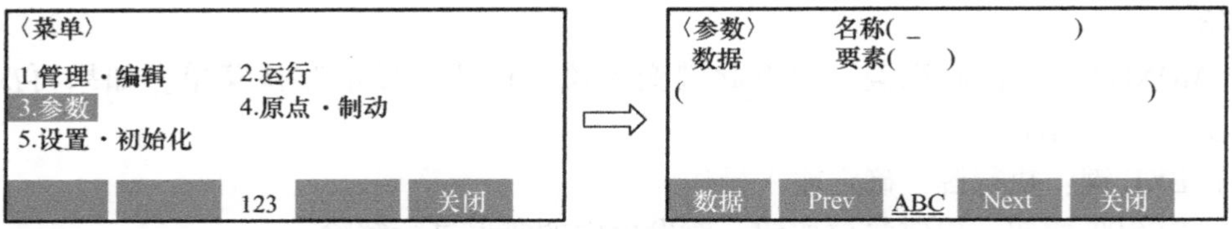

图 5-12　参数界面

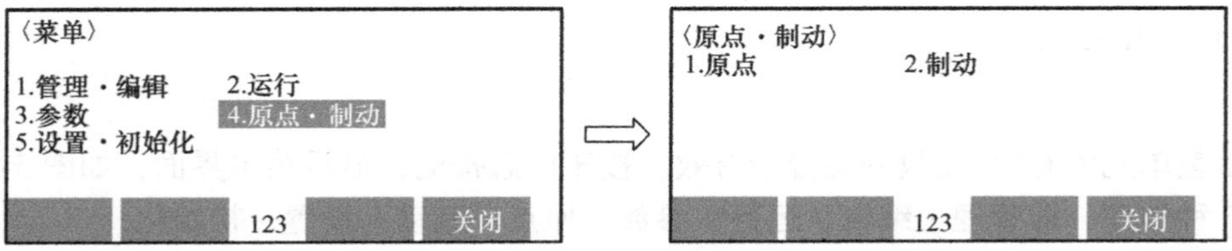

图 5-13　原点・制动界面

（5）设置・初始化界面　在菜单界面中按压数字键 5 显示设置・初始化界面。设置・初始化界面中有初始化、开动、时间设置、版本 4 项，如图 5-14 所示。

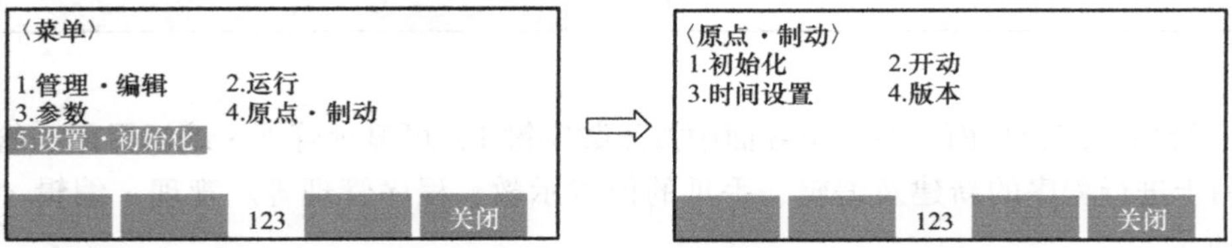

图 5-14　设置・初始化界面

1）初始化。具有删除所有已登录程序、将参数返回至出厂设置，以及对内置电池的消耗时间执行初始化的功能。如果对电池的消耗时间执行初始化，剩余时间将被设置为 14600h。

2）开动。累计控制器电源处于 ON 状态的时间，及显示电池剩余时间。

3）时间设置。进行日期及时间的显示、设置。

4）版本。显示机器人 CPU 及示教单元的软件版本。

（6）监视界面　在任意界面中，可按压 MONITOR 键显示监视界面。监视界面包括输入、输出、输入寄存器、输出寄存器、变量、出错历史记录，如图 5-15 所示。

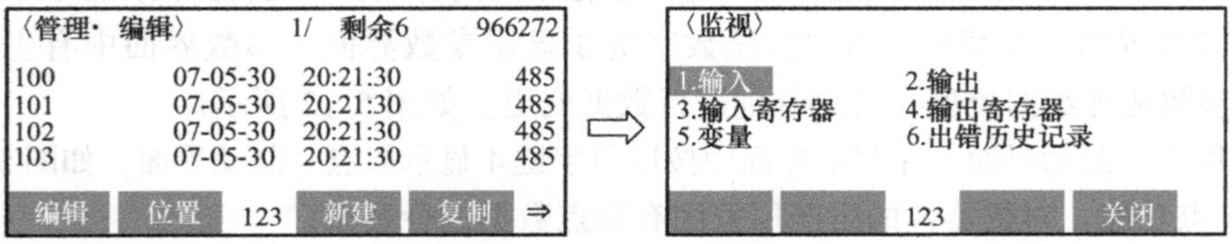

图 5-15　监视界面

1）输入。可以对来自于外部的输入信号（并行输入信号）进行监视。

2）输出。可以对输出至外部的输出信号（并行输出信号）进行监视。

3）输入寄存器。使用 CC-LINK 时，可以对输入寄存器的值进行监视。

4）输出寄存器。使用 CC-LINK 时，可以对输出寄存器的值进行监视。

5）变量。可以对程序中使用的变量内容进行确认。

6）出错历史记录。显示报警历史记录。

任务 5.2　手动操纵工业机器人

一、任务目标

1. 熟悉工业机器人的安全操作注意事项。
2. 熟悉三菱工业机器人的系统起动与关闭方法。
3. 掌握三菱工业机器人的手动操纵方法。

二、任务准备

1. 安全操作注意事项

工业机器人能在有害和危险的环境中代替人工作，但也有可能发生工业机器人伤人事故。工业机器人工作时手臂的动量很大，碰到人时势必会将人打伤，因此，操作人员练习或运行机器人时必须注意安全。只有经过培训的人员才能进入工业机器人工作区域。

国际标准化协会制定了工业机器人安全规范，安全操作工业机器人的规程如下：

1）未经许可不能擅自进入机器人工作区域；机器人处于自动模式时不允许进入其运动所及区域。

2）机器人运行中发生任何意外或运行不正常时，立即使用急停按钮，使机器人停止运行。

3）在编程、调试和检修时，必须将机器人置于手动模式，并使机器人低速运行。

4）调试人员进入机器人工作区域时，须随身携带示教器，以防他人误操作。

5）突然停电时，须及时关闭机器人主电源和气源。

6）严禁非授权人员在手动模式下进入机器人软件系统，随意更改程序及参数。

7）发生火灾时，应使用二氧化碳（CO_2）灭火器灭火。

8）机器人停止运动时，手臂上不能夹持工件或任何物品。

9）任何相关维修都必须切断气源。

10）维修人员必须保管好机器人钥匙，严禁非授权人员使用机器人。

2. 机器人系统的起动和关闭

（1）控制电源 ON

根据控制器类型，机器人初级电压规格会有所不同。初级电压正确配线后，将控制器电源置于 ON 状态，经过约 15s 操作盘的 LED 将点亮。正常起动时，STATUS NUMBER 显示部位将显示速度（0.100）。电源开关及初级电压规格如图 5-16 所示。

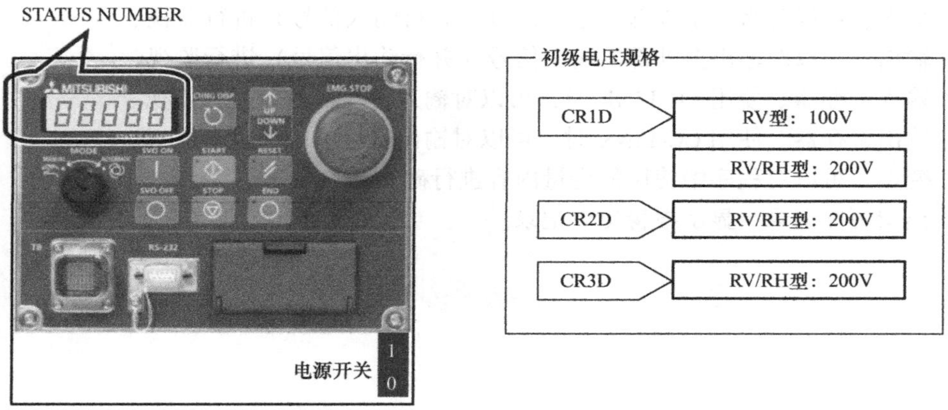

图 5-16　电源开关及初级电压规格

（2）控制电源 OFF。

将控制电源置于 OFF 状态，步骤如下：

1）机器人的停止确认。在机器人动作的状态下，按压操作盘或者示教单元的停止键，停止机器人。如图 5-17 所示。

2）程序文件的关闭。在机器人处于程序编辑状态、示教作业状态时，按压示教单元的 F4 键（关闭），关闭程序文件。如果未进行“关闭”操作，程序将不被保存而丢失。如图 5-18 所示。

3）伺服电源 OFF。按压操作盘的 SERVO OFF 按钮（见图 5-17）。

4）控制电源开关 OFF 将电源开关置于 0 位关闭电源，（见图 5-17）。

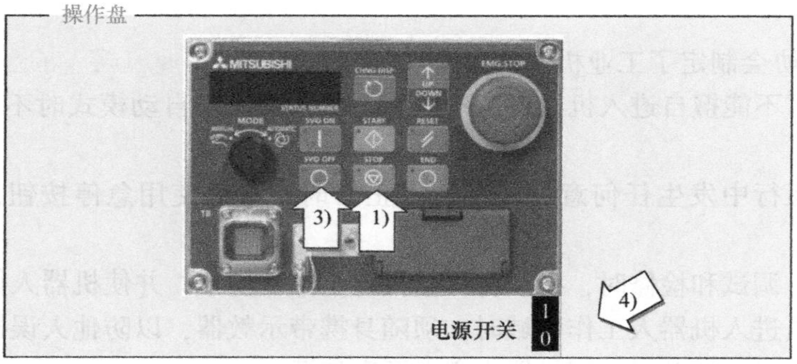

图 5-17　控制电源 OFF 在操作盘上的操作

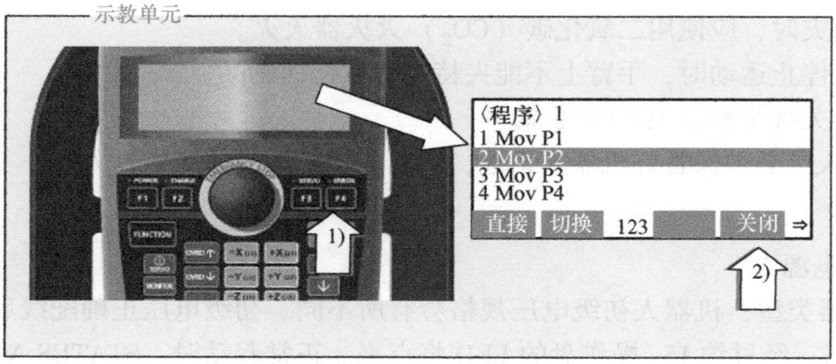

图 5-18　程序文件的关闭

三、任务实施

使用示教单元的JOG（手动）操作使机器人动作。JOG操作有3种模式：关节JOG模式、直行JOG模式和工具JOG模式。

1. JOG操作模式选择

按压示教单元上的JOG键后，将进入JOG显示界面，显示工业机器人当前位置、JOG模式、速度等。

1）按压“关节”显示的功能键，在界面上部将显示关节，进入关节JOG模式，显示如图5-19所示的界面。

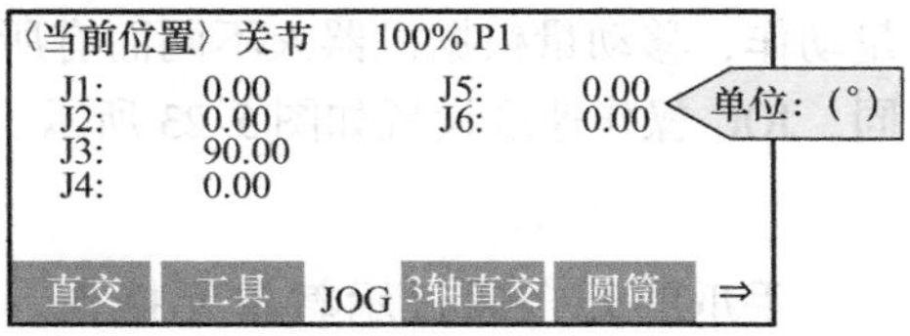

图5-19　关节JOG模式

在握住位于示教单元内侧的有效开关的状态下，按压SERVO键，将伺服电源置于ON。如果按压J1键，在按压期间机器人的J1轴可执行（正或负方向）动作。所操作开关如图5-20所示。

2）按压“3轴直交”显示的功能键后，在界面上部显示直交，进入直行JOG模式，显示如图5-21所示的界面。

3）按压“工具”显示的功能键后，在界面上部将显示工具，进入工具JOG模式，显示如图5-22的画面。

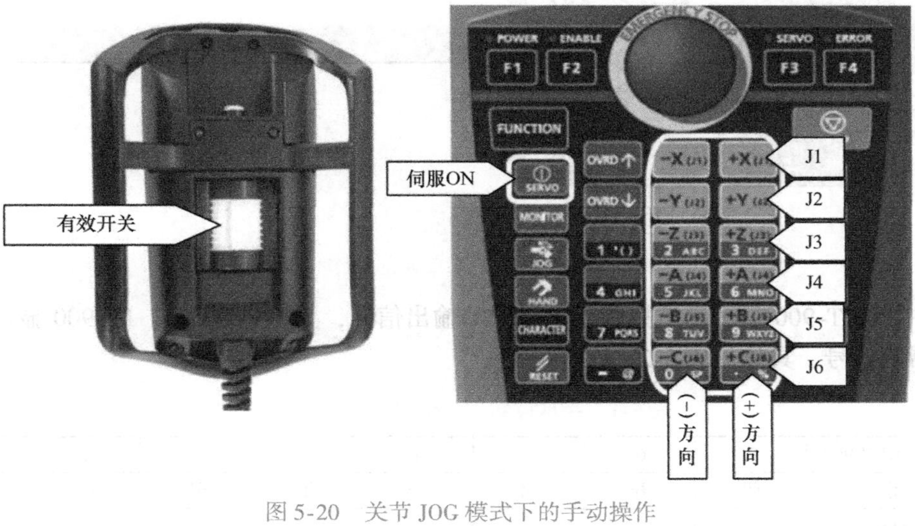

图5-20　关节JOG模式下的手动操作

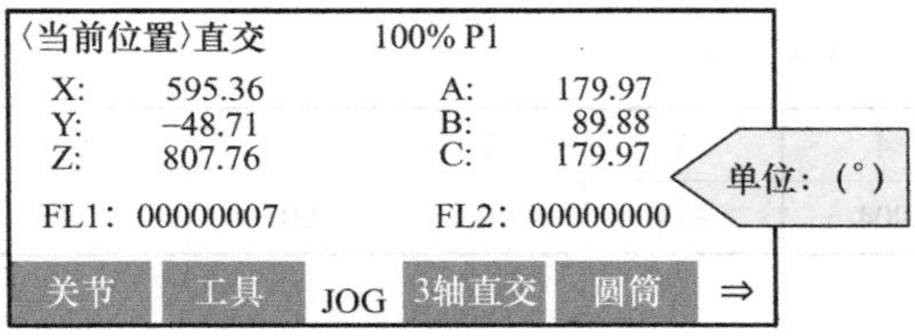

图5-21　直行JOG模式

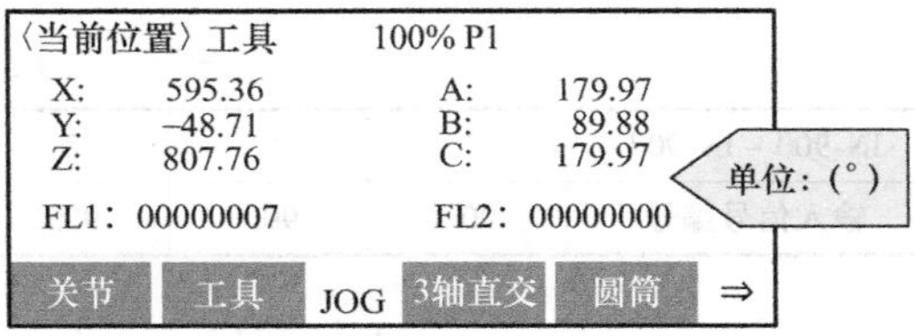

图5-22　工具JOG模式

2. JOG 操作速度设置

1）按压 OVRD↑键，速度显示的数值将变大，表示提高 JOG 操作速度。

2）按压 OVRD↓键，速度显示的数值将变小，表示降低 JOG 操作速度。

在 LOW 至 100% 的范围内进行速度设置，LOW 及 HIGH 为恒定尺寸行进，每按压一次按键，机器人将进行一定移动量动作，移动量根据机器人不同而有所不同。JOG 操作速度设置如图 5-23 所示。

Low	High	3%	5%	10%	30%	50%	70%	100%

←“OVRD↓”键　　“OVRD↑”键→

图 5-23　JOG 操作速度设置

3. 手爪的操作

手爪的开合通过示教单元操作。对手爪及示教位置的关系进行确认，进行手爪控制时，按压手爪键，显示的手爪操作界面如图 5-24所示。

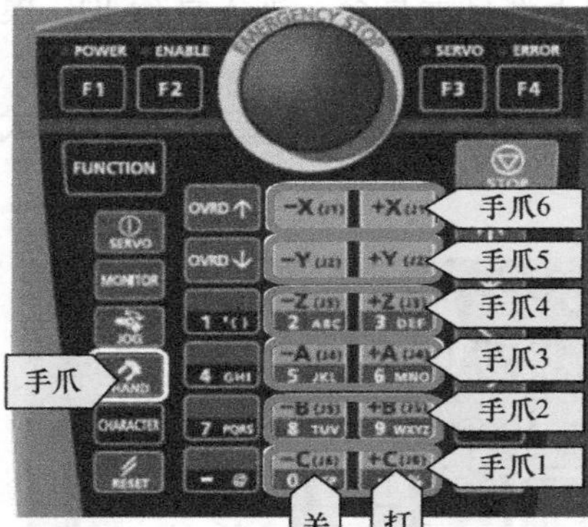

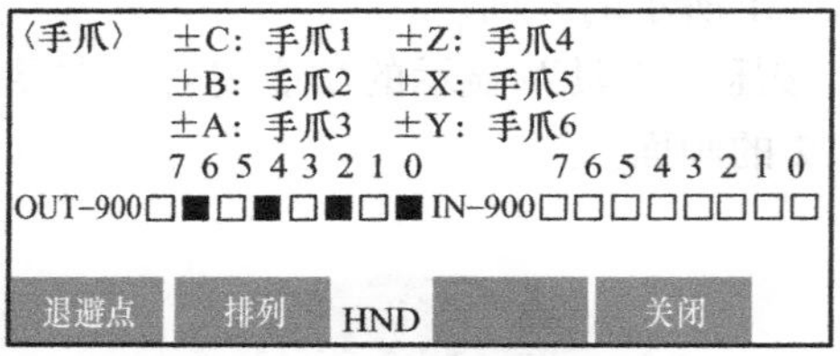

图 5-24　手爪单元的操作

其中，OUT-900 显示手爪控制用电磁阀的输出信号，具体见表 5-1。IN-900 显示手爪开合传感器的信号，具体见表 5-2。

表 5-1　手爪控制用电磁阀输出信号含义

OUT-900 ~ OUT-907	7	6	5	4	3	2	1	0
开/闭	闭	开	闭	开	闭	开	闭	开
手爪编号	4		3		2		1	

表 5-2　手爪开合传感器信号

IN-900 ~ IN-907	7	6	5	4	3	2	1	0
输入信号编号	907	906	905	904	903	902	901	900

手爪操作过程中，需要注意以下几点：

1）手爪 1 的打开操作需要按压 +C（J6）键。

2）手爪 1 的关闭操作需要按压 – C（J6）键。

3）手爪 2 ~6 的开合操作，分别对应 B（J5）、A（J4）、Z（J3）、X（J1）、Y（J2）键。

4. JOG 操作中的机器人动作

各 JOG 操作中的机器人动作如图 5-25 ~ 图 5-27 所示。

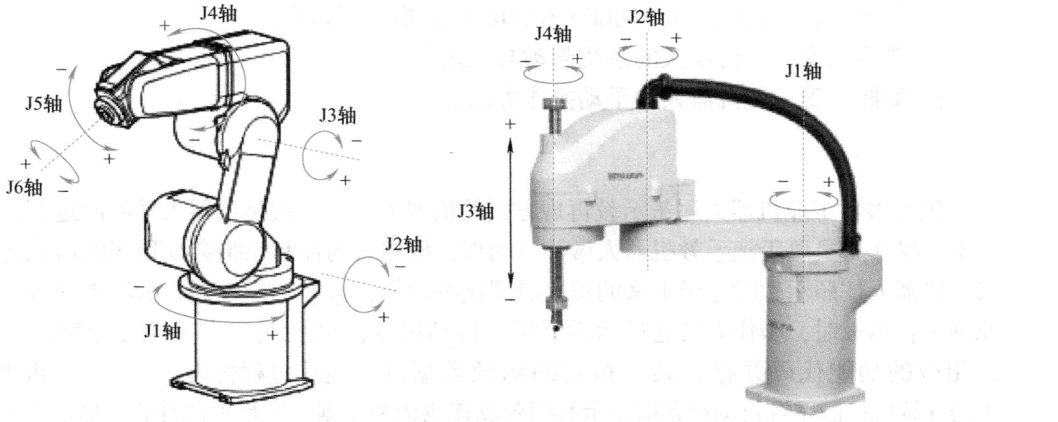

图 5-25　关节 JOG 操作

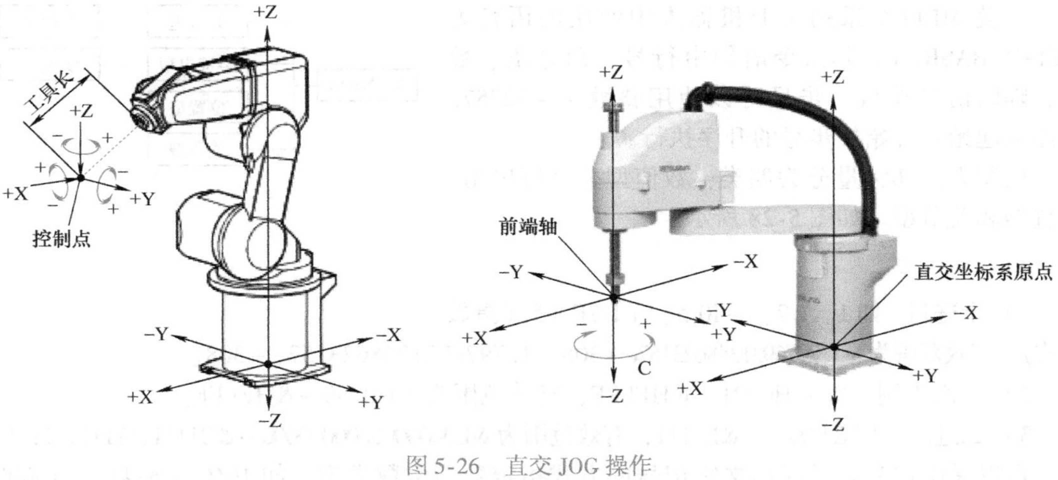

图 5-26　直交 JOG 操作

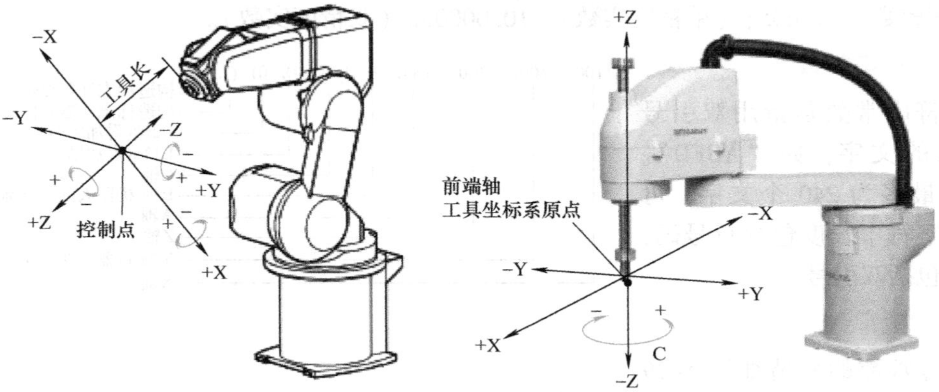

图 5-27　工具 JOG 操作

任务 5.3 三菱 RV-3SD 型工业机器人的示教编程

一、任务目标

1. 掌握三菱工业机器人 MELFA-BASIC V 基本编程指令。
2. 熟悉三菱工业机器人的系统起动与关闭方法。
3. 掌握三菱工业机器人的手动操作方法。

二、任务准备

绝大多数工业机器人属于示教再现方式的机器人。示教就是机器人学习的过程，在这个过程中，操作人员要手把手教机器人做某些动作，机器人的控制系统会以程序的形式将其记忆下来。机器人按照示教时记录下来的程序展现这些动作，就是再现过程。示教再现机器人的工作原理为：示教时，操作人员通过示教器编写运动指令，也就是工作程序，然后由计算机查找相应的功能代码并存入某个指定的示教数据区，这个过程称为示教编程。再现时，机器人的计算机控制系统自动逐条取出示教指令及其他相关数据，进行解读计算、做出判断后，将信号送给机器人相应的关节伺服驱动器或端口，使机器人再现示教时的动作。

三菱 MELFA 系列工业机器人中使用的语言为 MELFA-BASIC V，其命令语句由行号、命令语、数据、随附语句构成。步号可以使用整数 1 ~ 32757。程序从起始步开始按步号的升序执行。

机器人内部常量分为四类：数值型、字符串型、位置型和关节型。如图 5-28 所示。

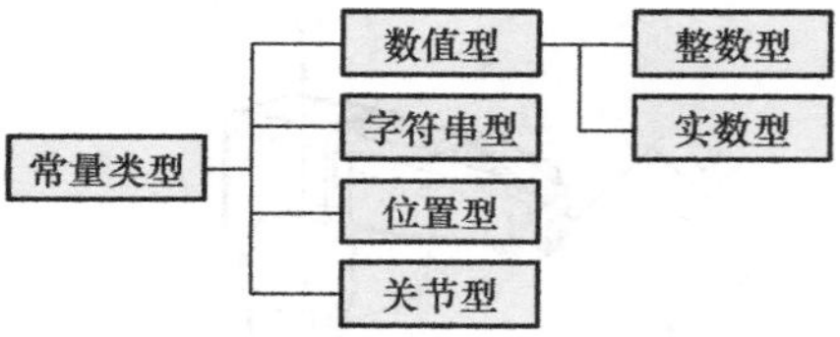

图 5-28 机器人常量分类

1. 数值常数

1）十进制：如 1、1.7、－10.5、＋1.2E＋5（指数形式），有效范围为－1.7976931348623157e＋308 ~ 1.7976931348623157e＋308。

2）十六进制：如 &H0001、&HFFFF，有效范围为 &H0000 ~ &HFFFF。

3）二进制：如 &B0010、&B1111，有效范围为 &B0000000000000000 ~ &B1111111111111111。

可以采用在常数后附加文字记号的方式指定数值常数类型。如 10%（整数）、10000&（长精度整数）、1.005!（单精度实数）、10.00003#（双精度实数）。

2. 字符串常数

字符串常数是指用双引号括起来的文字，如“ABFD”。字符串最多为 240 个文字，可输入的字符串长度包含行号码，其中也包括双引号。

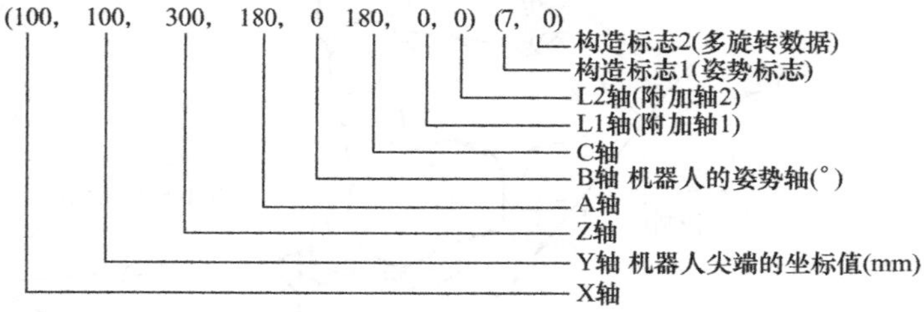

图 5-29 位置常数构造

3. 位置常数

位置常数的构造如图 5-29

所示，在位置常数内无法记述变量。

4. 关节常数

关节常数的构造如图5-30所示。

各轴数据的形式和意义如下：

1）形式：J1，J2，J3，J4，J5，J6，J7，J8。

2）意义：J1～J6：机器人各轴数据；J7、J8：附加轴数据，可以省略。各轴数据单位依参数而定，为mm或（°）。如水平多关节机器人的J3轴为直动轴的情况下，单位并非角度，而是mm。

注意：示教单元、计算机支持软件的单位以（°）表示，但在程序代入及运算中，单位以rad表示。

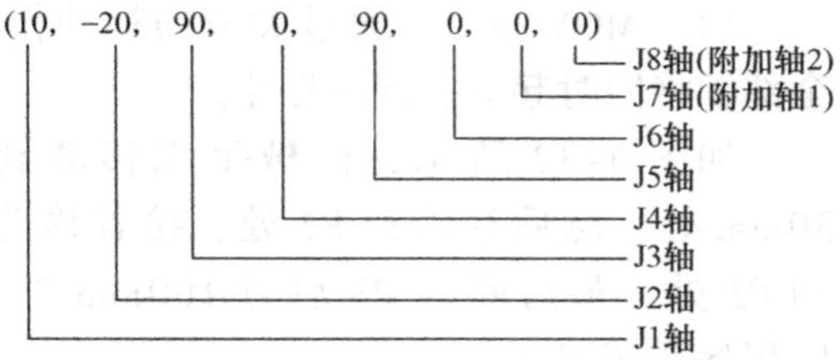

图5-30 关节常数构造

机器人内部变量分为五类：数值型、文字型、位置型、关节型和输出入型。如图5-31所示。如M01、C01、P50、J01、M_IN（1）、M_OUTB（8）等。

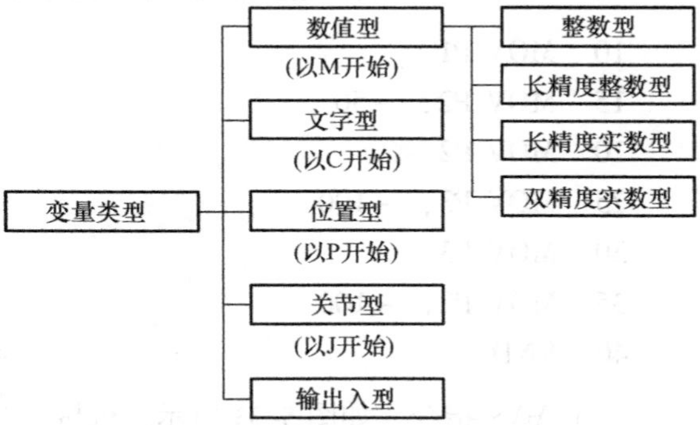

图5-31 机器人变量分类

MELFA-BASIC V指令见表5-3。

表5-3 MELFA-BASIC V指令

序号	项目	内容	相关指令
1	机器人动作控制	关节插补动作	MOV
2		直线插补动作	MVS
3		圆弧插补动作	MVR，MVR2，MVR3，MVC
4		速度控制指令	OVRD
5		加减速控制指令	ACCEL
6		机械手控制	HOPEN，HCLOSE
7	托盘运算	定义托盘、计算托盘位置	DEF PLT，PLT
8	程序控制	无条件分支，条件分支	GOTO，IF THEN ELSE
9		循环	FOR NEXT，WHILE WEND
10		中断	DEF ACT，ACT
11		子程序调用	GOSUB，CALLP
12		定时器	DLY
13		停止	END，HLT
14		程序返回	RETURN
15		待机	WAIT
16		伺服控制	SERVO ON/SERVO OFF
17	外部信号	输入输出信号	M_IN，M_INB，M_INW，M_DIN，M_OUT，M_OUTB，M_OUTW，M_DOUT

（1）MOV 指令　通过关节插补动作将机械手移动到指定目标位置。全部轴将同时起动、同时停止。

如图 5-32 所示，机械手先移动到 P1 点，再移动到 P2 点上方 50mm 处，然后移动到 P2 处，接着移动到 P3 后方 100mm 处，再移动到 P3 处，最后回到 P3 后方 100mm 处。使用关节插补动作指令，相应程序见例 5-1。

三菱工业机器人编程基础（一）

【例 5-1】MOV 指令的使用。

图 5-32 机械手动作轨迹相应 MOV 程序如下：

```
10  MOV P1
15  MOV P2, -50
20  MOV P2
25  MOV P3, -100
30  MOV P3
35  MOV P3, -100
40  END
```

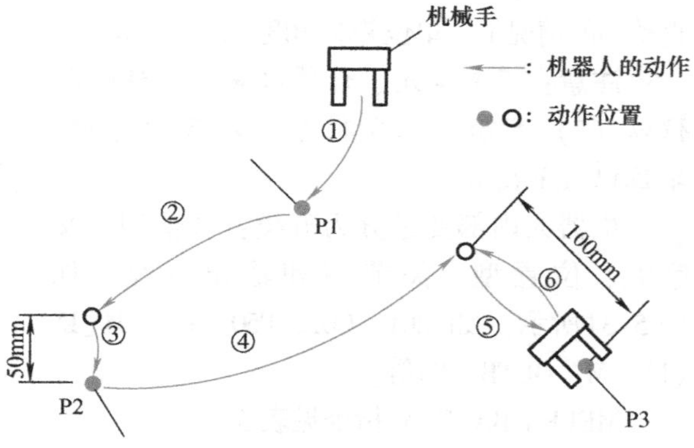

图 5-32　MOV 指令运行情况

（2）MVS 指令　如图 5-33 所示，机械手先移动到起点，再移动到 P1 点上方 50mm 处，然后移动到 P1 处，再移动到 P1 点上方 350mm 处，接着移动到 P2 后方 100mm 处，再移动到 P2 处，最后回到 P2 后方 100mm 处。使用直线插补动作指令，相应程序见例 5-2。

【例 5-2】MVS 指令的使用。

图 5-33 机械手动作轨迹相应 MVS 程序如下：

```
15  MVS P1, -50
20  MVS P1
    MVS P1, -50
25  MVS P2, -100
30  MVS P2
35  MVS P2, -100
40  END
```

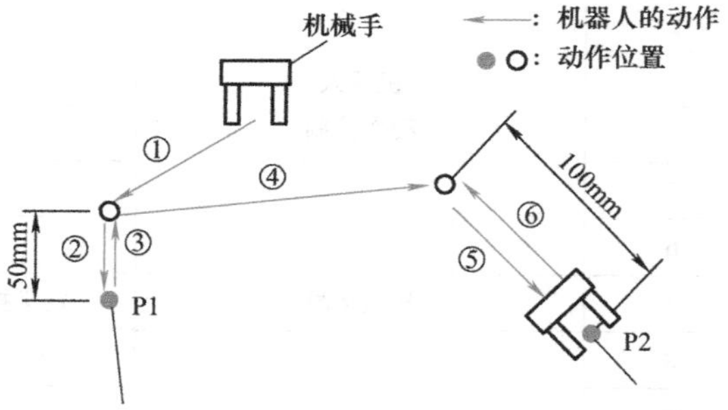

图 5-33　MVS 指令运行情况

（3）MVR 指令　从起始点通过过渡点到结束点执行直角坐标系中的曲线插补运动。在 MVR 指令中需要用到 3 个点：第一个位置是起始点，第二个位置是过渡点，第三个位置是结束点。如图 5-34 所示。

注意：因为机械手只工作在一定的工作范围内，当使用的点超出机械手工作范围时，运动及仿真功能将失效。同时还应注意机械手的运动路径不是固定的。

【例 5-3】MVR 指令的使用。

图 5-34 机械手运动轨迹相应 MVR 程序如下：

```
10  MOV P1
15  SPD SLOW
20  MVR P1, P2, P3
30  DLY 2
40  SPD FAST
50  END
```

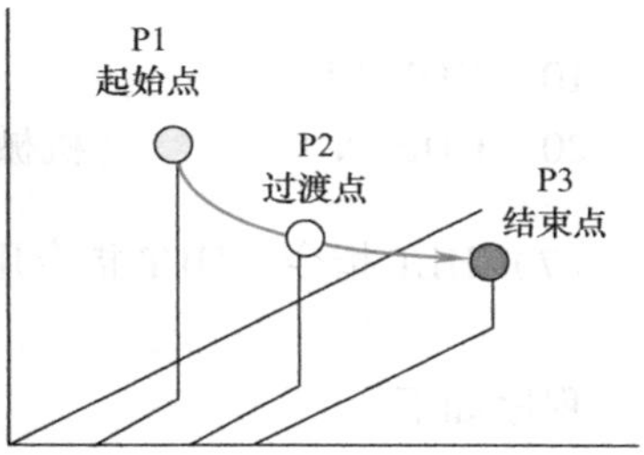

图 5-34　MVR 指令运行情况

（4）SPD 指令　SPD 指令定义机械手直线及曲线运动的速度。在使用SPD 指令前，必须定义所要用到的速度级别。SPD 指令对 MVR 及 MVS 指令有效。设置单位为每一秒的移动距离（mm）。

【例 5-4】SPD 指令的使用。

步骤 1　定义

```
10  DEF INTE VSLOW          （极低速）
20  DEF INTE SLOW           （低速）
25  DEF INTE MIDDLE         （中速）
30  DEF INTE FAST           （快速）
```

步骤 2　变量声明

```
100  VSLOW = 15         （常规范围 10 ~ 15）
110  SLOW = 20          （常规范围 15 ~ 30）
115  MIDDLE = 35        （常规范围 30 ~ 45）
120  FAST = 60          （常规范围 45 ~ 70）
```

步骤 3　在程序中调用

```
190  SPD FAST
200  MOV P1
210  SPD MIDDLE
220  MOV P2
```

（5）DLY 指令　DLY 指令表示停止运动一段时间。如 DLY 3 表示机械手停止运动 3s。

【例 5-5】DLY 指令的使用。

程序如下：

```
10  MOV P1
20  DLY 3（机械手等待 3s）
30  SPD SLOW
40  MOV P2
```

（6）HOPEN、HCLOSE 指令　HOPEN 为机械手打开指令；HCLOSE 为机械手关闭指令。

【例 5-6】HOPEN 指令的使用。

程序如下：

```
10    MOV P1
20    HOPEN 1            （机械手 1 打开）
```

（7）HLT 指令　HLT 指令用来中断并结束程序的执行及机械手的运动。

【例 5-7】HLT 指令的使用。

程序如下：

```
10    MOV P1
20    HOPEN 1
30    END
40    HLT
```

（8）END 指令　END 指令用来结束程序执行。

（9）IF THEN ELSE 指令　IF THEN ELSE 指令即根据表达式的结果选择并执行程序。IF 语句中指定的条件式结果成立时跳转至 THEN 行，不成立时跳转至 ELSE 行。

三菱工业机器人
编程基础（二）

【例 5-8】IF THEN ELSE 的使用。

程序如下：

```
30    MVS P10
40    IF M1 <10 THEN  * CHECK ELSE  * WK1
50     * CHECK
60    IF M_ In （900） =1 THEN  * NXT1 ELSE  * WK2
80     * NXT1
90     HCLOSE 1
100    DLY 0.5
```

（10）WAIT 指令　WAIT 指令表示在变量的数据变为程序中指定的值之前在此处待机，用于进行联锁控制等情况。

（11）PLT 指令　PLT 为托盘运算指令；DEF PLT 为定义使用 PLT；PLT 表示用运算求得 PLT 上的指定位置。

【例 5-9】DEF PALLET 1，P1，P2，P3，P4，4，3，1 语句含义。

语句含义：定义在指定托盘号码 1 处，有起点 = P1、终点 A = P2、终点 B = P3、对角点 = P4 共 4 点地方，A = 4 层、B = 3 列合计 12 个（4 × 3）作业位置，用托盘模型 = 1（Z 字形）进行运算。

具体细节如图 5-35 所示。P0 = (PLT 1，5)，运算托盘号码 1 的第 5 个位置为 P0 位置点。

（12）GOTO 指令　GOTO 指令为跳转指令，无条件跳至指定的标签。

【例 5-10】GOTO 指令的使用。

程序如下：

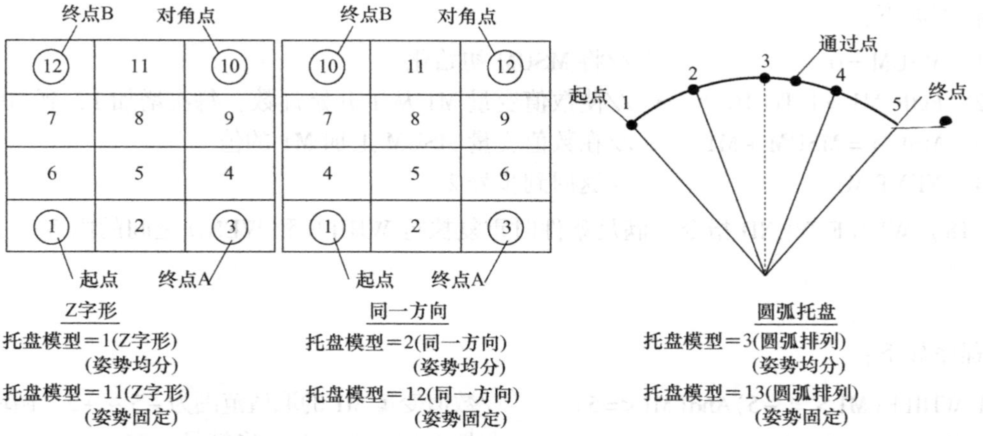

图 5-35　排列运算指令

```
100   WAIT INPUT1 =1   //等待，直到输入1变为1
110   MOV P1
120   GOTO * TAKE
```

（13）OVRD 指令　OVRD 指令为速度控制指令，将程序中关节插补、直线插补、圆弧插补的动作速度，以对最高速度的比例（%）指定。

（14）ACCEL 指令　ACCEL 指令为加、减速控制指令，将移动速度时的加、减速度，以对最高速度的比例（%）指定。

【例 5-11】OVRD 指令和 ACCEL 指令的使用。

```
OVRD 50           //关节插补、直线插补、圆弧插补动作都以最高速度的50%设定
ACCEL             //加、减速全部以100%设定
ACCEL 60, 80      //加速度以60%，减速度以80%设定
```

（15）GOSUB 指令　GOSUB 指令执行指定标识的副程序。

（16）RETURN 指令　RETURN 指令进行程序返回。

【例 5-12】GOSUB 和 RETURN 指令的使用。

程序如下：

```
10   MOV P1
15   GOSUB * LOOP
20   MOV P2
25    * LOOP
30   HOPEN 1
35   DLY 1
40   RETURN
```

（17）FOR NEXT 指令　满足条件时重复执行 FOR 和 NEXT 之间的内容。

【例 5-13】从 1 到 10 的求和程序。

程序如下：

```
1  MSUM =0                   //将 MSUM 初始化
2  FOR M1 =1 TO 10           //使数值变量 M1 从 1 开始计数，每次增加 1，到 10 为止
3  MSUM = MSUM + M1          //在数值变量 MSUM 上加 M1 的值
4  NEXT M1                   //返回到步号 2
```

（18）WHILE WEND 指令　满足条件时重复执行 WHILE 和 WEND 之间的内容。

【例 5-14】数值变量 M1 的取值范围为 -5 ~ +5，循环处理，超越范围的情况下，移往 WEND 的下一行。

程序如下：

```
1 WHILE(M1> = -5)And(M1<=5)      //数值变量 M1 的取值范围为 -5 ~ +5，循环处理
2 M1 = -(M1 +1)                  //把 1 加到 M1 上，将符号反转
3 M_Out(8) = M1                  //输出 M1 的值
4 WEND                           //返回到 WHILE（步号 1）
5 End                            //程序结束
```

（19）M_IN、M_INB、M_INW、M_DIN 指令　M_IN、M_INB、M_INW、M_DIN 为外部信号的输入指令。

【例 5-15】外部信号输入指令的使用。

程序如下：

```
1 WAIT M_IN(1) =1        //输入信号 M_IN(1) 开启前待机
2 M1 = M_INB(20)         //在数值变量 M1 里存入输入信号 M_IN(20) ~ M_IN(27) 共
                           8 位信息
3 M1 = M_INW(5)          //在数值变量 M1 里存入输入信号 M_IN(5) ~ M_IN(20) 共
                           16 位信息
```

（20）M_OUT、M_OUTB、M_OUTW、M_DOUT 指令　M_OUT、M_OUTB、M_OUTW、M_DOUT 为外部信号的输出指令。

【例 5-16】外部信号输出指令的使用。

程序如下：

```
1 CLR 1                        //以输出复位模式为基础清除
2 M_OUT(1) =1                  //将输出信号位 1 开启
3 M_OUTB(8) =0                 //将输出信号位 8 ~15 的 8 个位关闭
4 M_OUTW(20) =0                //将输出信号位从 20 ~35 的 16 个位关闭
5 M_OUT(1) =1    DLY 0.5       //将输出信号位 1 在 0.5s 间开启（脉冲输出）
6 M_OUTB(10) =&H0F             //将输出信号位 10 ~13 低四位开启，14 ~17 高四位关
                                 闭
```

（21）SERVO ON/SERVO OFF 指令　SERVO ON 为伺服打开指令；SERVO OFF 为伺服关闭指令。

三、任务实施

1. 程序的创建及运行

工业机器人程序由机器人语言和位置数据构成。从程序创建至自动运行的步骤如下：

1）确定机器人动作顺序（动作位置）。

2）确定动作位置名称（机器人动作位置变量名）。

3）确定输入输出信号的功能及编号（根据需要确定联锁信号的编号）。

4）创建程序（使用示教器 T/B 进行程序输入、创建）。

5）位置示教（将程序中使用的位置数据示教至机器人中）。

6）调试（通过单步运行确认机器人的动作是否正确）。

7）自动运行程序。

任务实施具体步骤如下：

（1）程序编辑界面选择

1）如图 5-36 所示，命令编辑界面选择步骤如下：

三菱机器人
示教编程

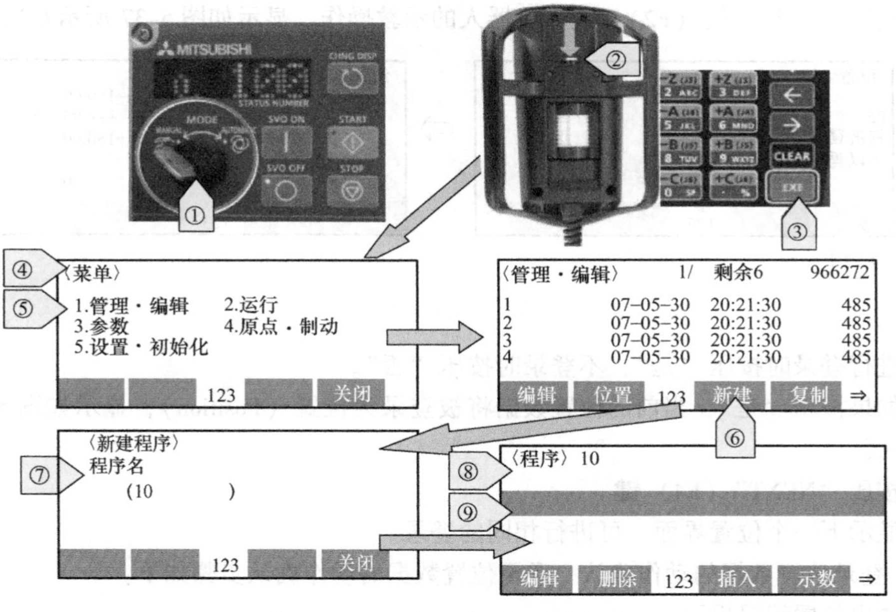

图 5-36　命令编辑界面的选择步骤

① 将控制器的 MODE 置于“MANUAL”。

② 将示教单元的开关置于“ENABLE”。

③ 按压“EXE”键。

④ 显示菜单界面。

⑤ 按压数字键 1，选择管理・编辑界面。

⑥ 为了创建新的程序编号“10”，按压“新建”（F3）键。

⑦ 按压数字键 1、0，创建程序编号后，按压 EXE 键。

⑧ 显示编号“10”的编辑界面。

⑨ 在该界面中输入程序命令。

2）位置编辑界面选择步骤如下：

① 调出命令编辑界面。

② 按压两次“FUNCTION”键，在界面下方显示“切换”（F2）。

③ 按压对应切换的功能键（F2），显示位置编辑界面。

④ 在该界面中可以进行定位的示教及修改。

3）返回至命令编辑界面的选择步骤如下：

① 调出位置编辑界面。

② 按压“FUNCTION”键，在界面下方显示“切换”（F3）。

③ 按压对应于切换的功能键（F3）。

④ 显示命令编辑界面。

（2）当前位置的示教及登录　当前位置的示教及登录步骤如下：

1）调出位置编辑界面。

2）按压功能键的“Prev”（F3）、“Next”（F4），调出进行示教的位置名。

3）通过 JOG 操作，将机器人移动至要示教的位置。

4）按压“示教”键（F2），进行机器人的示教操作。显示如图 5-37 所示左边的界面。

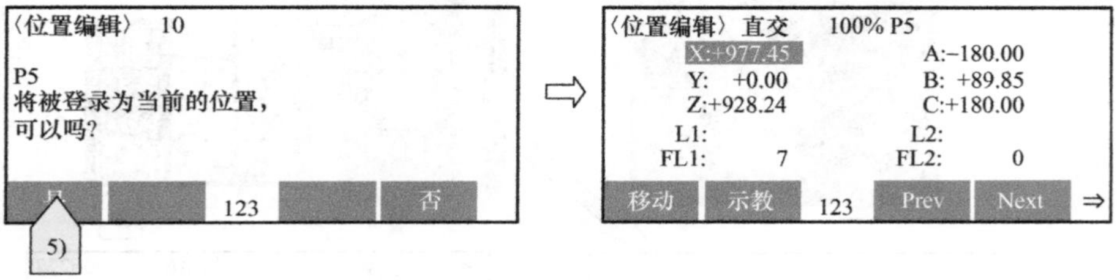

图 5-37　位置示教操作界面

5）进行登录时按压“是”，不登录时按压“否”。

6）如果按压“是”，当前的位置数据将被登录为位置（Position），显示如图 5-37 所示右边的界面。

7）按压“NEXT”（F4）键。

8）显示下一个位置界面，可进行相同的登录。

（3）登录位置数据的动作确认　登录位置数据的动作确认步骤如下：

1）调出位置编辑界面。

2）按压功能键“Prev”（F3）、“Next”（F4），调出进行动作确认的位置名。

3）在握住示教单元内侧的有效开关的状态下，按压伺服 ON 键（SERVO）。

4）持续按压功能键“移动”（F1）。

5）直至移动至登录的位置后，停止按压“移动”（F1）。

6）移动模式有显示关节的关节插补和显示直交的直线插补两种类型（取决于 JOG 模式）。如图 5-38 所示。

（4）位置数据的 MDI 修正（位置数据的手动输入）　位置数据的 MDI 修正步骤如下：

1）调出位置编辑界面。如图 5-39 所示。

2）按压功能键“Prev”（F3）、“Next”（F4），调出进行数据编辑的位置名的界面。

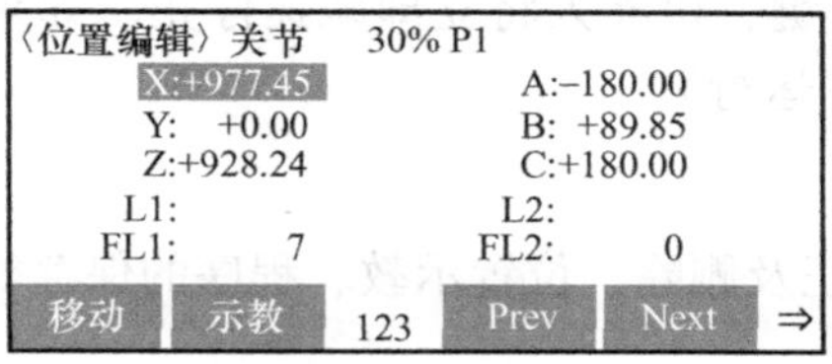

a) 关节插补

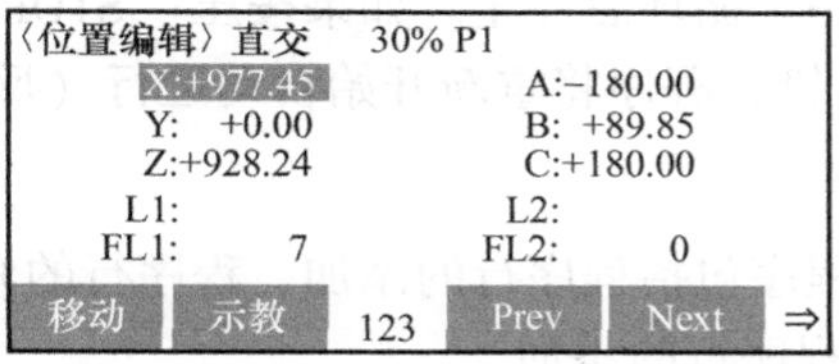

b) 直线插补

图 5-38 移动模式类型

3）按压箭头键（→）、（↓）将光标移动至要编辑的坐标处。

4）按压箭头键（→），将光标移动至坐标数据处。

5）设置变更的数值。

6）按压“EXE”键。

7）对于其他位置名也进行相同的操作。

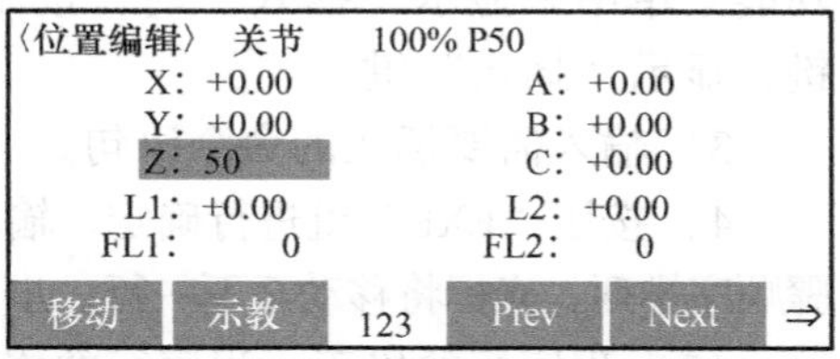

图 5-39 位置编辑界面

（5）程序的登录 在编辑操作已结束的命令编辑界面或者位置编辑界面中，如果按压功能键“关闭”（F4），将以当前的状态进行程序的登录。

（6）程序的单步运行 单步运行用于使程序逐步地按行编号顺序运行，对程序是否正常动作进行确认。操作方法如下：

1）打开程序的命令编辑界面（在示教器 T/B 上显示）。

2）按压“FUNCTION”键，在界面下方的功能菜单中显示“FWD”、“BWD”。

3）在握住示教器背面的有效开关的同时，按压“SERVO”键，将伺服置于 ON 状态。

4）按压“F1”、“FWD”，只有在持续按压功能键期间执行有光标的步号程序，中途一旦不再按压功能键，程序执行将中断。

程序执行中，操作盘的 START 开关的 LED 灯亮。每执行完一步 START 开关 LED 灯熄灭，STOP 开关的 LED 灯点亮。如果不再按压按键则示教器界面的光标将移动至下一步。

对于 OVRD（手工变动），为了安全起见应预先进行缓慢速度的设置。

5）要结束程序的情况下，通过“关闭”对程序进行保存。

（7）自动运行 自动运行需要在控制器的操作盘（O/P）上进行操作。最开始应设置较为缓慢的动作速度，然后逐渐变快。

自动运行操作步骤如下：

将示教器按键置于“DISABLE”，将控制器的 MODE 开关置于“AUTOMATIC”。

1）按压“CHANG DISP”键，在 STATUS NUMBER 中显示“手工变动”，按压“DOWN”键，预先设置为 30% 左右。

2）按压 CHANG DISP 键，在 STATUS NUMBER 中显示“程序编号”，按压“UP”键或“DOWN”键，显示自动运行的对象程序编号。如果无法选择程序编号，则按压 RESET 键对机器人的停止状态进行解除。

3）按压“SVO ON”开关，伺服置于 ON 状态后，绿色指示灯将点亮。

按压“START”键，程序将开始自动运行，在连续运行过程中如果按压“END”键，程序将在一个循环后停止。如果按压“STOP”键，机器人将立即减速停止。如果再次按压“START”键，程序将重新开始自动运行（反复运行）。

2. 编辑程序

编辑程序包括程序行的添加、程序行的修正及删除、位置示教、程序的保存等。

（1）程序行的添加

1）若在步4与步5间添加1行，需按压↓键、↑键，将光标移至步4处。如图5-40所示。

2）按压“F3”键，进入行插入模式。界面下方功能菜单中未显示“插入”时，按压“FUNCTION”键，显示“插入”键。

3）输入需要插入的命令语句。

4）按压“EXE”键进行确定。输入的程序行按步骤顺序排列，光标将移动至下一行。步号也将被更替。

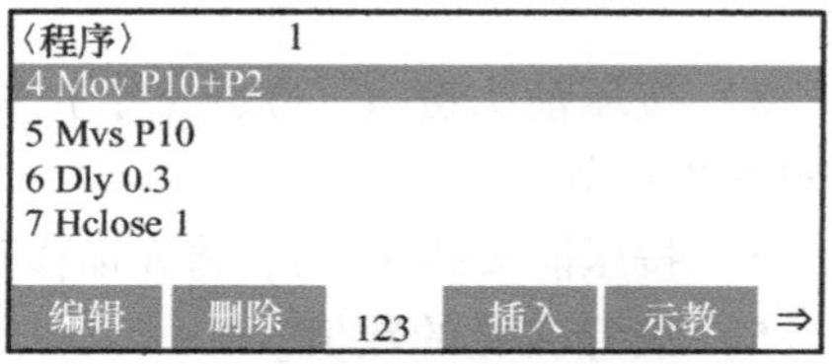

图 5-40　选择步 4

（2）程序行的修正　程序行的修正步骤如下：

1）按压↓键、↑键，将光标移至需要修正的步号处。

2）按压“F1”编辑键，进入行编辑模式。在界面下方的功能菜单中未显示“编辑”时，按压“FUNCTION”键，显示“编辑”键。

3）对命令语句进行编辑修正。

4）按压“EXE”键进行确定，程序行将被修正。

（3）程序行的删除　程序行的删除步骤如下：

1）按压↓键、↑键，将光标移至需要修正的步号处。

2）按压“F2”键，显示将要删除的步骤，显示确认信息“将被删除，可以吗?”。

3）按压“F1”键进行确定，该步骤将被删除。

（4）位置的示教　如果打算对程序中的位置点P10示教，需要进行以下步骤：

1）按压↓键、↑键，将光标移动至写有P10的步号处。

2）按压“JOG”键，显示JOG画面，如图5-41所示。在轻握示教器背面的有效开关的同时，按压“SERVO”键，伺服置于ON状态，通过JOG行进将机器人移动至示教位置。

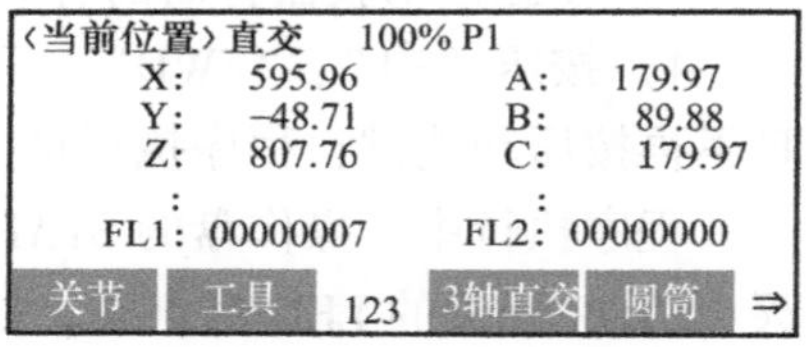

图 5-41　JOG 界面

3）将机器人移动至示教位置后，再次按压“JOG”键，解除JOG模式。显示命令编辑界面如图5-42所示。

4）按压“F4”键（示教键），将显示“将被登录为当前的位置，可以吗?”如图5-43所示。

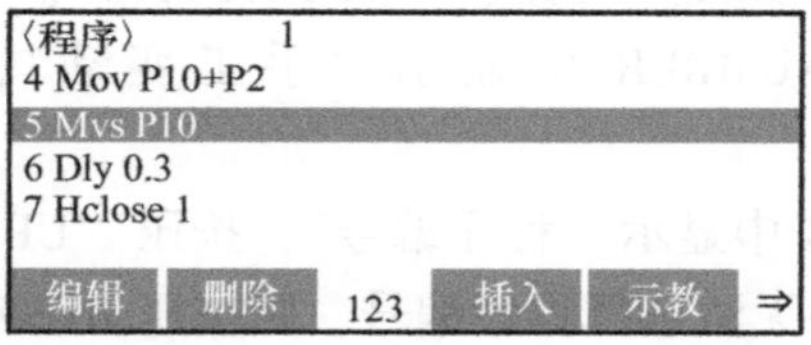

图 5-42　命令编辑界面

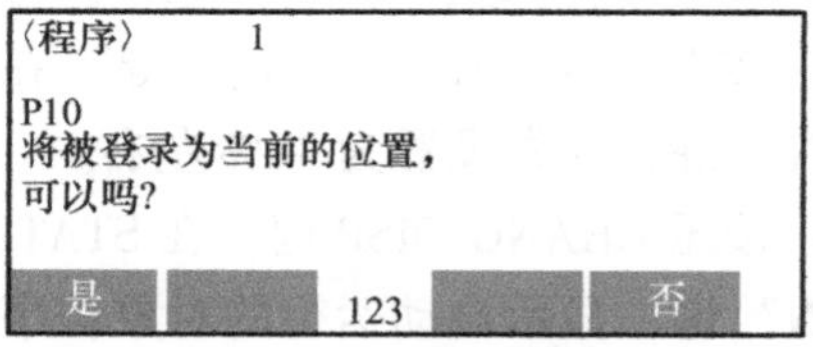

图 5-43　位置登录界面

5）按压“F1”键选择“是”，P10将被登录为当前位置数据。不登录时，按压“F4”

键选择“否”。

（5）程序的保存　程序的保存步骤如下：

1）按压“FUNCTION”键，在功能菜单中显示“关闭”。

2）按压“F4”键进行关闭操作，将程序保存后关闭。显示程序界面如图5-44所示。

〈管理・编辑〉		1/　剩余6	966272
1	07-05-30	20:21:30	485
2	07-05-30	20:21:30	485
3	07-05-30	20:21:30	485
4	07-05-30	20:21:30	485
编辑　位置	123	新建　复制	⇒

图5-44　显示程序界面

3）按压“FUNCTION”键切换功能菜单，若按“F4”键进行关闭，将返回至菜单界面。

任务5.4　RT ToolBox2软件的使用

一、任务目标

RT ToolBox2
离线编程

1. 掌握RT ToolBox2软件工程的建立及修改方法。
2. 掌握在线操作方法。

二、任务准备

1）安装RT ToolBox2 Chinese Simplified软件后，会在桌面显示如图5-45所示图标，双击即可打开该软件，或单击“开始”→“所有程序”→“MELSOFT Application”→“RT ToolBox2 Chinese Simplified”打开软件。

RT ToolBox2软件打开后的界面如图5-46所示。

图5-45　RT ToolBox2 Chinese Simplified图标

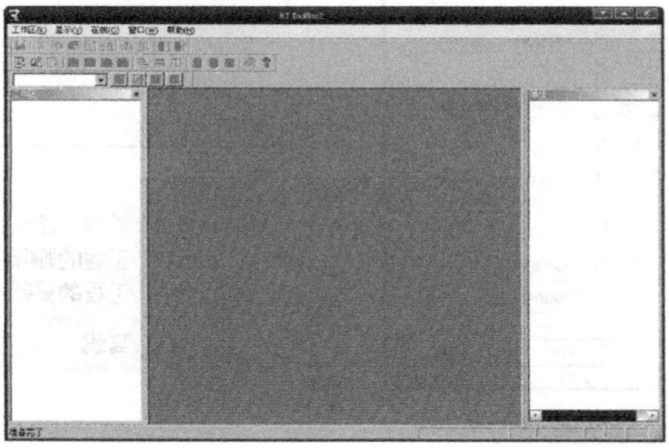

图5-46　RT ToolBox2 Chinese Simplified软件界面

2）选择菜单栏“工作区”，单击“打开”，弹出如图5-47所示对话框，单击“参照”选择程序存储的路程，然后选中样例程序“robt”，再单击“OK”按钮。程序打开后的主界面如图5-48所示。

三、任务实施

1. 工程的修改

1）程序修改：打开样例程序后在程序列表中直接修改。

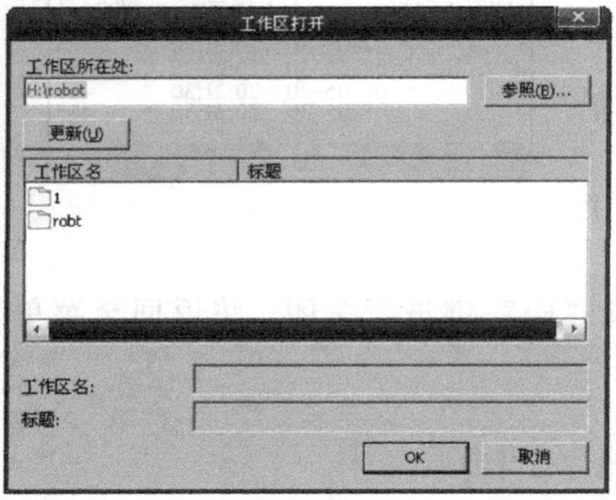

图 5-47　工作区对话框

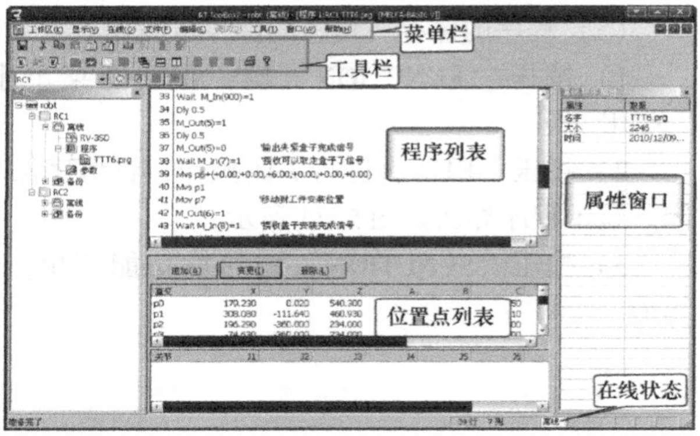

图 5-48　主界面

2）位置点修改：在位置点列表中选中位置点，再单击“变更”，在弹出的如图 5-49 所示界面中可以直接在对应的轴数据框中输入数据，或者单击“当前位置读取”，自动填写各轴的当前位置数据，单击“OK”按钮后将位置数据进行保存。

2. 在线操作

1）在工作区中右击“RC1”→“工程的编辑”，工程编辑界面如图 5-50 所示。

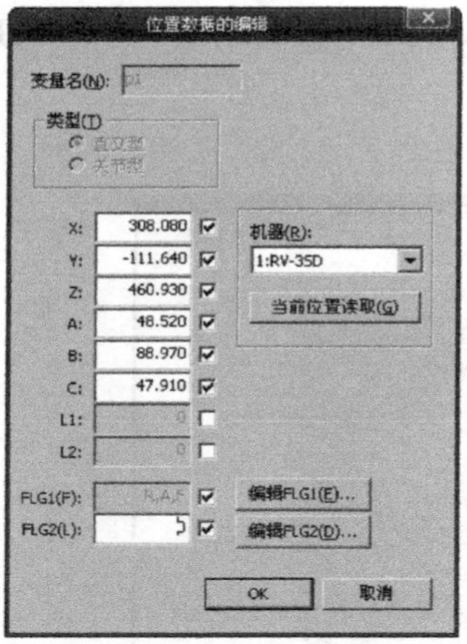

图 5-49　位置数据编辑界面

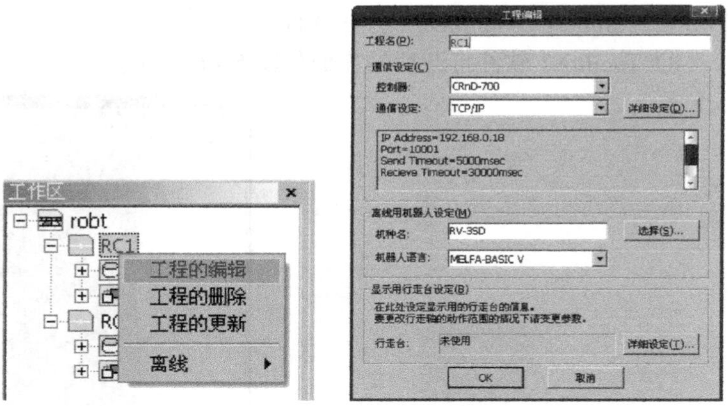

图 5-50　工程编辑界面

2）在“通信设定”中选择“TCP/IP”方式，再单击“详细设定”，在“IP 地址”中输入机器人控制器的 IP 地址（在控制器上电后按“CHNG DISP”键，直到显示“No Message”时再按“UP”键，此时显示出控制器的 IP 地址）。同时设置计算机的 IP 地址在同一网段内且地址不冲突。如图 5-51 所示。

3）在菜单栏中单击“在线”→“在线”，在工程的选择画面中选择要连接在线的工程后单击“OK”按钮进行确定。如图 5-52 所示。

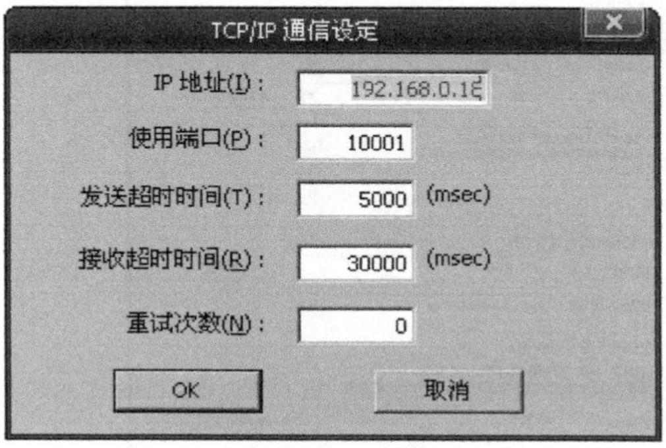

图 5-51　TCP/IP 通信设定

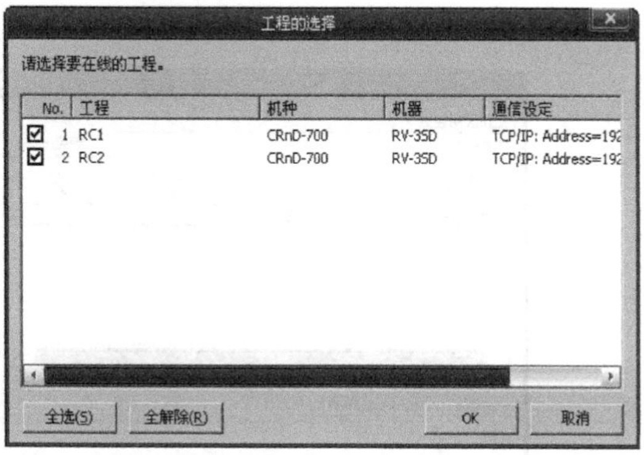

图 5-52　工程的选择

4）连接正常后，工具栏的图标及软件状态栏中的显示会改变。如图 5-53 所示。

图 5-53　工具栏图标及软件状态栏显示的改变

5）在工作区双击工程“RC1”→“在线”→“RV-3SD”，出现如图 5-54 所示监视窗口。

6）在工具栏单击图 5-55a“面板的显示”图标，监视窗口左侧会显示如图 5-55b 所示的侧边栏。按“Zoom”边的上升、下降图标可对窗口中的机器人图像进行放大、缩小；按动“X 轴”“Y 轴”“Z 轴”边上的上升、下降图标可将窗口中的机器人图像沿各轴旋转。

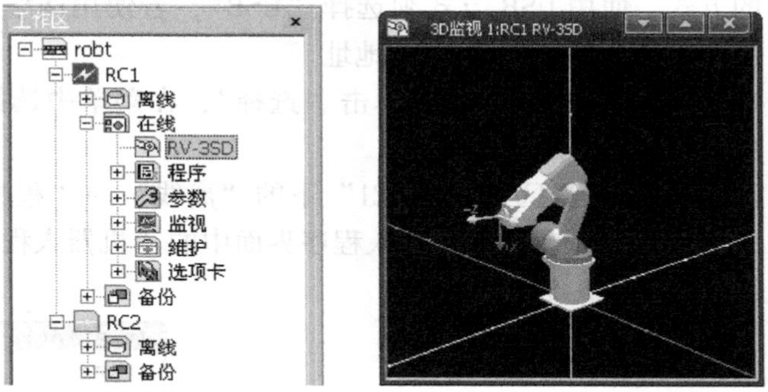

图 5-54　监视窗口

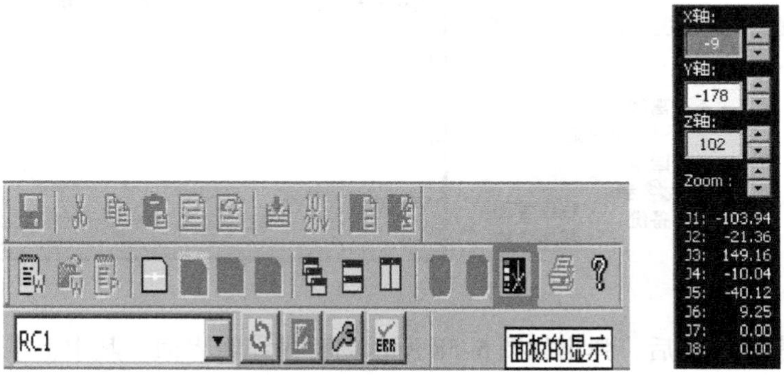

a) 面板的显示　　b) 侧边栏

图 5-55　面板显示界面

3. 建立工程

1）单击菜单栏“工作区”→“新建”，在“工作区所在处”单击“参照”选择工程存储的路径，在“工作区名”后输入新建工程的名称，最后单击“OK”按钮完成。如图 5-56 所示。

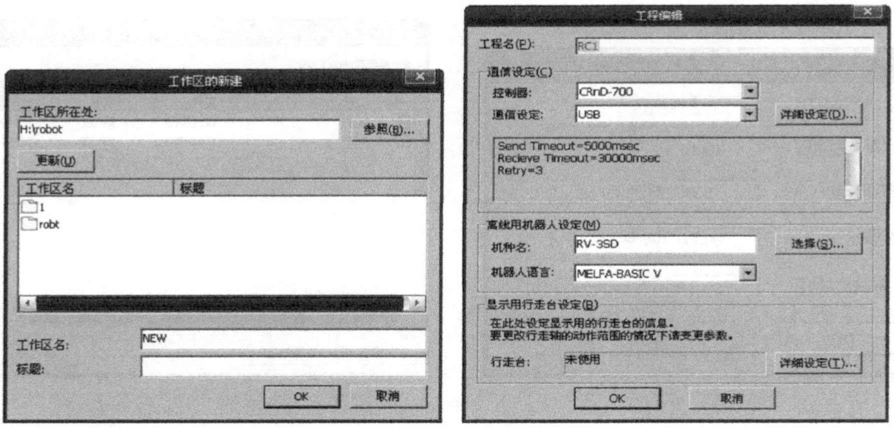

图 5-56　工程编辑界面

2）在工程编辑界面中“工程名”后输入自定义的工程名。

3）“通信设定”中的“控制器”选择“CRnD-700”，在“通信设定”中选择当前使用的方式，使用 USB 方式须选择“USB”，若使用网络连接，须选择“TCP/IP”并在“详细设定”中填写控制器的 IP 地址。

4）在“机种名”中单击“选择”，在菜单中选择“RV-3SD”，单击“OK”按钮保存参数。

5）在工作区工程“RC1”下的“离线”→“程序”上单击右键，在出现的菜单中单击“新建”，在弹出的新机器人程序界面中的“机器人程序”后输入程序名，单击“OK”按钮完成。如图 5-57 所示。

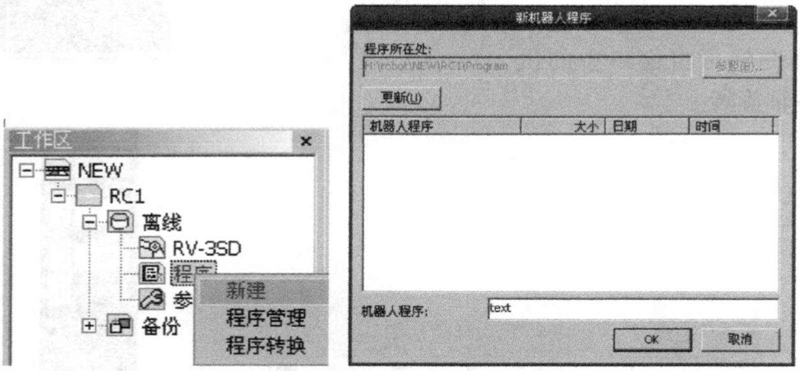

图 5-57　新建机器人程序界面

6）完成程序的建立后，弹出如图 5-58 所示的程序编辑界面，其中上半部分为程序编辑区，下半部分为位置点编辑区。

7）可以在程序编辑区的光标闪动处直接输入程序命令，或在菜单栏“工具”中选择并单击“指令模板”，在“分类”中选择指令类型，然后在“指令”中选择合适的指令，从指令模板中可以看到该指令的使用样例，如图 5-59 所示。

指令模板下方“说明”栏中有此指令的简单使用说明，选中指令后单击“插入模板”或双击指令都能将指令自动输入到程序编辑区。

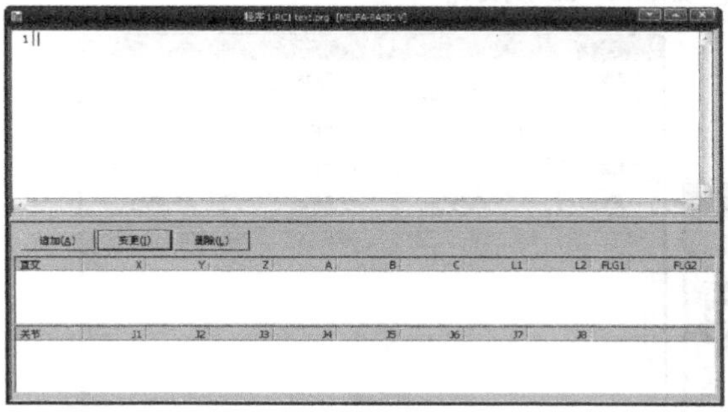

图 5-58　程序编辑界面

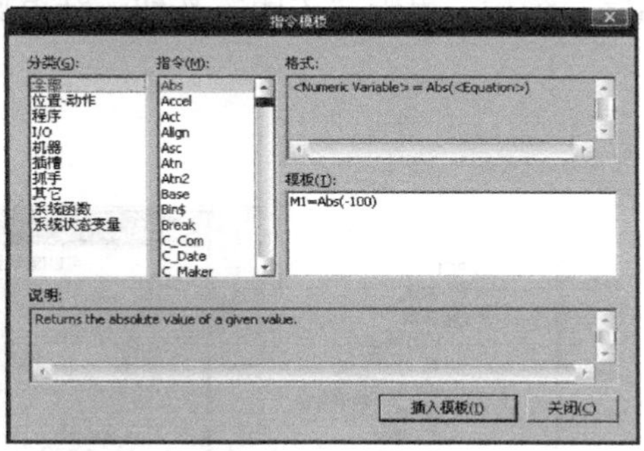

图 5-59　指令模板界面

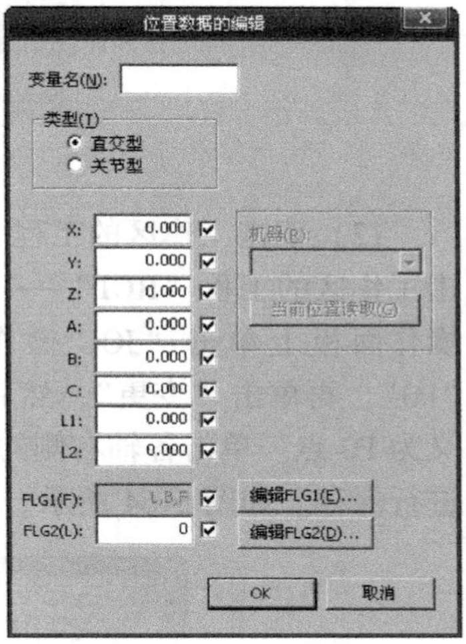

图 5-60　位置数据的编辑界面

8）指令输入完成后，在位置点编辑区单击“追加”，增加新位置点，在位置数据的编辑界面“变量名”后输入与程序相对应的变量名字，选择“类型”默认为“直交型”。如编辑时无法确定具体数值，可单击“OK”按钮先完成变量的添加，再用示教的方式进行编辑。如图 5-60 所示。

9）编辑完成后的程序如图 5-61 所示。此程序运行后将控制机器人在两个位置点之间循环移动。在各指令后以“'”开始输入的文字为注释，有助于对程序的理解和记忆。**注意**：符号“'”在半角英文标点输入下才有效，否则程序会报错。

10）单击工具栏中的“保存”图标对程序进行保存，再单击“模拟”图标，进入模拟仿真环境。如图 5-62 所示。

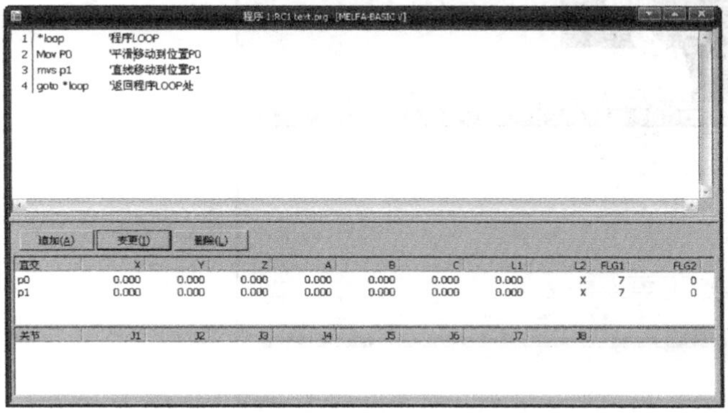

图 5-61　程序编辑界面

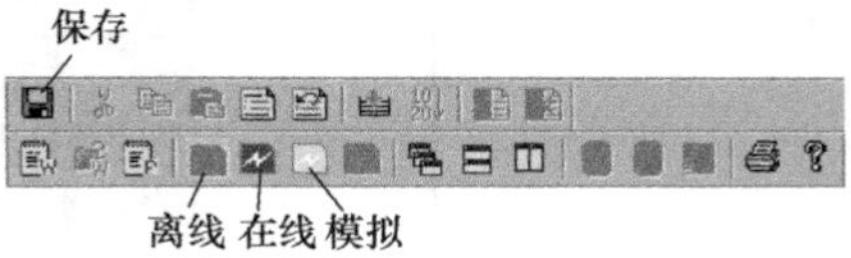

图 5-62　工具栏图标

11）在工作区中增加“在线”部分和一块模拟操作面板。在“在线”→“程序”上右击，选择“程序管理”，在弹出的程序管理界面中的“传送源”中选择“工程”并选中工程，在“传送目标”中选择“机器人”，单击下方的“复制”键，将工程内的“text. prg”工程复制到模拟机器人中；单击“移动”则将传送源中的程序剪切到传送目标中；单击“删除”将传送源或传送目标内选中的程序删除；单击“名字的变更”可以改变选中程序的名字。最后，单击“关闭”按钮，结束操作。如图 5-63 所示。

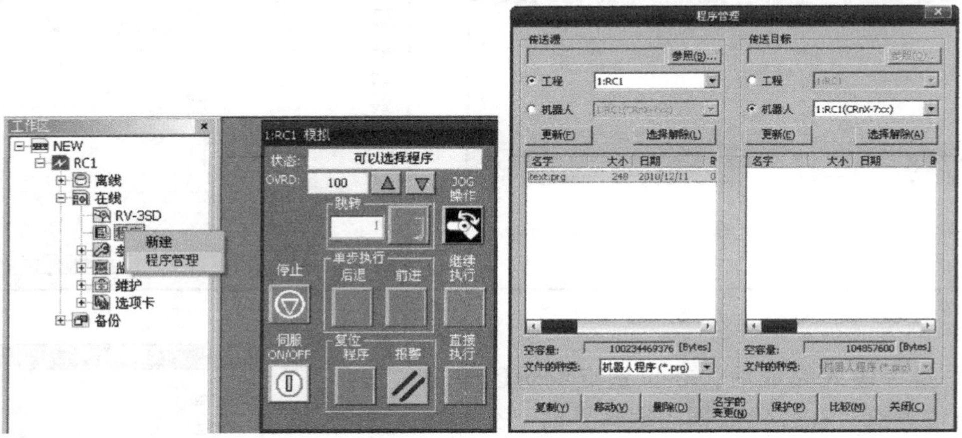

图 5-63　程序管理界面

12）双击工作区的工程“RC1”→“在线”→“程序”下的“TEXT”，打开程序；双击工作区的工程“RC1”→“在线”下的“RV-3SD”，打开仿真机器人监视界面。在模拟操作面板上单击“JOG 操作”键，选择操作模式为“直交”。在位置点编辑区先选中“P0”，再单击“变更”，然后在“位置数据的编辑”中单击“当前位置读取”，将此位置定义为 P0 点。单击各轴右侧的“－”“＋”键对位置进行调整，完成后将位置定义为 P1 点并进行保存。如图 5-64 所示。

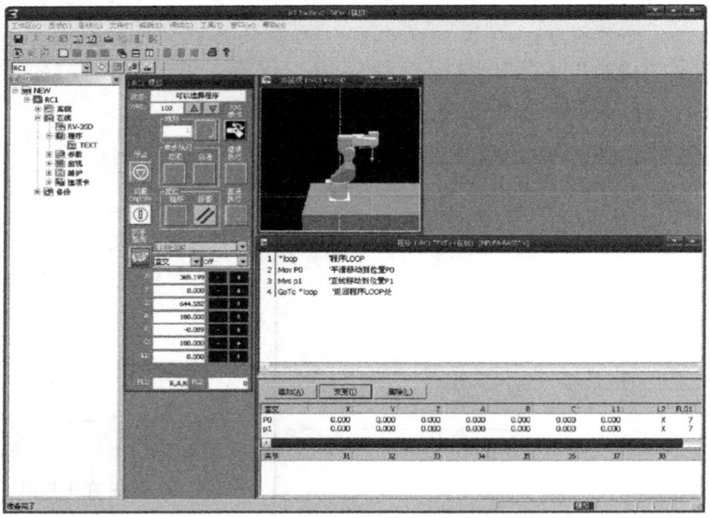

图 5-64　模拟操作界面

13）选中工作区的工程“RC1”→“在线”→“程序”下的“TEXT”单击右键，选择“调试状态下的打开”，此时模拟操作面板如图 5-65 所示。单击“OVRD”右侧的上、下调整按键调节机器人运行速度，并在中间的显示框内显示。单击“单步执行”内的“前进”键，使程序单步执行，单击“继续执行”则程序连续运行。同时，程序编辑栏中有黄色三角箭头指示当前执行步位置。

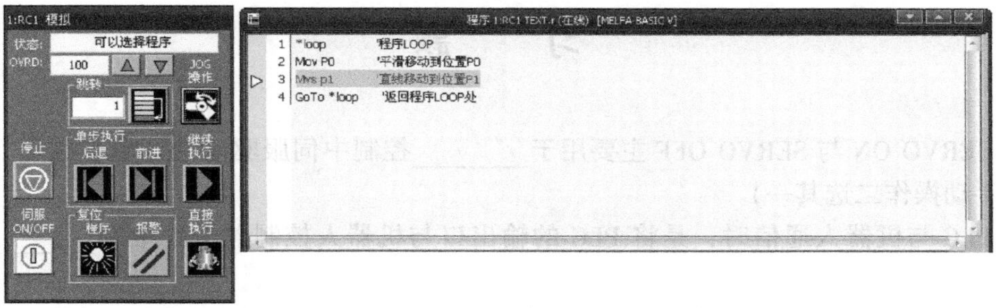

图 5-65　模拟操作面板

14）程序运行中出现错误时，会在状态栏右侧的显示框内闪显“警告 报警号 XXXX”，同时机器人伺服关闭。单击“报警确认”弹出报警信号说明，单击“复位”内的“报警”按钮可以清除报警。根据报警信息修改程序相关部分，单击“伺服 ON/OFF”按键后重新执行程序。

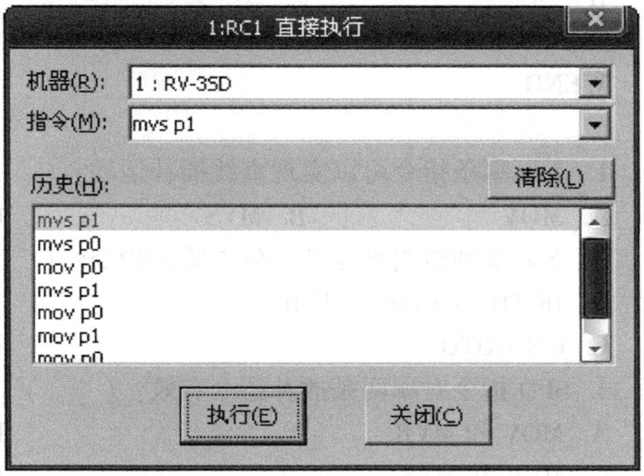

图 5-66　直接执行对话框

15）对需要调试的程序段，可以在“跳转”内直接输入程序段号并单击图标直接跳转到指定的程序段内运行。

16）调试程序时如要使用非程序内指令段可单击“直接执行”，在“指令”中输入新的指令段后单击“执行”。如图 5-66 所示。以此程序为例，先输入 MOV p0 执行，再输入 MVS p1 执行，观察机器人运行的动作轨迹。为了比较 MOV 指令和 MVS 指令的区别，重新输入 MOV p0 执行，再输入 MOV p1 执行，观察机器人运行的动作轨迹与执行 MVS p1 指令时的不同之处。“历史”栏中将保存输入历史指令，可直接双击其中一条指令执行。按“清除”按钮将记录的历史指令进行清除。

17）仿真运行完成后，单击在线程序界面中的“关闭”按钮并保存工程。然后将修改过的程序通过“工程管理”复制并覆盖到原工程中。

18）单击工具栏中的“在线”图标连接到机器人控制器。之后的操作与模拟操作时相同，先将工程文件复制到机器人控制器中，再调试程序。

拓展训练

工业机器人绘画功能的实现

采用 MELFA-BASIC V 语言编程，实现三菱工业机器人绘制小鱼图案，图案如图 5-67 所示。

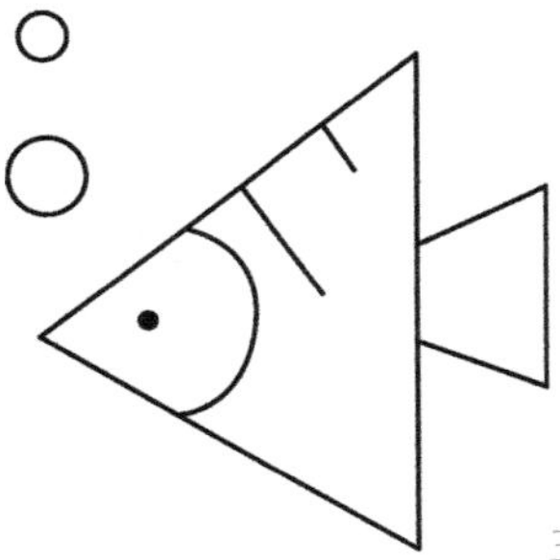

图 5-67　小鱼图案

三菱工业机器人编程基础（三）

习　题

一、填空题

1. SERVO ON 与 SERVO OFF 主要用于________控制中伺服驱动的开启与关闭。（自动运行或手动操作二选其一）

2. PLC 与机器人通信时，是将 PLC 的输出口与机器人控制器 I/O 中的________通道连接。

3. 小鱼图案绘制程序中，当 PLC 的输出与 M_IN(4) 连接时，对应的机器人查询程序段：

```
WHILE (1)
IF ________
THEN GOSUB *XY
WEND
```

二、选择题

1. 下面哪条指令可以实现直线插补运动？（　　）

A. MOV　　B. MVS　　C. MVR　　D. MVC

2. 下列哪种结构为无条件分支跳转指令？（　　）

A. IF THEN ElSE END IF　　B. GOTO

C. ON GOTO　　D. CALLP

3. SPD 指令对哪两条插补指令有效？（　　）

A. MOV 和 MVR　　B. MVS 和 MVC

C. MVR 和 MVS　　D. MVR2 和 MVS

4. 速度控制指令 OVRD 50 中 50 的含义是（　　）

A. 机器人的运行速度 50mm/s　　B. 机器人的运行速度 50m/min

C. 机器人的运行速度 50mm/min　　D. 机器人以最高速度的 50% 运行

5. M_IN 指令每次向机器人输入的数据格式为（　　）

A. 字节　　B. 位　　C. 字　　D. 双字

项目6　ABB工业机器人

项目导读

本项目以 ABB 工业机器人为依托，介绍 ABB 工业机器人的组成和各部分的功能，使学生能够建立工具坐标系和工件坐标系，掌握基本数据类型，基本运动指令和逻辑判断指令，以及 I/O 通信，熟练操作 ABB 工业机器人并编写基本的程序。

项目目标

熟悉 ABB 工业机器人的组成及各部分功能；能够标定工具坐标系和工件坐标系；能够对 ABB 工业机器人进行操作及编程。

促成目标

1. 掌握 ABB 工业机器人的组成及各部分功能。
2. 熟悉示教器结构、操作界面及按键功能，能够熟练操作工业机器人。
3. 能进行 ABB 工业机器人工具坐标系和工件坐标系的标定。
4. 掌握工业机器人的 I/O 通信。
5. 掌握 I/O 板和 I/O 信号的配置方法。
6. 掌握基本运动指令及逻辑判断指令。
7. 能熟练进行 ABB 工业机器人的编程。

知识链接

6.1　工业机器人的手动运行

6.1.1　ABB 工业机器人的系统组成

ABB 工业机器人主要由工业机器人本体、控制柜、连接线缆和示教器组成，示教器通过示教器线缆和机器人控制柜连接，工业机器人本体通过动力线缆与机器人控制柜相连，机器人控制柜通过电源线缆和外部电源连接获取电能。

ABB 工业机器人示教器的结构如图 6-1 所示，下面介绍示教器各组成部分的基本功能。

ABB 工业机器人示教器介绍

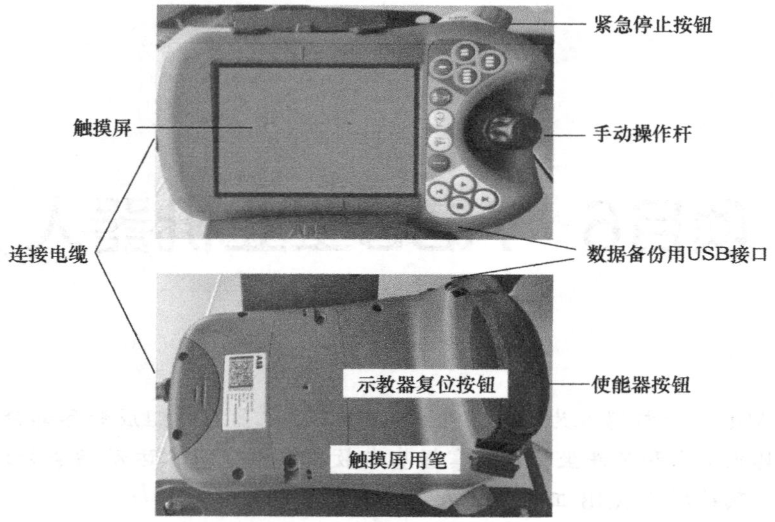

图 6-1　ABB 工业机器人示教器的结构

1）连接电缆：与机器人控制柜连接，实现机器人动作控制。

2）触摸屏：示教器的操作界面显示屏。

3）紧急停止按钮：与控制柜的紧急停止按钮功能相同。

4）手动操纵杆：在机器人手动运行模式下，拨动操纵杆可操纵机器人运动。

5）数据备份用 USB 接口：外接 U 盘等存储设备用于传输机器人备份数据（在没有连接 USB 存储设备时，需要盖上 USB 接口的保护盖，如果接口暴露在灰尘里，机器人可能会发生中断或者故障）。

6）使能器按钮：手动示教使机器人动作时需要一直握住此按钮。使能器按钮有 3 个档位：不握住、适当力度握住和大力握住，只有在适当力度握住时才会起作用。此时电气柜上的上电指示灯会常亮，否则闪烁。

7）触摸屏用笔：操作触摸屏的工具。

8）示教器复位按钮：使用此按钮可解决示教器死机或示教器本身硬件引起的异常情况。

注意：触摸屏只可以用触摸笔或指尖进行操作，其他工具（如写字笔的笔尖、螺钉旋具的尖部等）都不能操作触摸屏，否则会损坏触摸屏。

机器人开机后示教器的默认界面如图 6-2 所示，单击左上角的 ABB 主菜单按键，示教器界面切换为主菜单操作界面，如图 6-3 所示。

主菜单操作界面包括输入输出、手动操纵、自动生产窗口、程序编辑器、程序数据、备份与恢复等，每一项都对应一定的功能，具体见表 6-1。

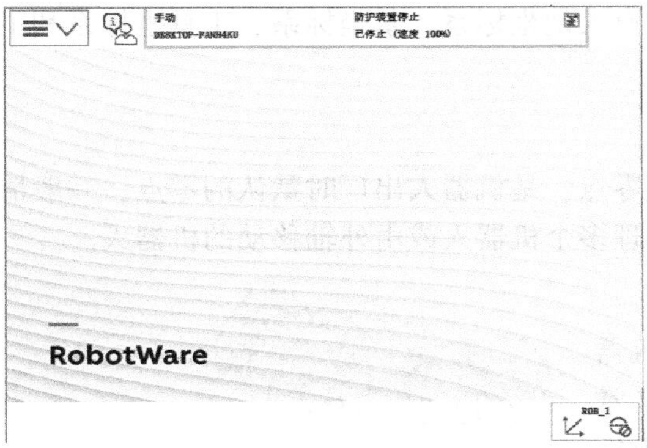

图 6-2　开机后示教器的默认界面

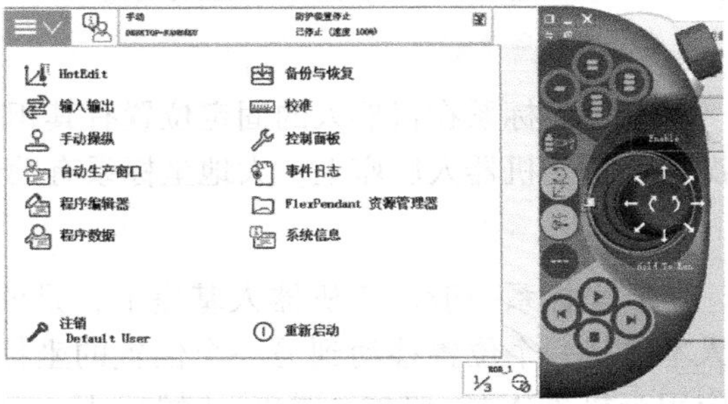

图 6-3　主菜单操作界面

表 6-1　主菜单操作界面选项功能

选项名称	功　能
HotEdit	程序模块下轨迹点位置的补偿设置窗口
输入输出	设置及查看 I/O 视图窗口
手动操纵	动作模式设置、坐标系选择、操纵杆锁定及载荷属性的更改窗口，也可显示实际位置
自动生产窗口	在自动模式下，可直接调试程序并运行
程序编辑器	建立程序模块及例行程序的窗口
程序数据	选择编程时所需程序数据的窗口
备份与恢复	可备份和恢复系统
校准	进行转数计数器和电动机校准的窗口
控制面板	进行示教器的相关设定
事件日志	查看系统出现的各种提示信息
Flex Pendant 资源管理器	查看当前系统的系统文件
系统信息	查看控制器及当前系统的相关信息

6.1.2　工业机器人的运行模式

工业机器人的运行模式有两种，分别是手动模式和自动模式，部分工业机器人的手动模式还可以分为手动全速模式和手动限速模式。机器人在手动模式下的最高运行速度为250mm/s，在手动模式下，既可以单步运行例行程序又可以连续运行例行程序。运行程序时，需要一直按下使能器按钮。在手动运行模式下，可以进行机器人程序的编写、调试，示教点的重新设置等。机器人在示教编程的过程中，只能采用手动模式。在手动模式下，可以有效地控制机器人的运行速度和范围。机器人程序编写完成后，在手动模式下例行程序调试正确后，方可选择使用自动模式。在生产过程中，工业机器人大多采用自动模式。

6.1.3　工业机器人的坐标系

坐标系是从一个被称为原点的固定点通过轴定义的平面或空间。机器人的目标和位置是通过沿坐标系轴的测量来定位。在机器人系统中可使用若干坐标系，每一坐标系都适用于特定类型的控制或编程。机器人系统常用的坐标系有大地坐标系、基坐标系、工具坐标系和工件坐标系，它们均属于笛卡儿坐标系。

1. 大地坐标系

大地坐标系在机器人的固定位置有其相应的零点，是机器人出厂时默认的零点，一般情况下，位于机器人底座上。大地坐标系有助于处理多个机器人或由外轴移动的机器人。

2. 基坐标系

基坐标系一般位于机器人基座上，是便于机器人本体从一个位置移动到另一个位置的坐标系（常应用于机器人扩展轴）。在默认情况下，大地坐标系与基坐标系是一致的，如图 6-4 所示。一般地，当操作人员正向面对机器人并在基坐标系下进行线性运动时，操纵杆向前和向后使机器人沿 X 轴移动；操纵杆向两侧使机器人沿 Y 轴移动；旋转操纵杆使机器人沿 Z 轴移动。

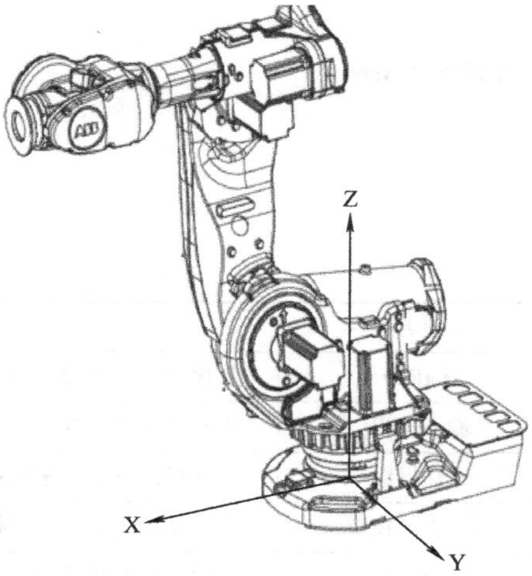

图 6-4　基坐标系

3. 工具坐标系

工具坐标系（Tool Center Point Frame，TCPF）将机器人第六轴法兰盘上携带工具的参照中心点设为坐标系原点，创建一个坐标系，该参照点称为工具中心点（Tool Center Point，TCP）。TCP 与机器人所携带的工具有关，机器人出厂时末端未携带工具，此时机器人默认的 TCP 为第六轴法兰盘中心点。工具坐标系的方向也与机器人所携带的工具有关，一般定义坐标系的 *X* 轴与工具的工作方向一致。

ABB 工业机器人工具坐标系的标定

工具数据（tooldata）用于描述安装在机器人第六轴上的工具的 TCP、质量、重心等参数数据。一般不同的机器人应用配置不同的工具，在执行机器人程序时，就使机器人将工具的 TCP 移至编程位置。

为了让机器人以用户所需要的坐标系原点和方向为基准进行运动，用户可以自由定义工具坐标系。工具坐标系定义即定义工具坐标系的 TCP 及坐标系各轴方向，其设定方法包括 N（3≤N≤9）点法，TCP 和 Z 法，以及 TCP 和 Z，X 法。

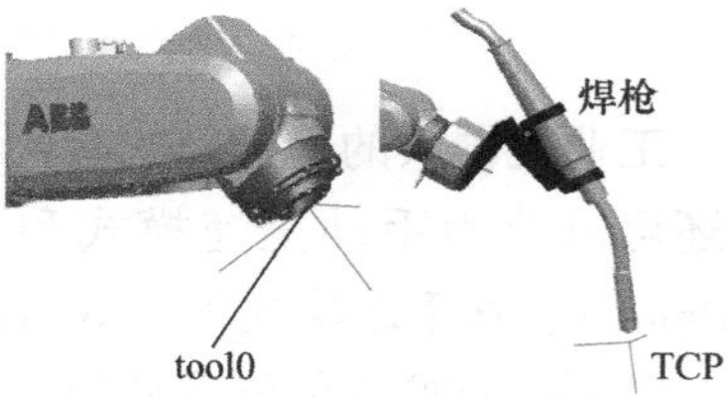

图 6-5　工具坐标系

1）N（3≤N≤9）点法。机器人工具的 TCP 通过 N 种不同的姿态同参考点接触，得出多组解，通过计算得出当前工具的 TCP 与机器人安装法兰中心点（默认 TCP）的相对位置，其坐标系方向与默认工具坐标系（tool0）方向一致。

2）TCP 和 Z 法。在 N 点法的基础上，增加 Z 点与参考点的连线为坐标系 Z 轴的方向，改变了默认工具坐标系的 Z 轴方向。

3）TCP 和 Z，X 法。在 N 点法基础上，增加 X 点与参考点的连线为坐标系 X 轴的方向，Z 点与参考点的连线为坐标系 Z 轴的方向，改变了默认工具坐标系的 X 轴和 Z 轴方向。其操作步骤见表 6-2。

表 6-2 TCP 和 Z，X 法操作步骤

序号	操作步骤	示意图
1	在 ABB 主菜单中，选择“手动操纵”	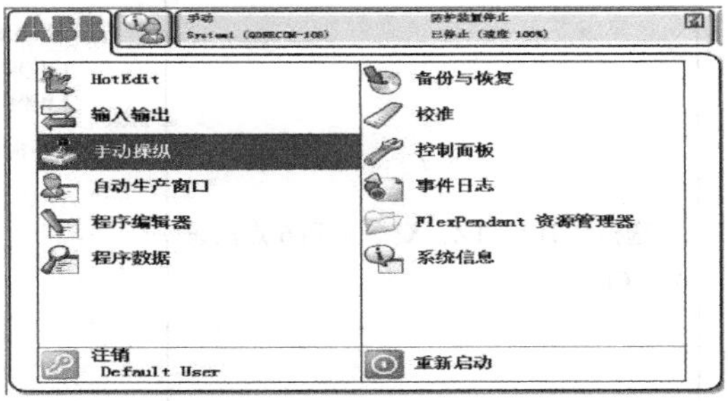
2	选择“工具坐标”	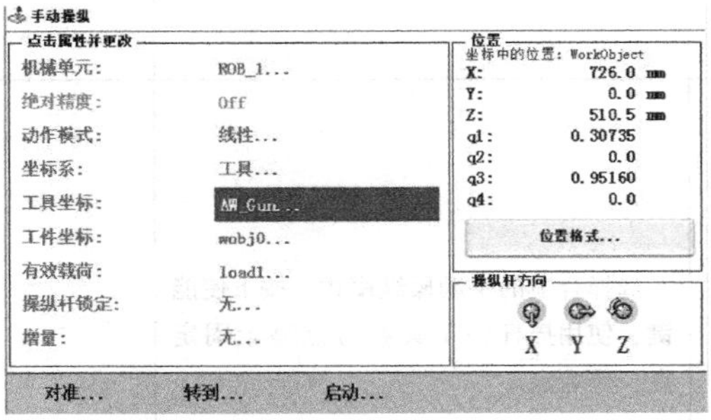
3	单击“新建”	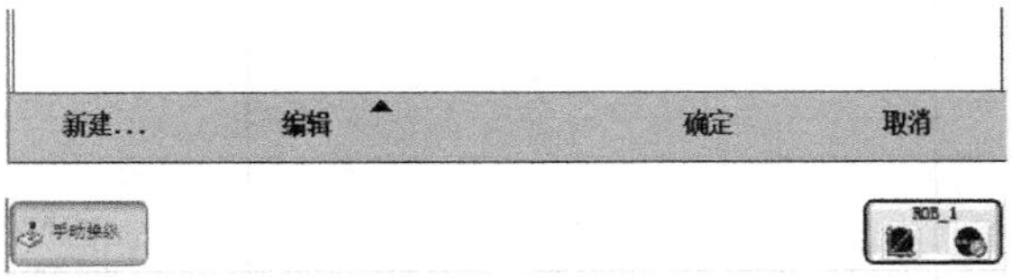
4	对工具数据属性进行设定后，单击“确定”	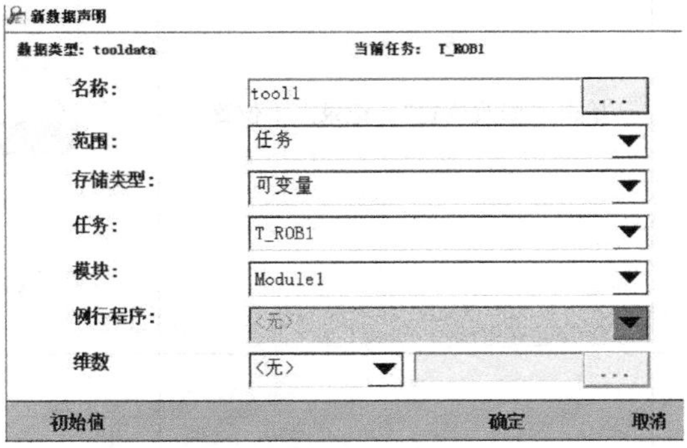
5	选中 tool1 后，单击“编辑”菜单中的“定义”选项	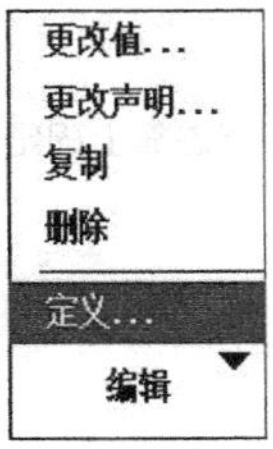

（续）

序号	操作步骤	示意图
6	选择“TCP 和 Z，X”，使用 6 点法设定 TCP	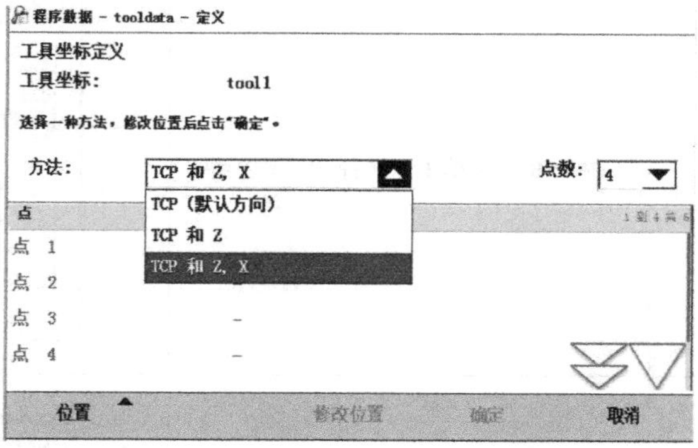
7	选择合适的手动操纵模式。按下使能键，使用摇杆使工具参考点靠上固定点，作为点 1	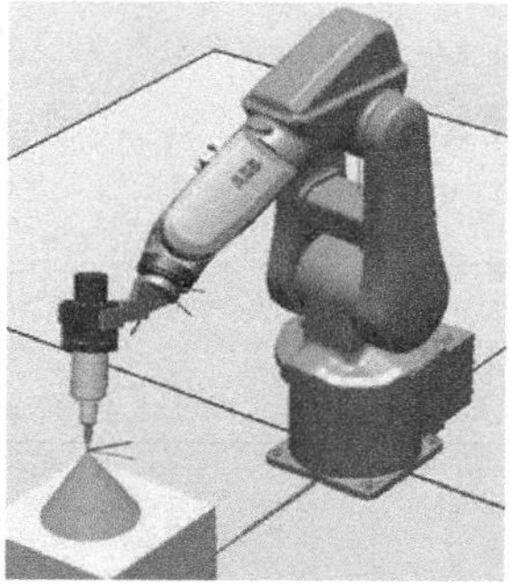
8	单击“修改位置”，记录点 1 位置	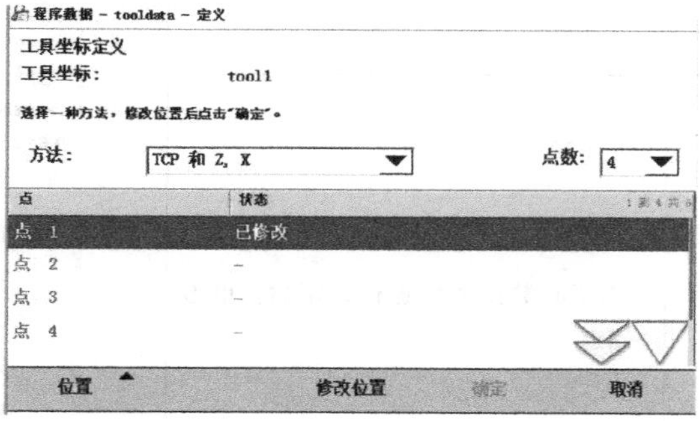
9	工具参考点变换姿态靠上固定点	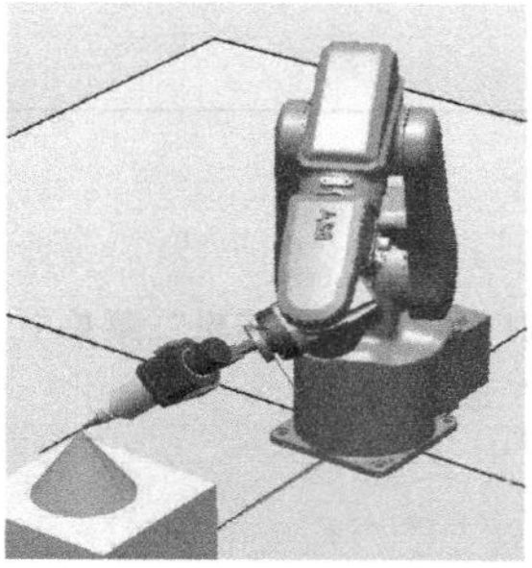

（续）

序号	操作步骤	示意图
10	单击“修改位置”，记录点 2 位置	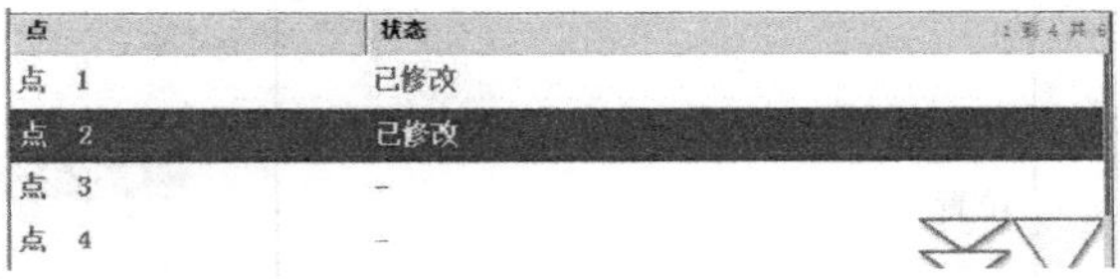点 状态 点 1 已修改 点 2 已修改 点 3 – 点 4 –
11	工具参考点变换姿态靠上固定点	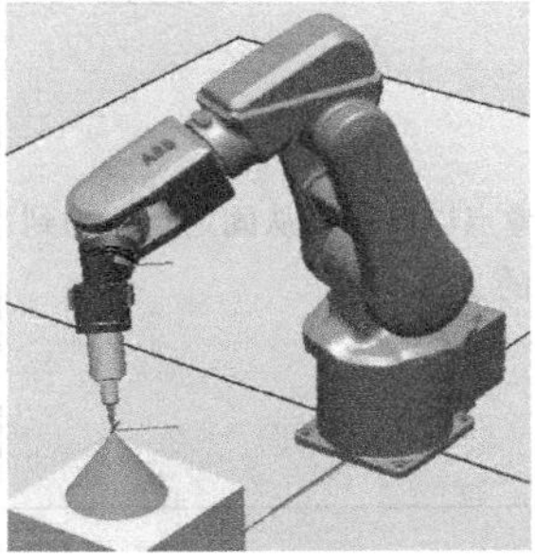
12	单击“修改位置”，记录点 3 位置	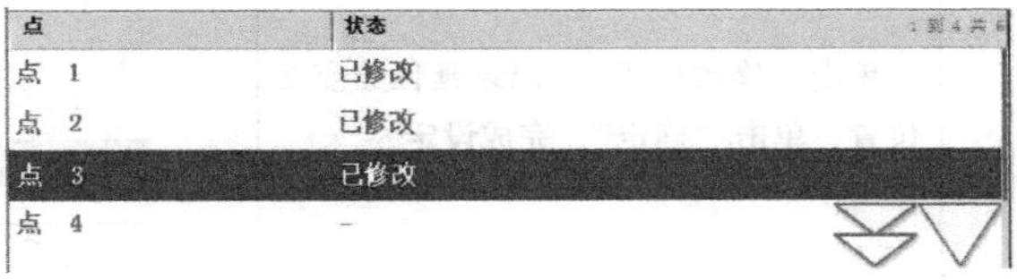点 状态 点 1 已修改 点 2 已修改 点 3 已修改 点 4 –
13	工具参考点变换姿态靠上固定点，点 4 工具参考点垂直于固定点	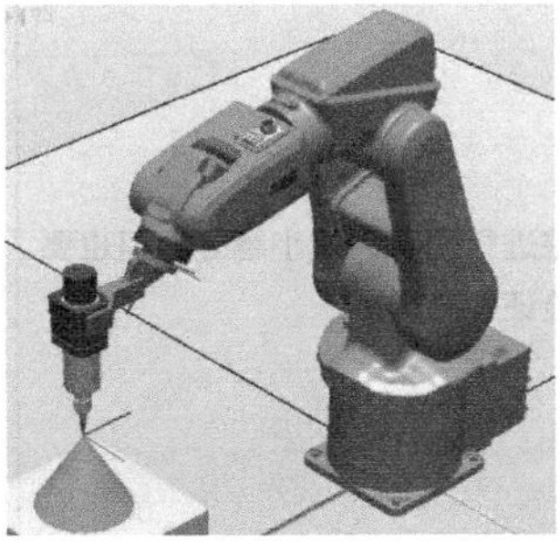
14	单击“修改位置”，记录点 4 位置	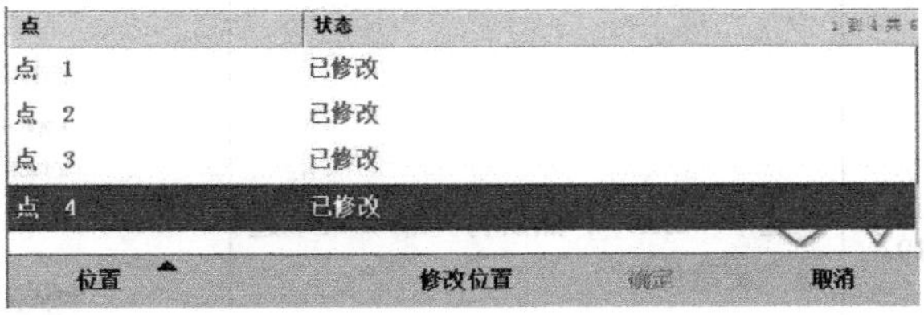点 状态 点 1 已修改 点 2 已修改 点 3 已修改 点 4 已修改 位置 修改位置 确定 取消

（续）

序号	操作步骤	示意图
15	单击“修改位置”，记录延伸器点 X 位置	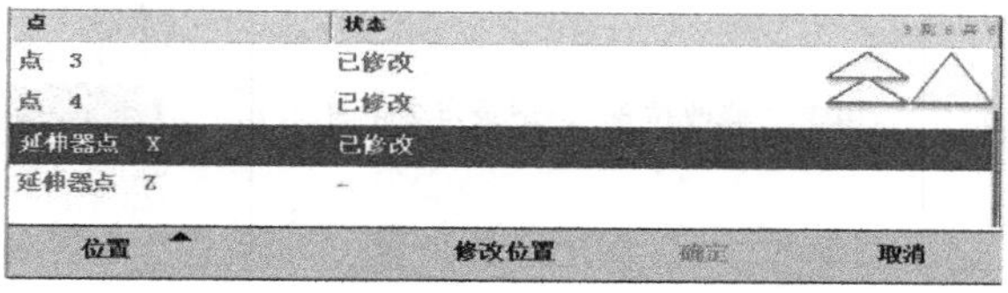
16	工具参考点以此姿态从固定点移动到工具 TCP 的 Z 方向	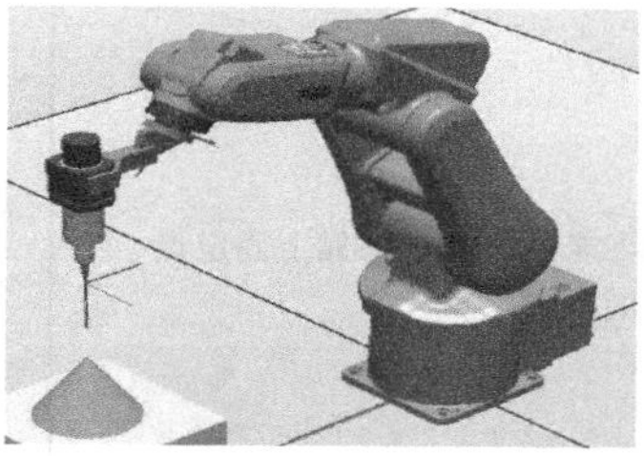
17	单击“修改位置”，记录延伸器点 Z 位置，单击“确定”，完成设定	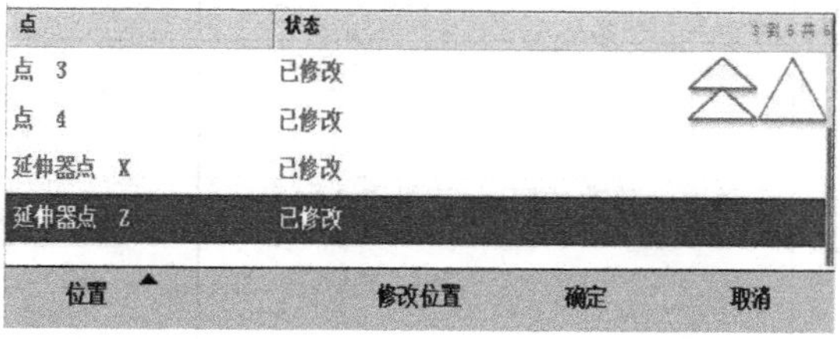
18	对误差进行确认，越小越好，但也要以实际验证效果为准	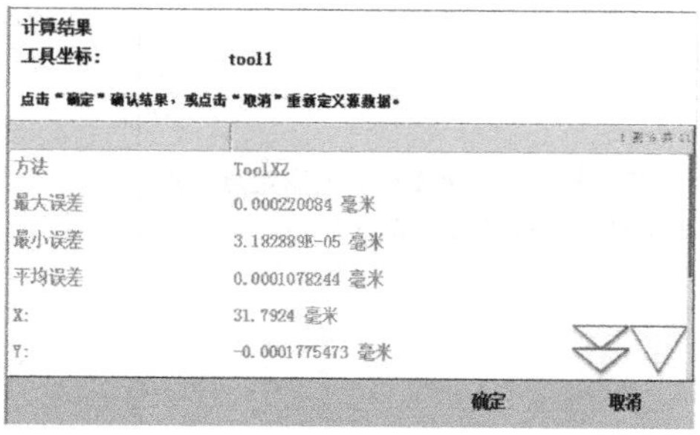
19	选中“tool1”，然后打开编辑菜单选择“更改值”	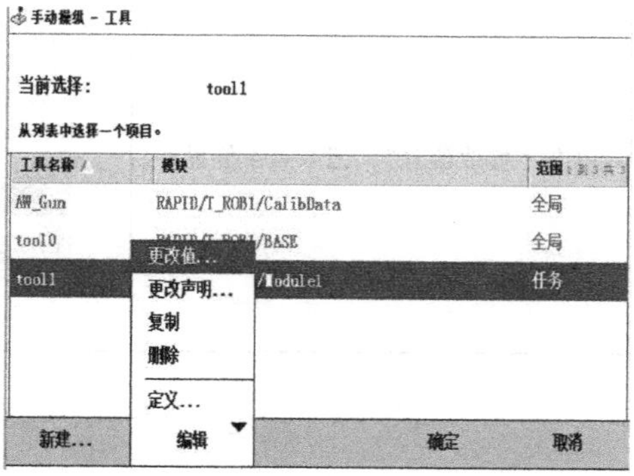

（续）

序号	操作步骤	示意图
20	在此页面中，根据实际情况设定工具的质量“mass”（单位 kg）和重心位置（此重心是基于 tool0 的偏移值，单位 mm）数据，然后单击“确定”	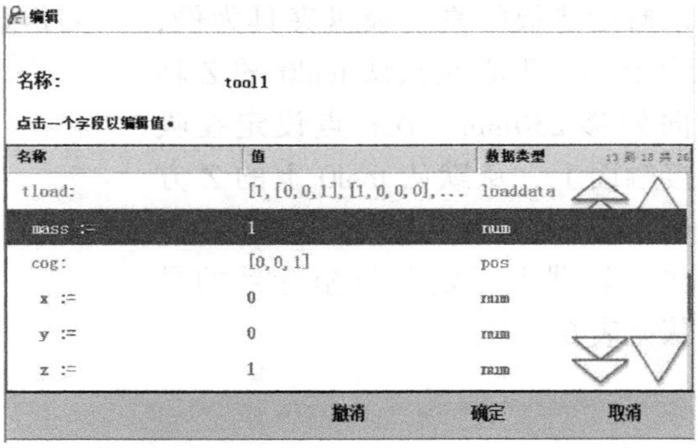
21	选中“tool1”，单击“确定”	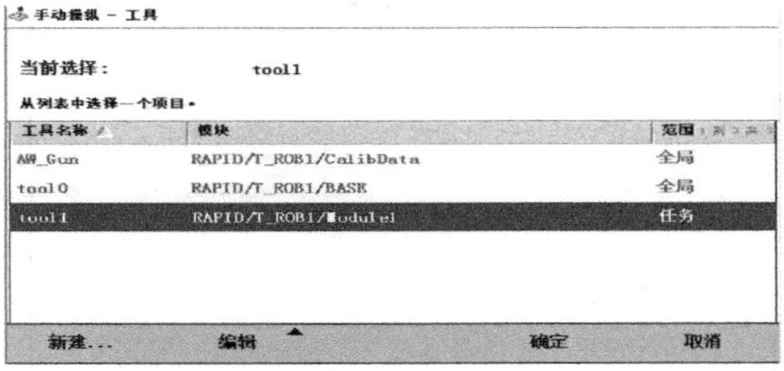
22	“动作模式”选定为“重定位”，“坐标系”选定为“工具”，“工具坐标”选定为“tool1”	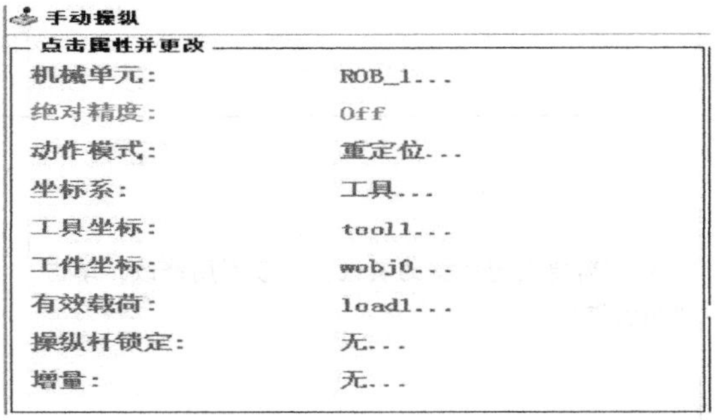
23	使用摇杆将工具参考点靠上固定点，然后在重定位模式下手动操纵机器人，如果 TCP 设定精确，可以看到工具参考点与固定点始终保持接触，而机器人会根据重定位操作改变姿态	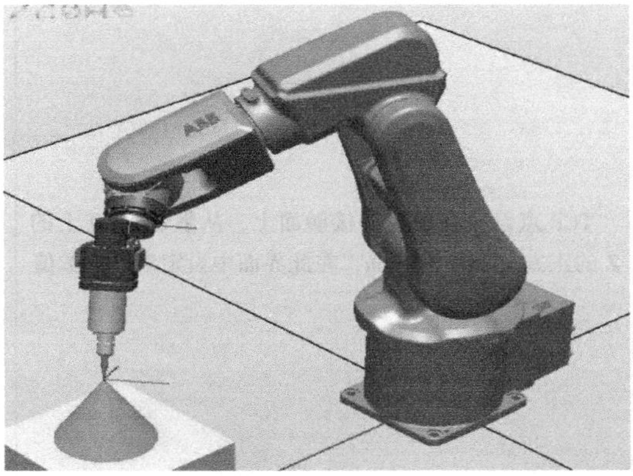

如果机器人使用搬运工具，一般工具数据的设定方法如下：在图 6-6 中，以搬运薄板的真空吸盘夹具为例，质量为 25kg，重心在默认 tool0 的 Z 轴正方向偏移 250mm，TCP 点设定在吸盘的接触面上，从默认 tool0 上的 Z 方向偏移 300mm。

在示教器上标定工具坐标系的具体步骤见表 6-3。

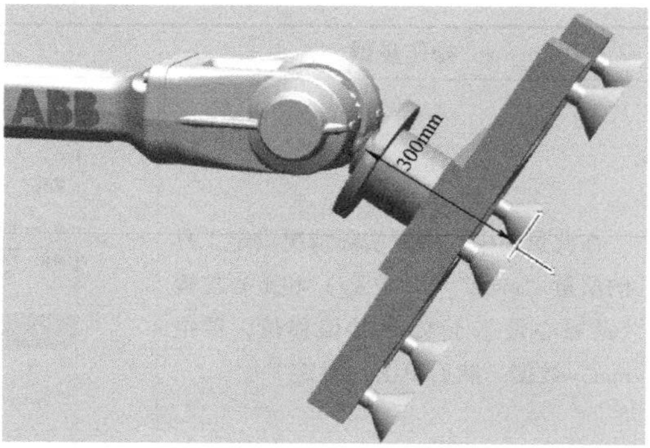

图 6-6　真空吸盘工具坐标系

表 6-3　标定工具坐标系操作步骤

序号	操作步骤	示意图
1	单击“新建”	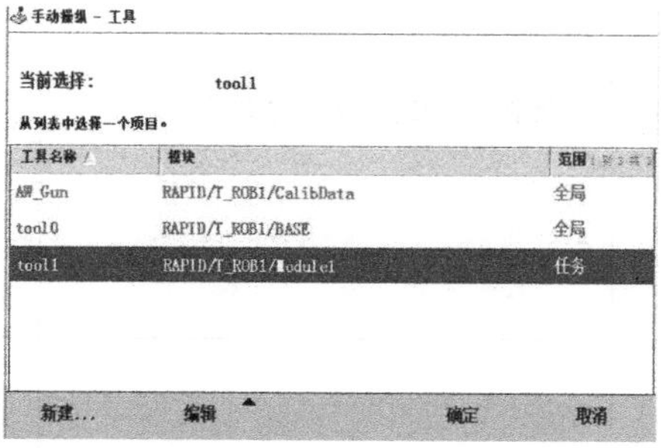
2	根据需要设定数据的属性，一般不用修改，单击“初始值”	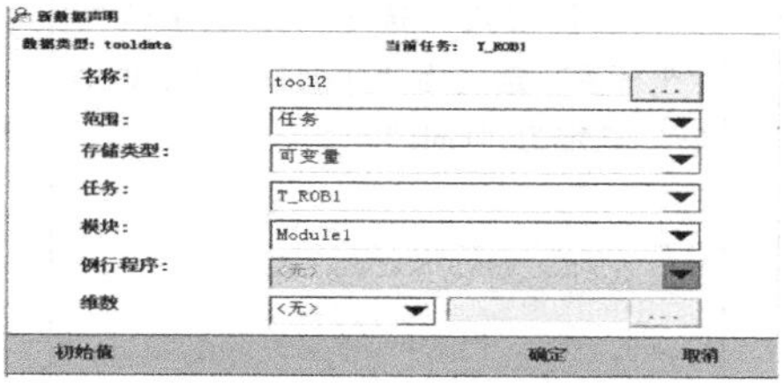
3	TCP 点设定在吸盘的接触面上，从默认 tool0 上的 Z 的正方向偏移 300mm，在此界面中设定对应的数值	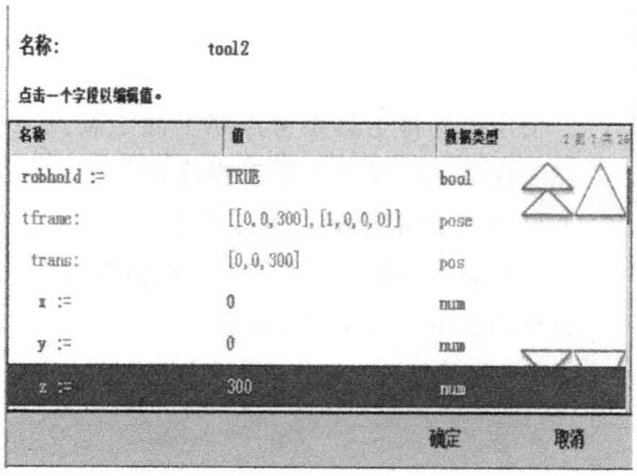

（续）

序号	操作步骤	示意图
4	此工具质量是25kg，重心在默认tool0的Z的正方向偏移250mm，在界面中设定对应的数值，然后单击“确定”，设定完成	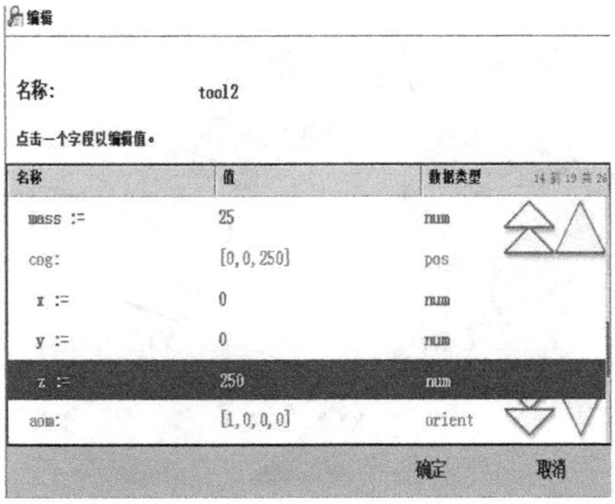编辑 名称: tool2 点击一个字段以编辑值。 名称 值 数据类型 14到19共26 mass := 25 num cog: [0,0,250] pos x := 0 num y := 0 num z := 250 num aom: [1,0,0,0] orient 确定 取消

4. 工件坐标系

工件坐标系wobjdata对应工件，它定义了工件相对于大地坐标系（或其他坐标系）的位置。机器人可以拥有若干工件坐标系，或者表示不同工件，或者表示同一工件在不同位置的若干副本。使用工件坐标系的优点见表6-4。

工件坐标系的标定

表6-4 使用工件坐标系的优点

示意图	优点
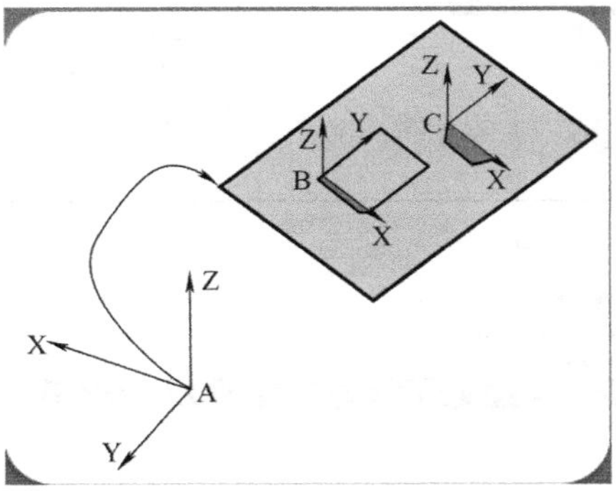	对机器人进行编程就是在工件坐标系中创建目标和路径。优点如下： 1）重新定位工作站中的工件时，只需要更改工件坐标系的位置，所有路径将即刻随之更新 2）允许操作以外轴或传送导轨移动的工件，因为整个工件可连同其路径一起移动 **注意：**A是机器人的大地坐标系，为方便编程，给第一个工件建立了一个工件坐标系B，并在这个工件坐标系B中进行轨迹编程
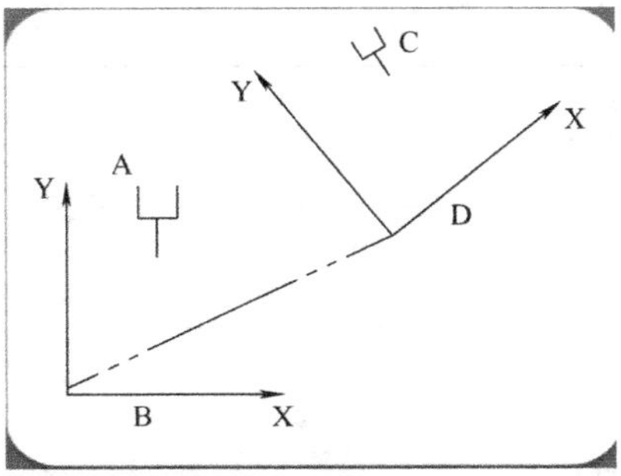	如果工作台上还有一个一样的工件需要行进一样的轨迹，则只需建立一个工件坐标系C，将工件坐标系B中的轨迹复制一份，然后将工件坐标系从B更新为C，无须对一样的工件进行重复轨迹编程 **注意：**如果在工件坐标系B中对A对象进行了轨迹编程，当工件坐标的位置变化成工件坐标系D后，只需在机器人系统中重新定义工件坐标系D，则机器人的轨迹就自动更新到C，不需要再次进行轨迹编程。A相对于B、C相对于D的关系一样，并没有因为整体偏移而发生变化

（续）

示意图	优点
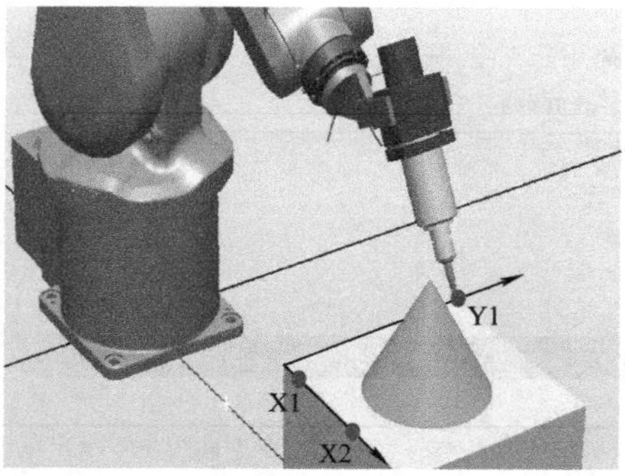	在对象的平面上，只需要定义 3 个点，就可以建立一个工件坐标。X1 点确定工件坐标系的原点，X1、X2 点确定工件坐标系的 X 的正方向，Y1 确定工件坐标系的 Y 的正方向。工件坐标系符合右手定则 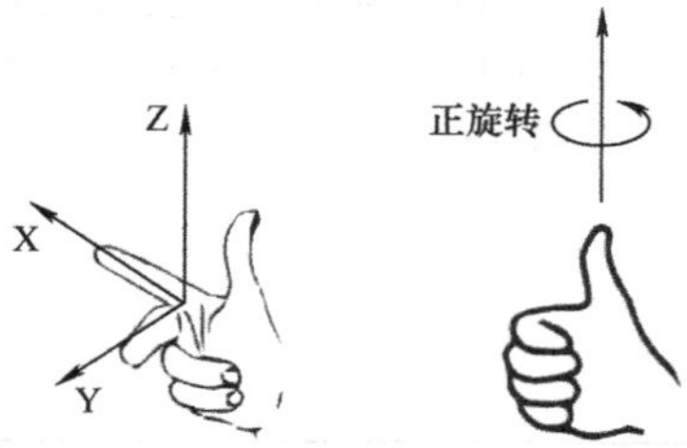

建立工件坐标系的操作步骤见表 6-5。

表 6-5　建立工件坐标系的操作步骤

序号	操作步骤	示意图
1	在手动操纵界面中，选择“工件坐标”	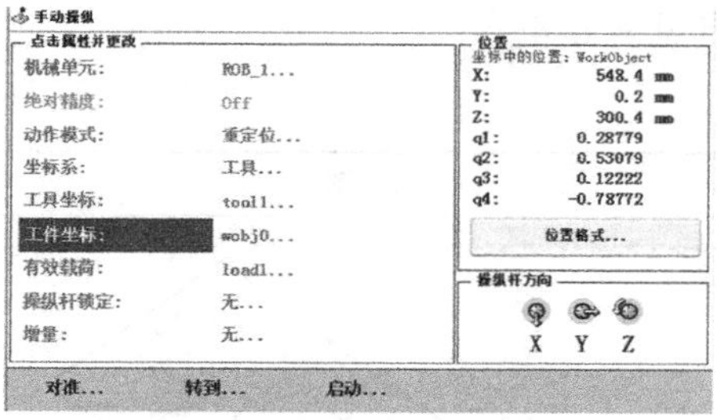
2	单击“新建”	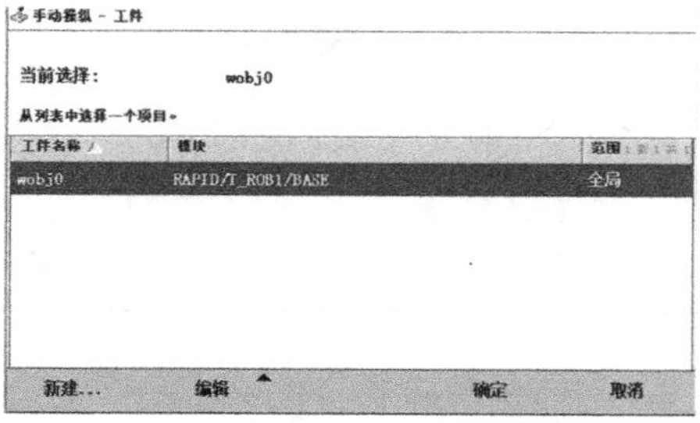
3	对工件坐标系数据属性进行设定后，单击“确定”	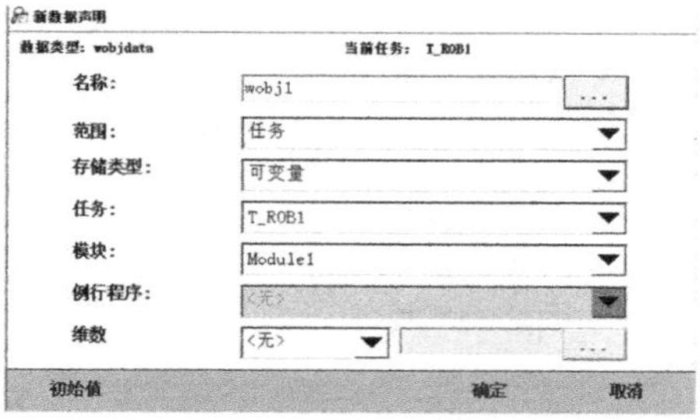

（续）

序号	操作步骤	示意图
4	打开编辑菜单，选择“定义”	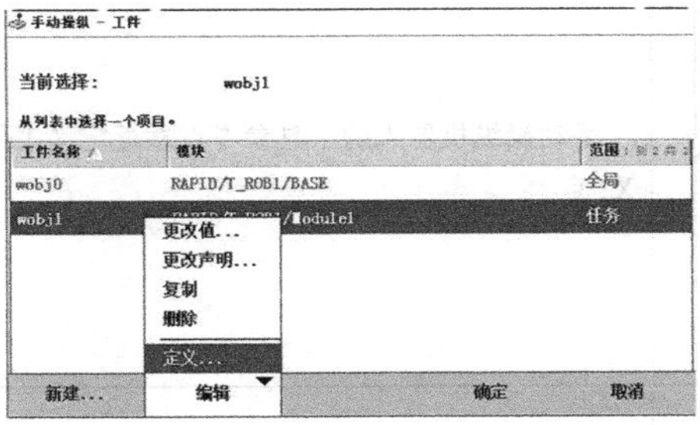
5	将“用户方法”设定为“3 点”	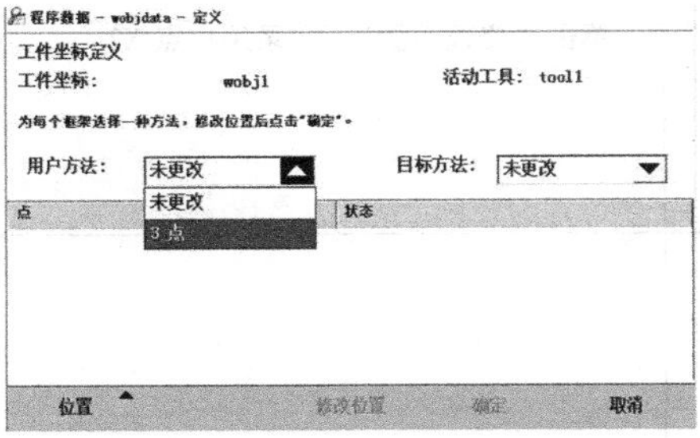
6	手动操纵机器人的工具参考点靠近定义工件坐标系的X1 点	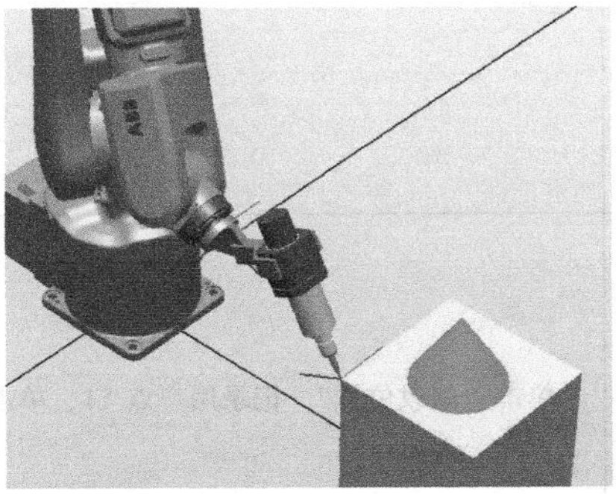
7	单击“修改位置”，记录用户点 X1	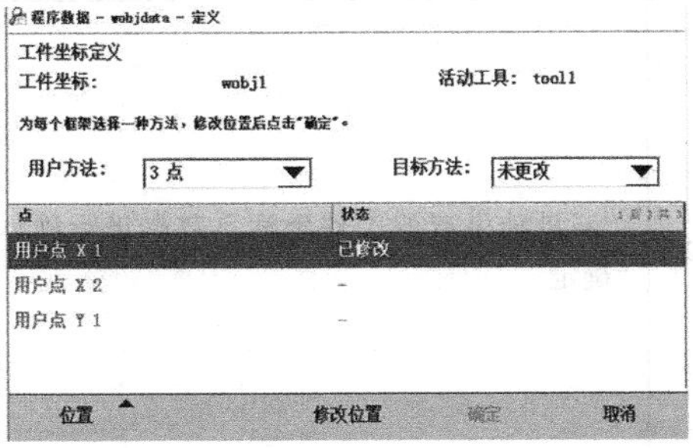

（续）

序号	操作步骤	示意图
8	手动操纵机器人的工具参考点靠近定义工件坐标系的X2点	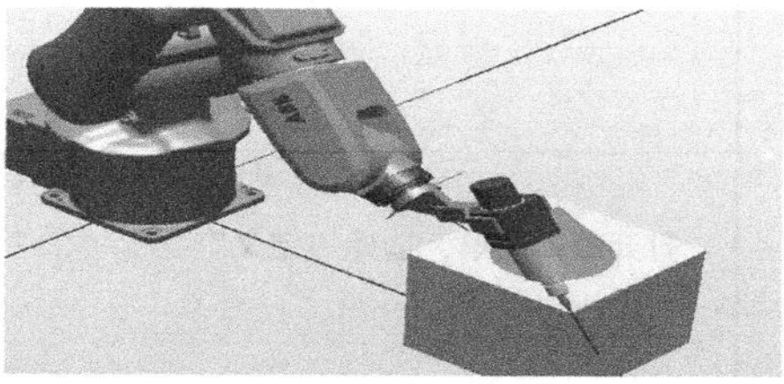
9	单击“修改位置”，记录用户点X2	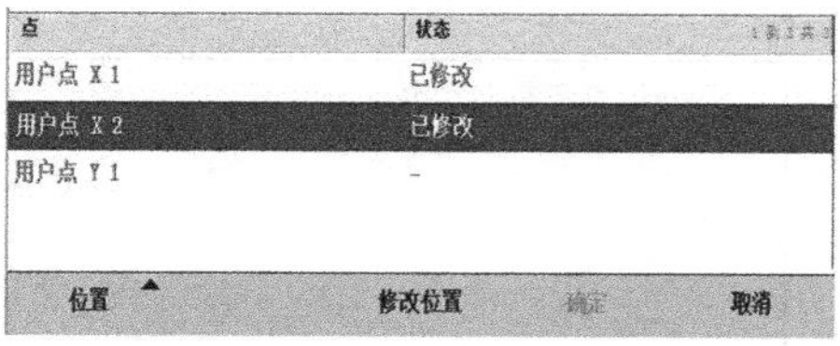
10	手动操作机器人的工具参考点靠近定义工件坐标系的Y1点	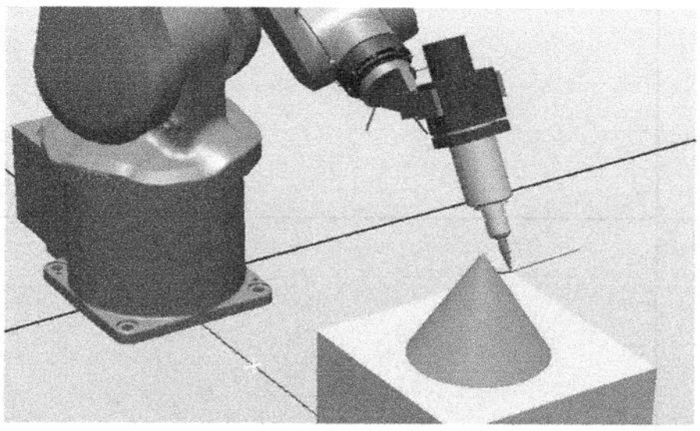
11	单击“修改位置”，记录用户点Y1，单击“确定”	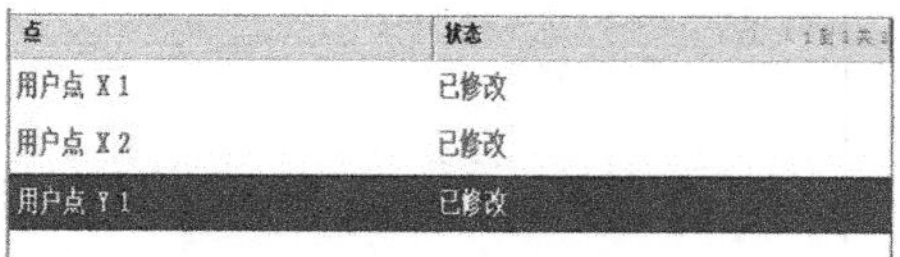
12	对自动生成的工件坐标系数据进行确认后，单击“确定”	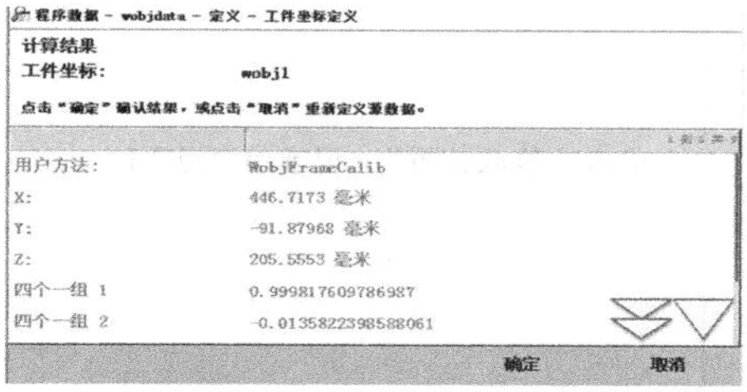

（续）

序号	操作步骤	示意图
13	选中“wobj1”后，单击“确定”	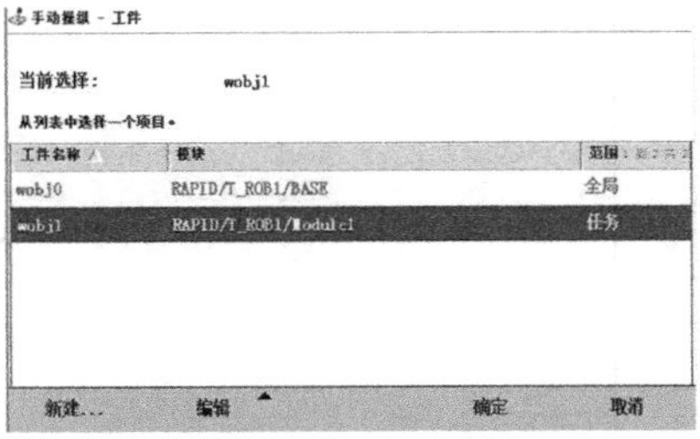

6.1.4 工业机器人的运动方式

手动操纵机器人运动一共有三种模式：单轴运动、线性运动和重定位运动。工业机器人是由6台伺服电动机分别驱动机器人的6个关节轴，如图6-7所示。

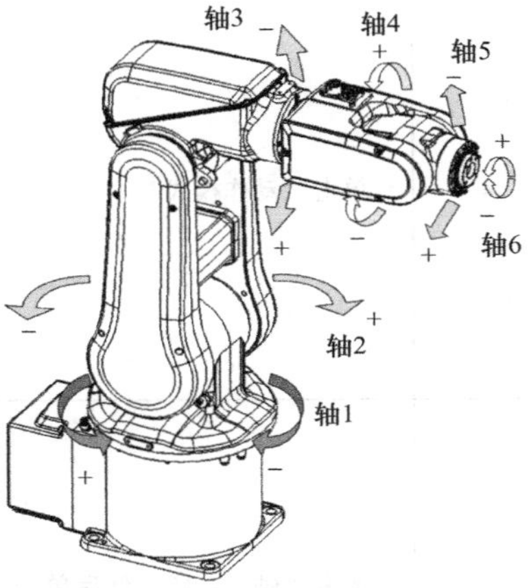

图6-7 IRB120型工业机器人的关节轴

ABB工业机器人手动操作

IRB120型工业机器人基础知识

单轴运动是指每次手动操纵一个关节轴的运动。

线性运动是指TCP在空间中沿着坐标轴做线性运动。当需要TCP在直线上移动时，选择线性运动是最为快捷的方式。

重定位运动是指TCP在空间绕着坐标轴旋转的运动，也可以理解为机器人绕着工具TCP做姿态调整的运动。所以机器人在某一平面上进行姿态调整时，选择重定位运动是最快捷的方式。

1. 单轴运动

单轴运动的操作步骤见表6-6。

表6-6 单轴运动操作步骤

序号	操作步骤	示意图
1	将控制柜上的机器人状态钥匙切换到中间的手动限速状态	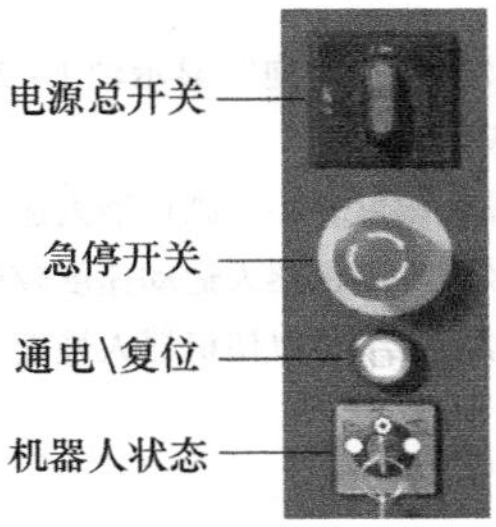
2	在状态栏中，确认机器人的状态已切换为“手动”	

（续）

序号	操作步骤	示意图
3	在 ABB 主菜单中，选择“手动操纵”	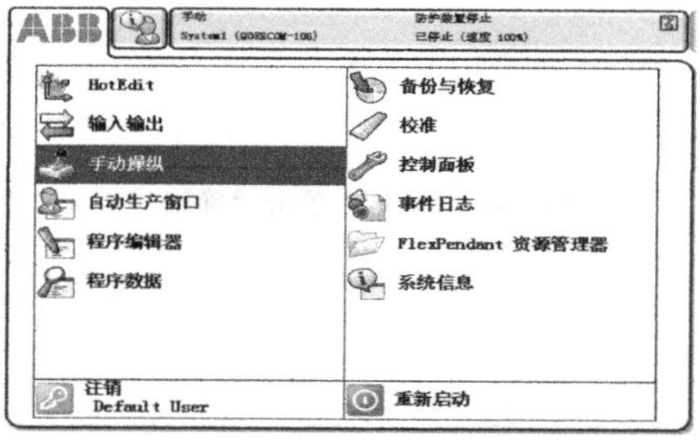
4	单击“动作模式”	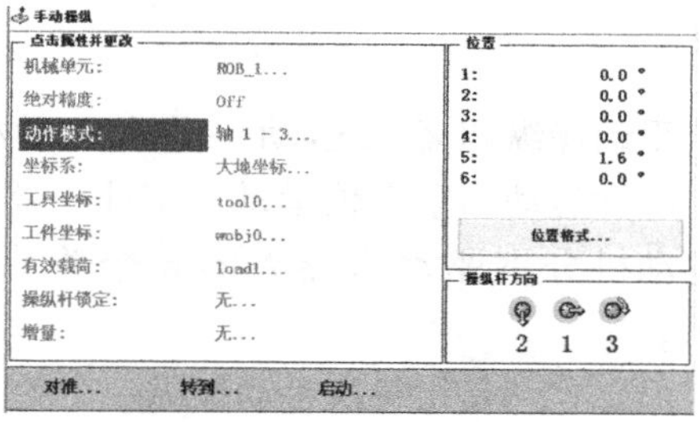
5	选中“轴 1 – 3”，然后单击“确定”（若选中“轴 4 – 6”，则可以操纵轴 4 – 6）	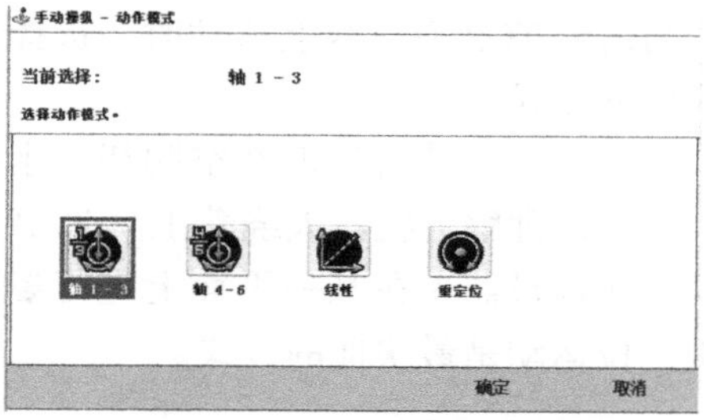
6	按下使能按钮，在状态栏中确认状态为“电机开启”	
7	“操纵杆方向”显示轴 1 ~ 3 的操纵杆方向。箭头表示正方向 操纵幅度较小，则机器人运动速度较慢；操纵幅度较大，则机器人运动速度较快。在操作时尽量以小幅度操纵，以使机器人慢慢运动	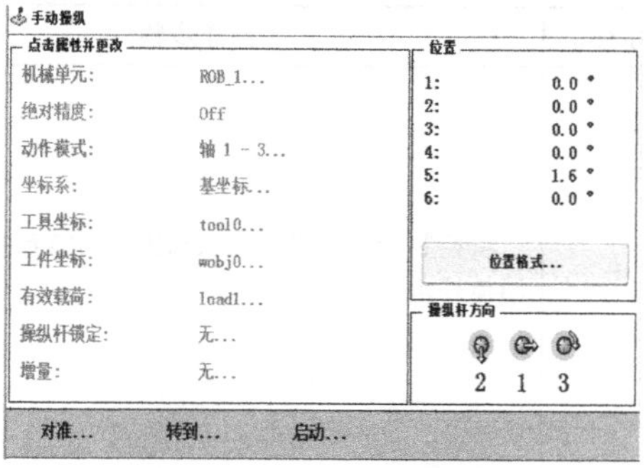

2. 线性运动

线性运动的操作步骤见表 6-7。

表 6-7 线性运动操作步骤

<table>
<tr><th>序号</th><th>操作步骤</th><th>示意图</th></tr>
<tr><td>1</td><td>在“手动操纵－动作模式”界面中选择“线性”，然后单击“确定”</td><td>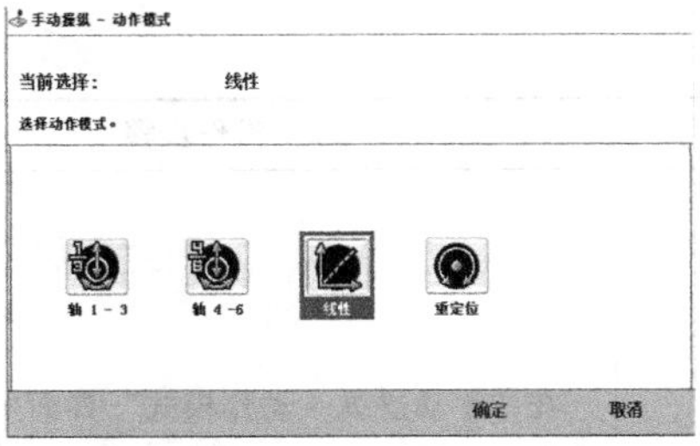
</td></tr>
<tr><td>2</td><td>单击“工具坐标”。机器人的线性运动要在“工具坐标”中指定对应的工具</td><td>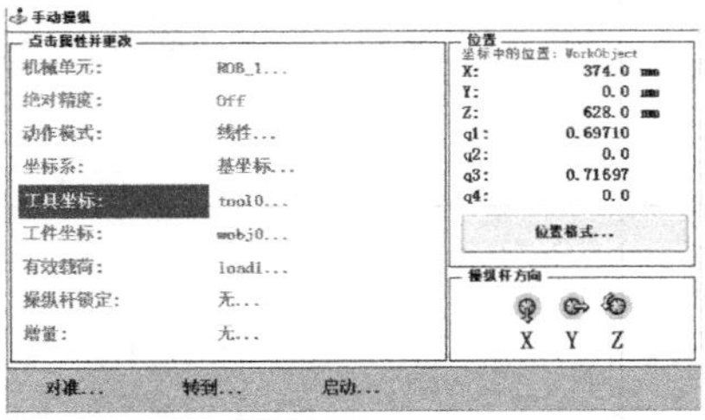
</td></tr>
<tr><td>3</td><td>选择对应的工具（工具数据的建立，参见程序数据内容）</td><td>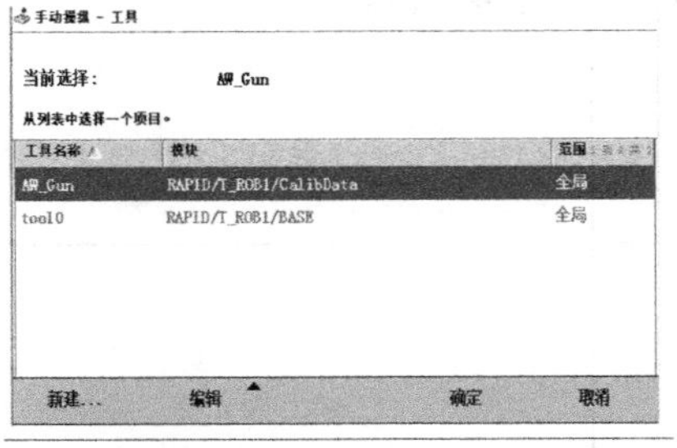
</td></tr>
<tr><td>4</td><td>用左手按下使能按钮，进入“电机开启”状态，在状态栏中，确认“电机开启”状态</td><td>
</td></tr>
<tr><td>5</td><td>“操纵杆方向”显示 X、Y、Z 轴的操纵杆方向。箭头表示正方向</td><td>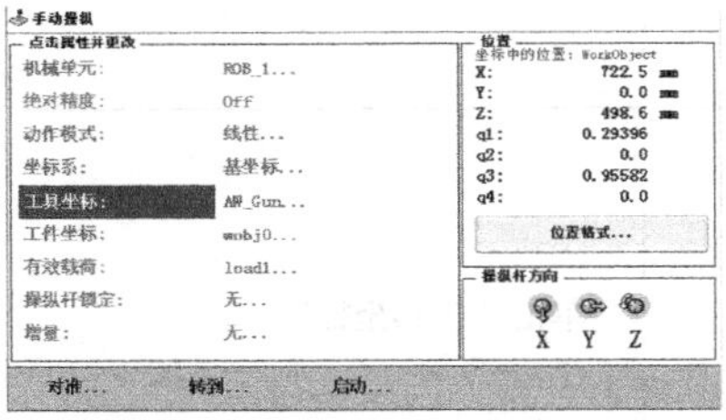
</td></tr>
<tr><td>6</td><td>操作示教器上的操纵杆，工具的 TCP 在空间中做线性运动</td><td>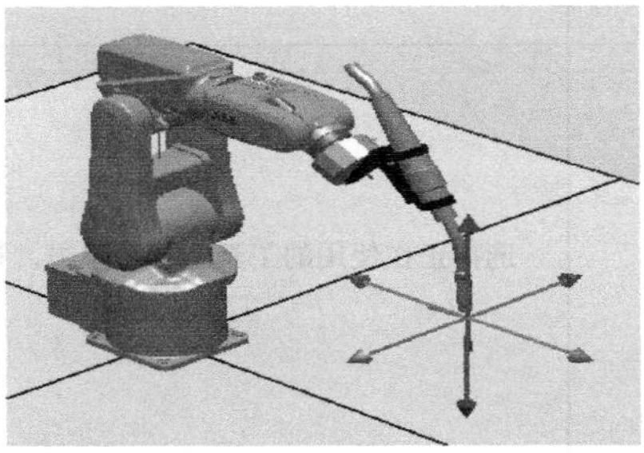</td></tr>
</table>

3. 重定位运动

重定位运动的操作步骤见表6-8。

表6-8 重定位运动操作步骤

序号	操作步骤	示意图
1	在“手动操纵－动作模式”界面中，选择“重定位”，然后单击“确定”	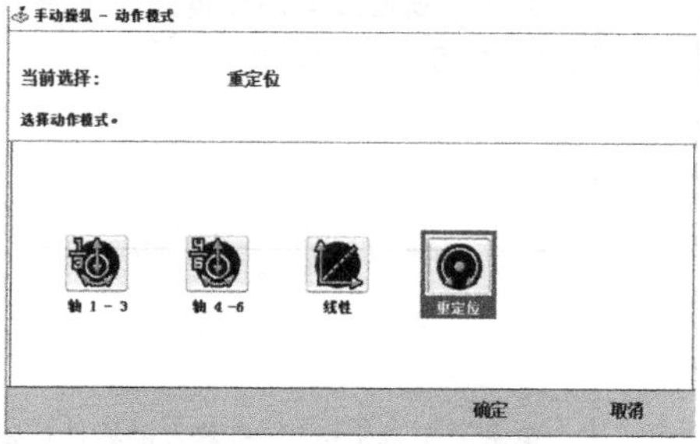
2	单击“坐标系”	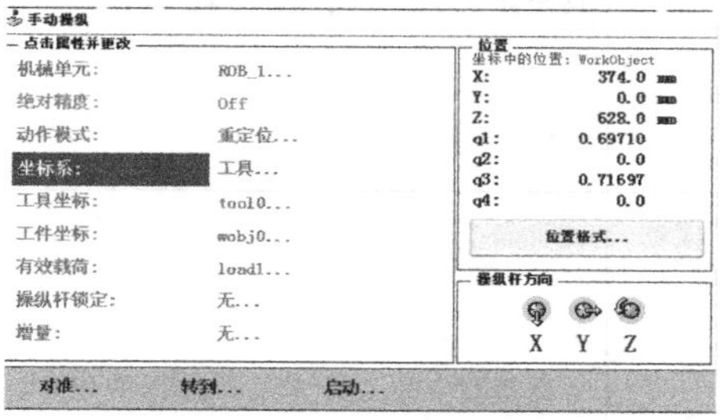
3	选择“工具”，然后单击“确定”	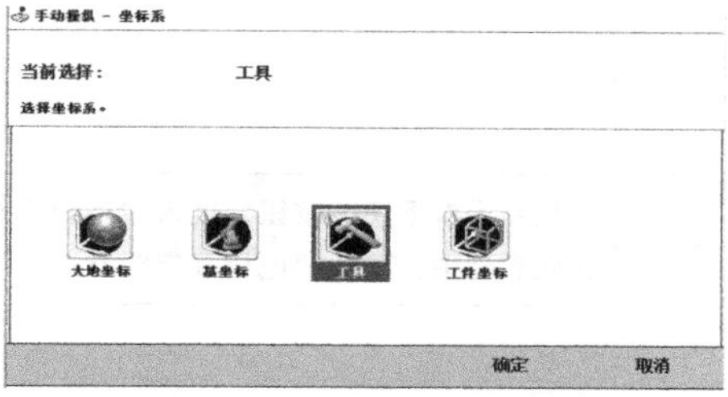
4	单击“工具坐标”	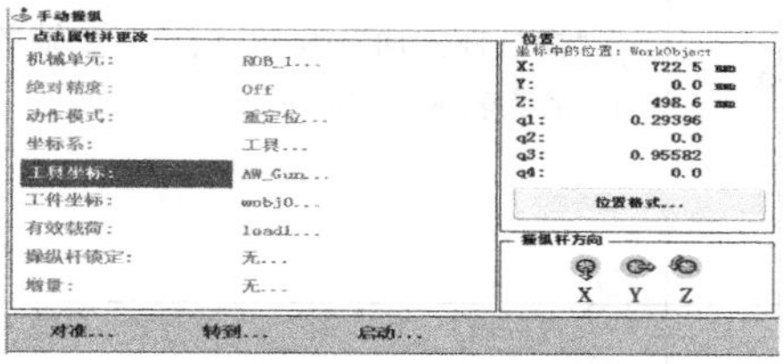
5	选择正在使用的工具，然后单击“确定”	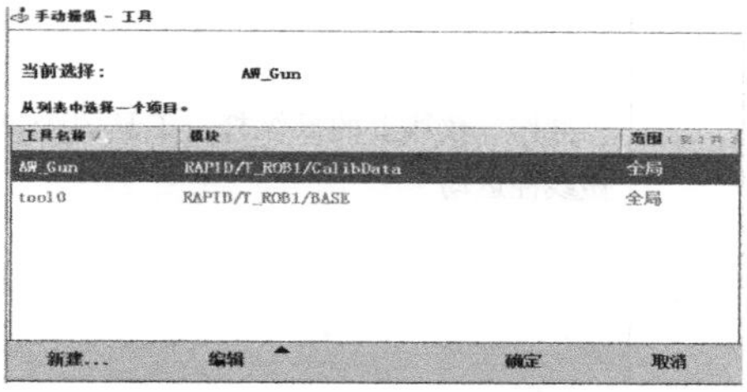

（续）

<table>
<tr><th>序号</th><th>操作步骤</th><th>示意图</th></tr>
<tr><td>6</td><td>用左手按下使能按钮，进入“电机开启”状态，在状态栏中，确认“电机开启”状态</td><td></td></tr>
<tr><td>7</td><td>“操纵杆方向”显示 X、Y、Z 轴的操纵杆方向。箭头表示正方向</td><td>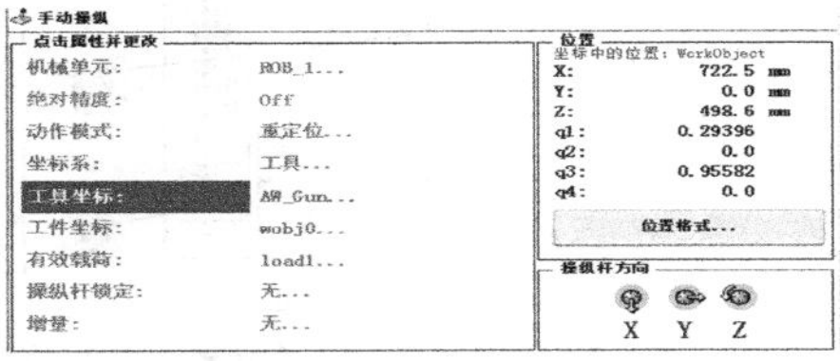</td></tr>
<tr><td>8</td><td>操纵示教器上的操纵杆，机器人绕着工具 TCP 做姿态调整的运动</td><td>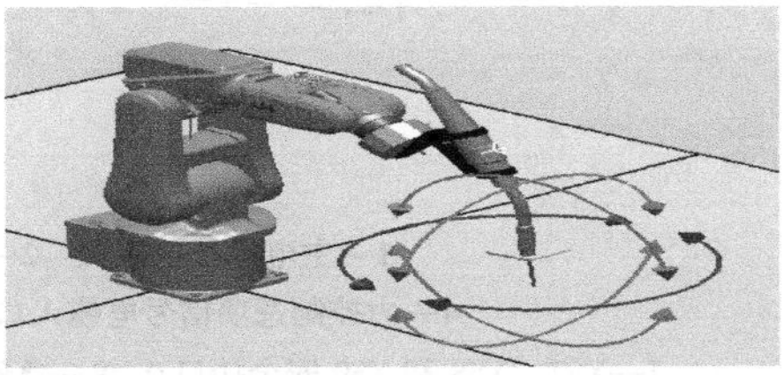</td></tr>
</table>

6.2 工业机器人的 I/O 通信

标准 I/O 板配置

6.2.1 ABB 工业机器人 I/O 通信种类

ABB 工业机器人提供了丰富的 I/O 通信接口，可以轻松地实现与周边设备的通信，通信方式见表 6-9。

表 6-9 ABB 工业机器人通信方式

PC	现场总线	ABB 标准
RS-232 通信 OPC ServerSocket Message①	DeviceNet② PROFIBUS② PROFIBUS-DP② PROFINET②	标准 I/O 板、PLC … … …

① 一种通信协议。

② 不同厂商推出的现场总线协议。

ABB 标准 I/O 板提供的常用信号处理有数字输入 di、数字输出 do、模拟输入 ai、模拟输出 ao 及输送链跟踪。

ABB 工业机器人可以选配 ABB 标准的 PLC，省去了与外部 PLC 进行通信设置的环节，并且在机器人示教器上就能实现与 PLC 相关的操作。

IRC5 控制柜接口如图 6-8 所示。

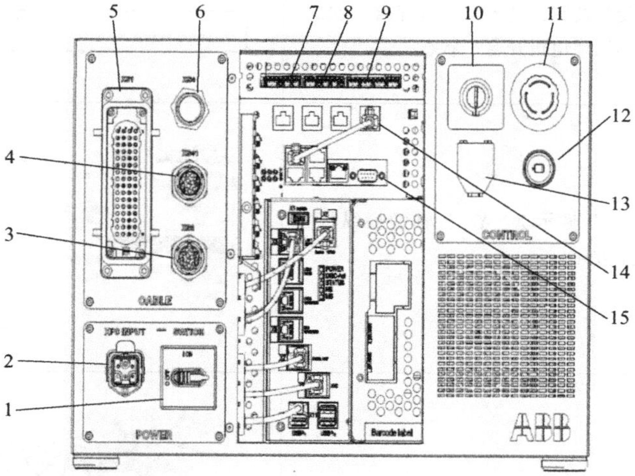

图 6-8　IRC5 控制柜接口

1—主电源控制开关　2—220V 电源接入口　3— SMB 电缆连接口

4—力控制选项信号电缆入口　5— 机器人主电缆　6—示教器电缆连接口

7—XS7、XS8 和 XS9 安全接口 0　8—急停输入接口 2　9—安全停止接口　10 机器人运行模式切换

11—急停按钮　12—机器人电动机上电/复位　13—Ethernet 连接口

13—机器人本体送刹车按钮（只对 IRB120 有效）　14 —Ethernet 连接口　15—远程服务器连接口

ABB 工业机器人 I/O 通信接口如图 6-9 所示。

图 6-9 以配置 DSQC652 板为范例，如配置 DSQC651 板则没有 8 位数字输出（地址8 ~ 15），内部接线都已接好，所以只需要在外部端口接线就可以。

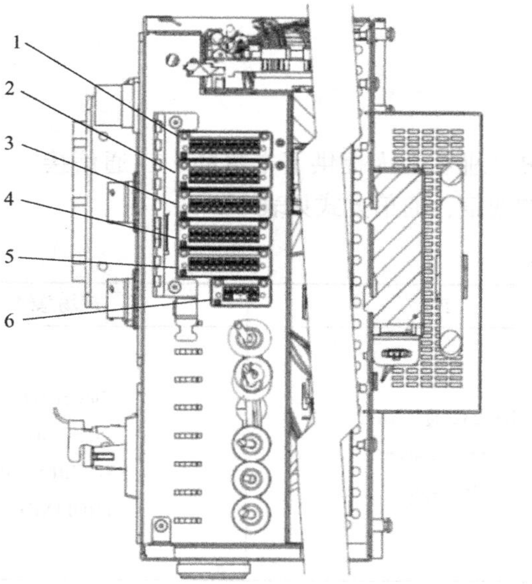

图 6-9　ABB 工业机器人 I/O 通信接口

1—8 位数字输入，地址 0 ~ 7　2—8 位数字输入，地址 8 ~ 15

3—8 位数字输出，地址 0 ~ 7　4—8 位数字输出，地址 8 ~ 15

5—24/0V 电源　6—DeviceNet 外部连接口

6.2.2　ABB 标准 I/O 板

ABB 机器人常用的标准 I/O 板有 DSQC651 型、DSQC652 型、DSQC653 型、DSQC335A 型、DSQC377A 型共五种，除分配地址不同，其配置方法基本相同。其相关说明见表 6-10。

表 6-10　ABB 机器人常用标准 I/O 板

序号	型号	说明
1	DSQC651	分布式 I/O 模块，di8、do8、ao2
2	DSQC652	分布式 I/O 模块，di16、do16
3	DSQC653	分布式 I/O 模块，di8、do8 带继电器
4	DSQC335A	分布式 I/O 模块，ai4、ao4
5	DSQC377A	输送链跟踪单元

（1）ABB 标准 I/O 板 DSQC651　DSQC651 型标准 I/O 板外观如图 6-10 所示。该 I/O 板主要提供 8 个数字输入信号、8 个数字输出信号和两个模拟输出信号的处理。

1）模块接口说明。DSQC651 型标准 I/O 板模块接口说明见表 6-11。

表 6-11　DSQC651 型标准 I/O 板模块接口说明

标号	说明
1	数字输出信号指示灯
2	X1 数字输出接口
3	X6 模拟输出接口
4	X5 DeviceNet 接口
5	模块状态指示灯
6	X3 数字输入接口
7	数字输入信号指示灯

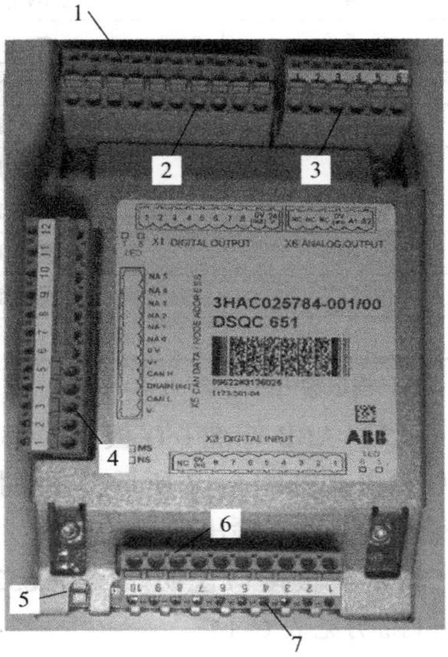

图 6-10　DSQC651 型标准 I/O 板

2）模块接口连接说明。DSQC651 型标准 I/O 板模块端子的使用定义见表 6-12。

表 6-12　X1、X3 端子使用定义

X1 端子			X3 端子		
端子编号	使用定义	地址分配	端子编号	使用定义	地址分配
X1 端子编号	使用定义	地址分配	X3 端子编号	使用定义	地址分配
1	OUTPUT CH1	32	1	INPUT CH1	0
2	OUTPUT CH2	33	2	INPUT CH2	1
3	OUTPUT CH3	34	3	INPUT CH3	2
4	OUTPUT CH4	35	4	INPUT CH4	3
5	OUTPUT CH5	36	5	INPUT CH5	4
6	OUTPUT CH6	37	6	INPUT CH6	5
7	OUTPUT CH7	38	7	INPUT CH7	6
8	OUTPUT CH8	39	8	INPUT CH8	7
9	0V		9	0V	
10	24V		10	未使用	

ABB 标准 I/O 板挂在 DeviceNet 网络上，所以需要设定模块在网络中的地址。X5 端子如图 6-11 所示。

其中，跳线6～12用来设定模块地址，地址可用范围为10～63。表6-13为X5端子的使用定义。

表6-13　X5端子使用定义

X5端子编号	使用定义
1	0V（黑色线）
2	CAN信号线（蓝色线）
3	屏蔽线
4	CAN信号线（白色线）
5	24V RED
6	GND地址选择公共端
7	模块ID bit 0（LSB）
8	模块ID bit 1（LSB）
9	模块ID bit 2（LSB）
10	模块ID bit 3（LSB）
11	模块ID bit 4（LSB）
12	模块ID bit 5（LSB）（黑色线）

注：模拟输出的范围：0～+10V。

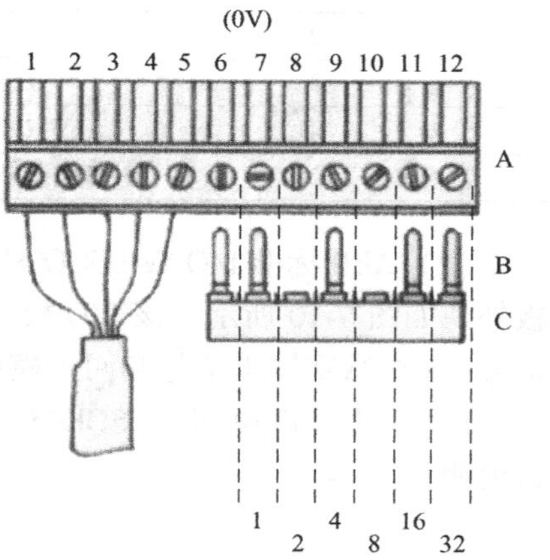

图6-11　X5端子

（2）ABB标准I/O板DSQC652　DSQC652型标准I/O板外观如图6-12所示，主要提供16个数字输入信号和16个数字输出信号的处理。

1）模块接口说明。DSQC652型标准I/O板模块接口说明见表6-14。

表6-14　DSQC652型标准I/O板模块接口说明

标号	说明
1	数字输出信号指示灯
2	X1、X2数字输出接口
3	X5 DeviceNet接口
4	模块状态指示灯
5	X3、X4数字输入接口
6	数字输入信号指示灯

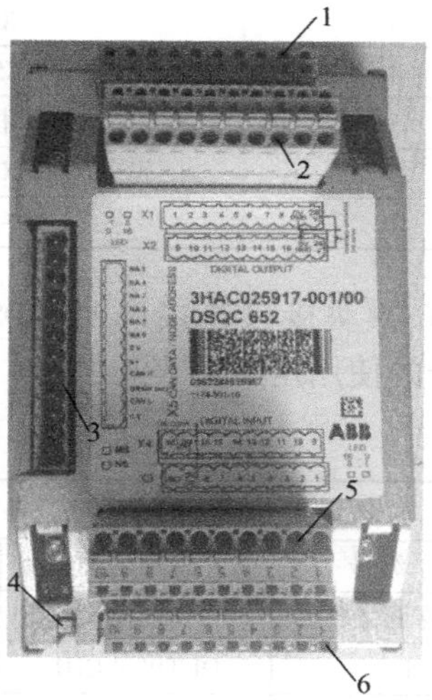

图6-12　DSQC652型标准I/O板

2）模块接口连接说明。DSQC652型标准I/O板各模块接口的定义见表6-15。

表6-15　模块接口定义

X1端子	端子编号	1	2	3	4	5
	使用定义	OUTPUT CH1	OUTPUT CH2	OUTPUT CH3	OUTPUT	OUTPUT
	地址分配	0	1	2	3	4
	端子编号	6	7	8	9	10
	使用定义	OUTPUT	OUTPUT	OUTPUT	0	2
	地址分配	5	6	7		

（续）

X2端子	端子编号	1	2	3	4	5
	使用定义	OUTPUT CH9	OUTPUT CH10	OUTPUT CH11	OUTPUT CH12	OUTPUT CH13
	地址分配	8	9	10	11	12
	端子编号	6	7	8	9	10
	使用定义	OUTPUT CH14	OUTPUT CH15	OUTPUT CH16	0V	24V
	地址分配	13	14	15		
X4端子	端子编号	1	2	3	4	5
	使用定义	INPUT CH9	INPUT CH10	INPUT CH11	INPUT CH12	INPUT CH13
	地址分配	8	9	10	11	12
	端子编号	6	7	8	9	10
	使用定义	INPUT CH14	INPUT CH15	INPUT CH16	0V	24V
	地址分配	13	14	15		

X5、X3 端子定义同 DSQC651 型标准 I/O 板。

6.2.3　配置工业机器人的标准 I/O 板

工业机器人常用的标准 I/O 板有 DSQC651 和 DSQC652。其中 DSQC651 型 I/O 板主要提供 8 个数字输入信号，8 个数字输出信号和两个模拟输出信号的处理，包括数字输出信号指示灯、X1 数字输出接口、X3 数字输入接口、X5 DeviceNet 接口、X6 模拟输出接口、模块状态指示灯和数字输入信号指示灯。模拟输出的地址为 0～31，数字输出的地址为 32～39，数字输入的地址为 0～7。

DSQC652 型 I/O 板主要提供 16 个数字输入信号和 16 个数字输出信号的处理。DSQC652 型 I/O 板包括数字输出信号指示灯、X1 和 X2 数字输出接口、X3 和 X4 数字输入接口、X5 DeviceNet 接口、模块状态指示灯和数字输入信号指示灯。

系统输入输出与 I/O 信号的关联

6.2.4　I/O 信号的定义

定义 I/O 信号的具体操作步骤见表 6-16。

表 6-16　定义 I/O 信号操作步骤

序号	操作步骤	示意图
1	打开 ABB 主菜单，在示教器界面中单击“控制面板”选项	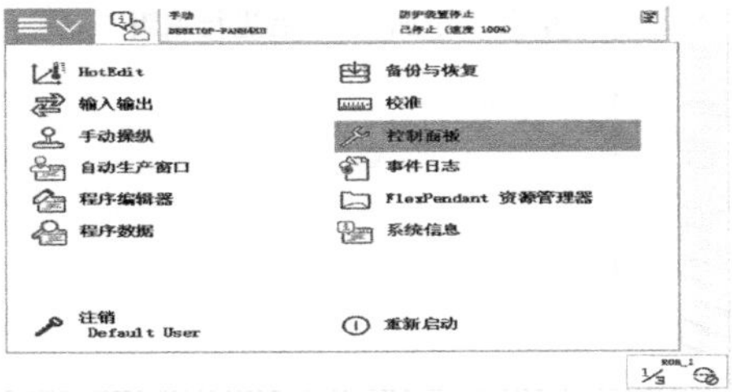

（续）

序号	操作步骤	示意图
2	单击“配置”选项	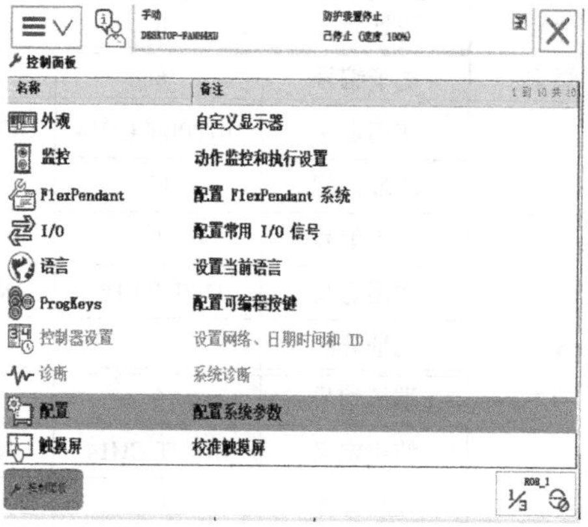
3	进入配置系统参数界面后，双击“DeviceNet Device”选项	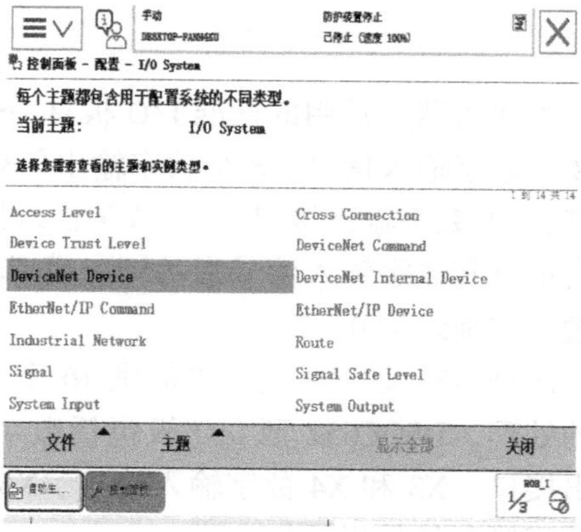
4	单击“添加”，然后进行编辑	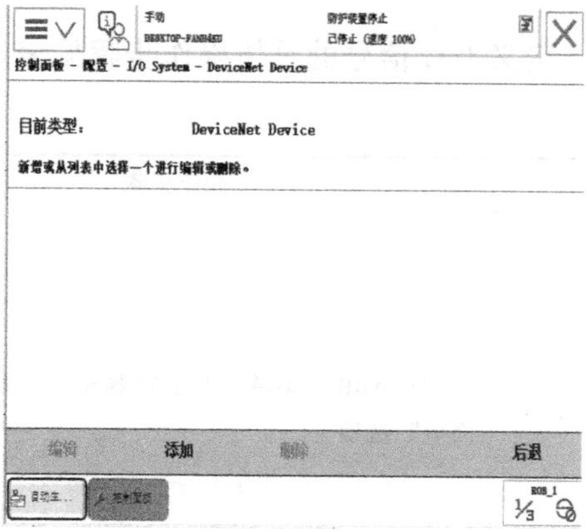

（续）

序号	操作步骤	示意图
5	对参数进行设置，首先双击“Name”，输入“DSQC651”，然后单击“确定”	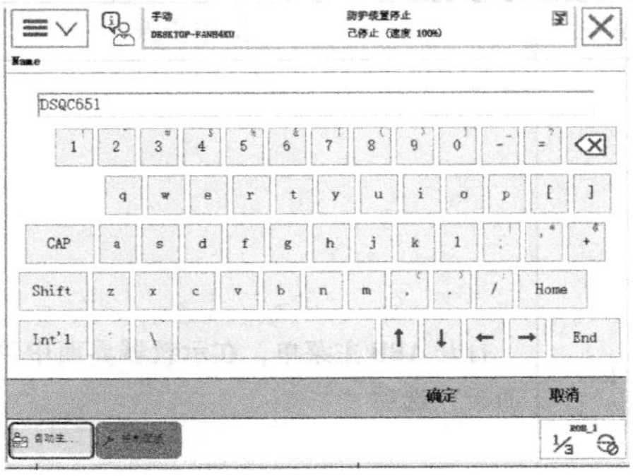
6	双击“Address”，输入“10”，单击“确定”	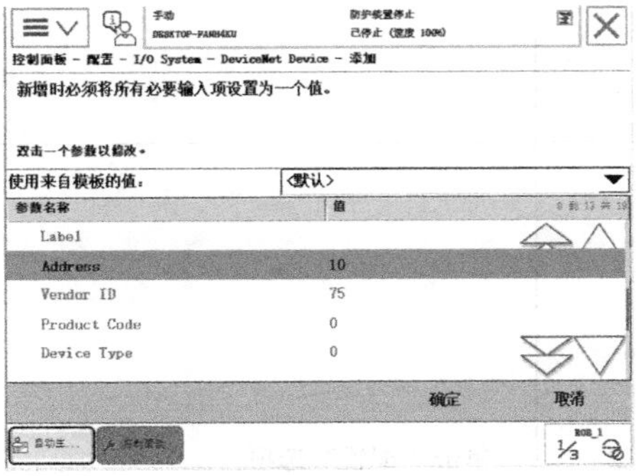
7	在弹出的重新启动界面中，单击“是”，重启控制器完成设置	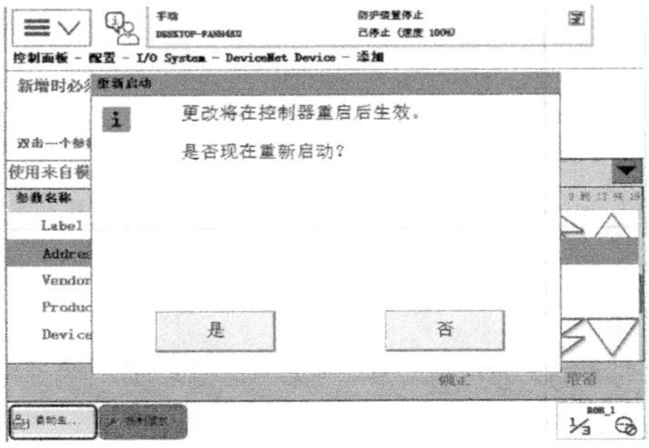

（1）定义数字量输入信号　数字量输入信号 di1 的参数表见表 6-17。

表 6-17　数字量输入信号 di1 参数表

参数名称	设定值	说明
Name	di1	设定数字输入信号的名称
Type of Signal	Digtal Input	设定信号种类
Assigned to Device	DSQC651	设定信号所在的 I/O 模块
Device Mapping	8	设定信号所占用的地址

定义数字量输入信号的具体操作步骤见表6-18。

表6-18 定义数字量输入信号操作步骤

<table>
<tr><th>序号</th><th>操作步骤</th><th>示意图</th></tr>
<tr><td>1</td><td>打开ABB主菜单，在示教器界面中单击“控制面板”选项</td><td>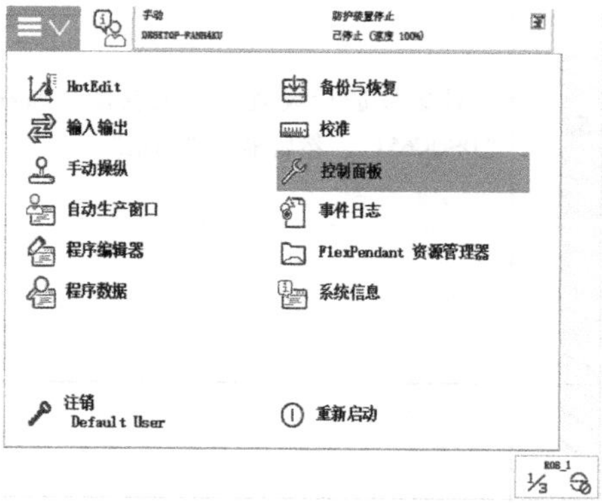
</td></tr>
<tr><td>2</td><td>单击“配置”选项</td><td>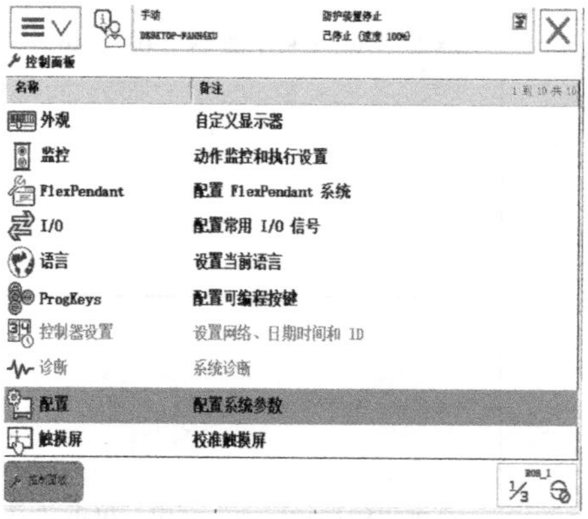
</td></tr>
<tr><td>3</td><td>进入配置系统参数界面后，双击“Signal”选项</td><td>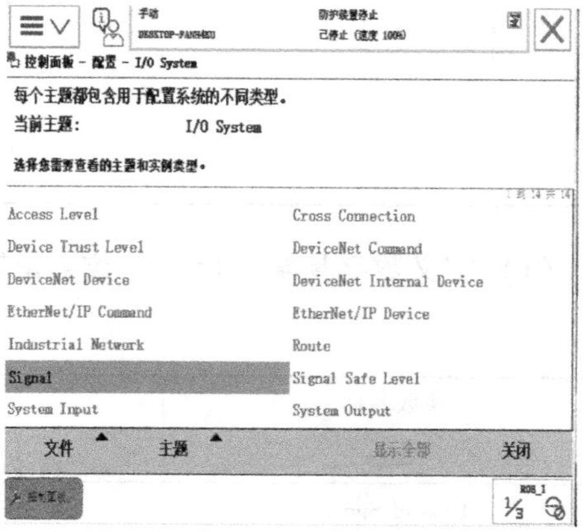
</td></tr>
</table>

（续）

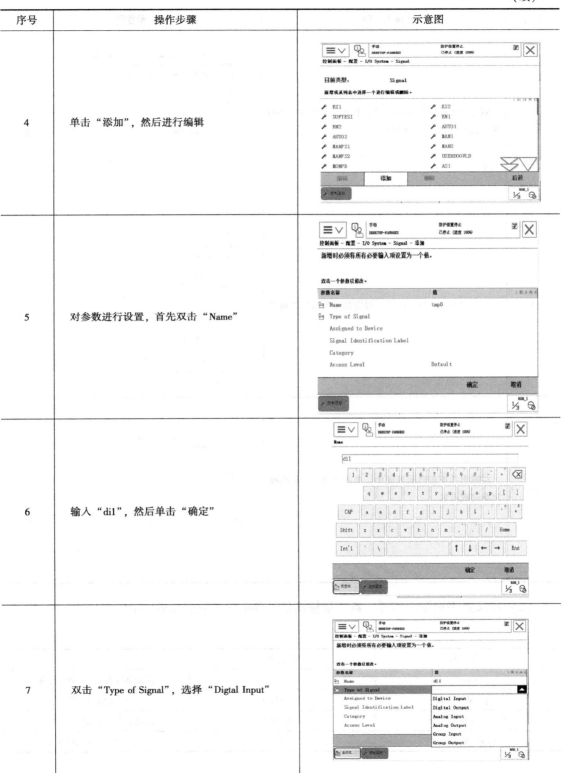

序号	操作步骤	示意图
4	单击“添加”，然后进行编辑	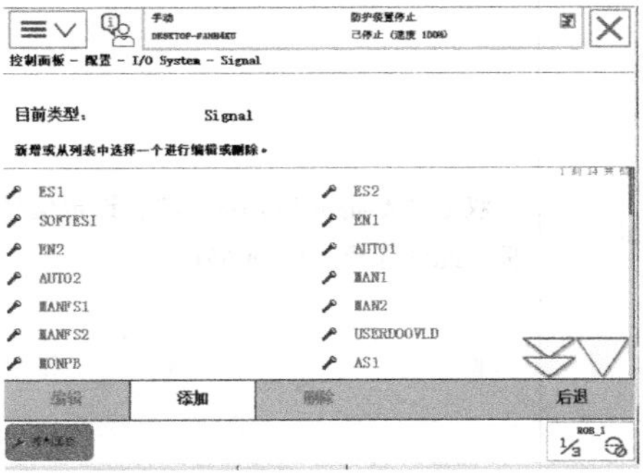
5	对参数进行设置，首先双击“Name”	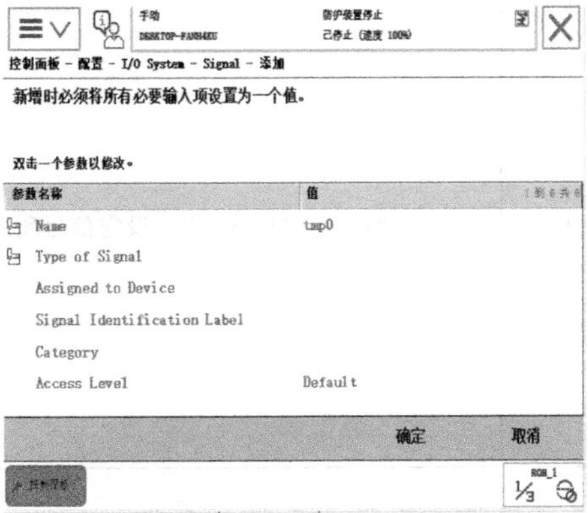
6	输入“di1”，然后单击“确定”	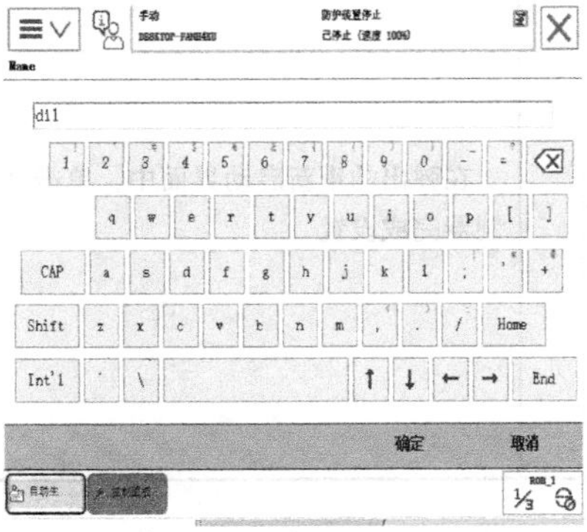
7	双击“Type of Signal”，选择“Digtal Input”	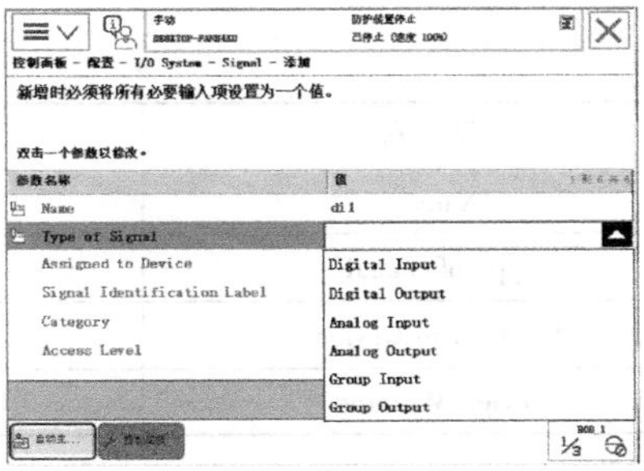

（续）

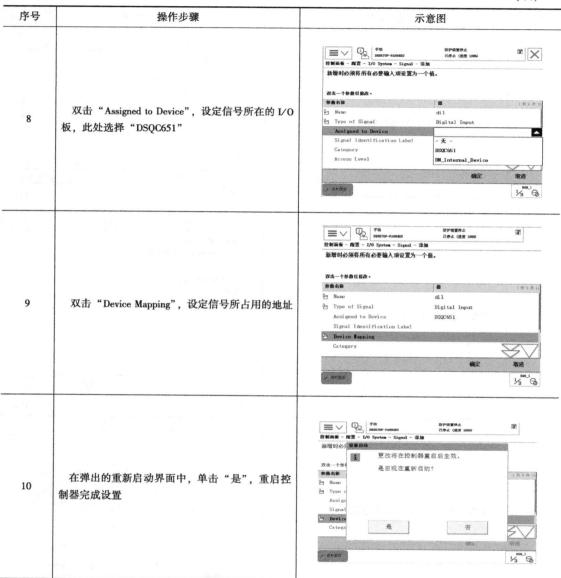

序号	操作步骤	示意图
8	双击“Assigned to Device”，设定信号所在的 I/O 板，此处选择“DSQC651”	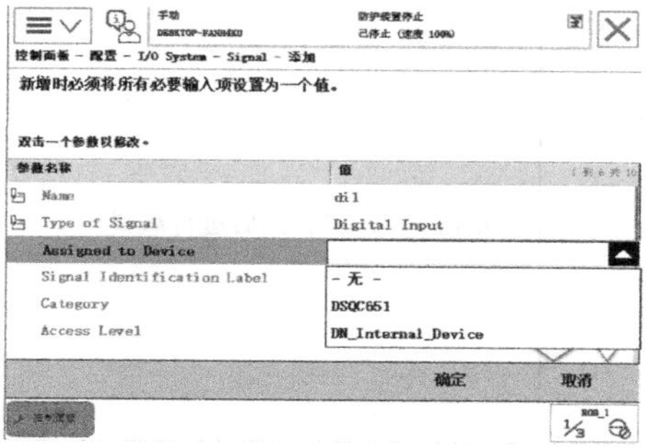
9	双击“Device Mapping”，设定信号所占用的地址	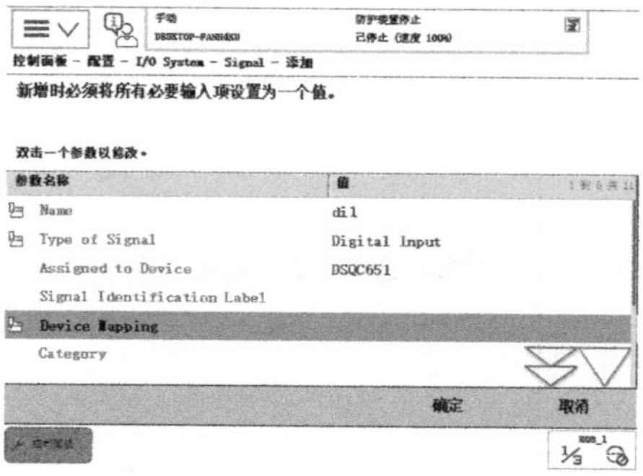
10	在弹出的重新启动界面中，单击“是”，重启控制器完成设置	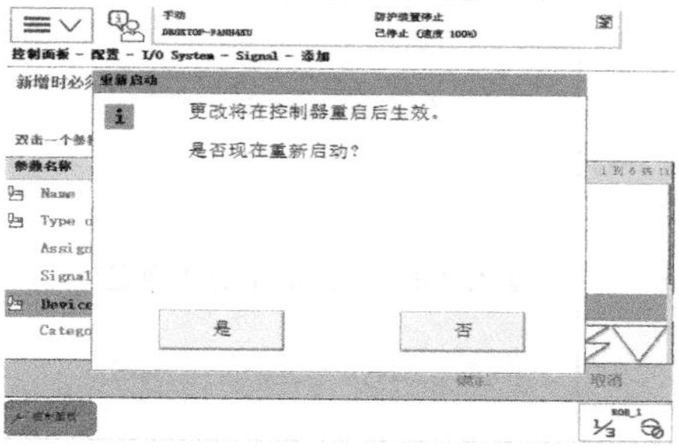

（2）定义数字量输出信号　数字量输出信号 do1 的参数表见表 6-19。

表 6-19　数字量输出信号 do1 参数表

参数名称	设定值	说明
Name	do1	设定数字输出信号的名称
Type of Signal	Digtal Output	设定信号种类
Assigned to Device	DSQC651	设定信号所在的 I/O 模块
Device Mapping	32	设定信号所占用的地址

定义数字量输出信号的具体操作步骤见表 6-20。

表 6-20 定义数字量输出信号操作步骤

序号	操作步骤	示意图
1	打开 ABB 主菜单，在示教器界面中单击“控制面板”选项	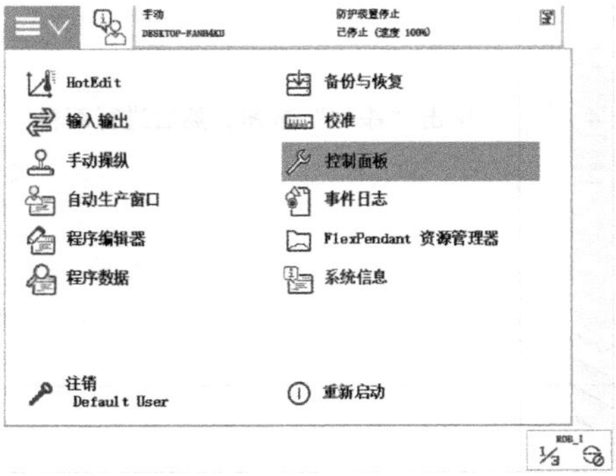
2	单击“配置”选项	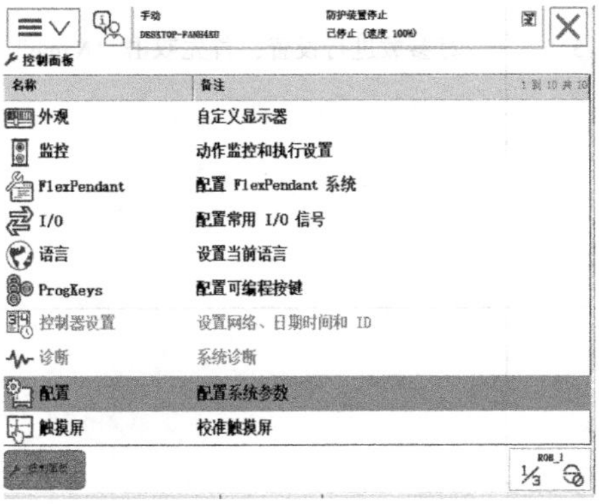
3	进入配置系统参数界面后，双击“Signal”选项	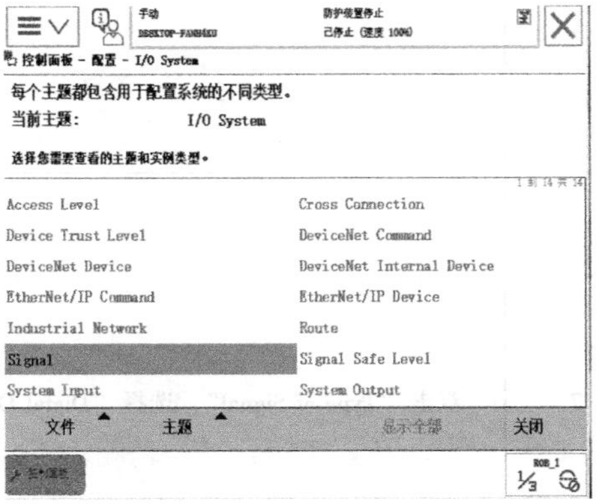

（续）

序号	操作步骤	示意图
4	单击“添加”按钮，然后进行编辑	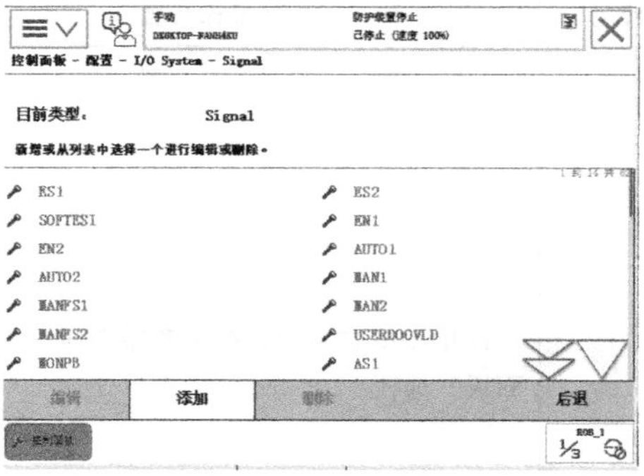
5	对参数进行设置，首先双击“Name”	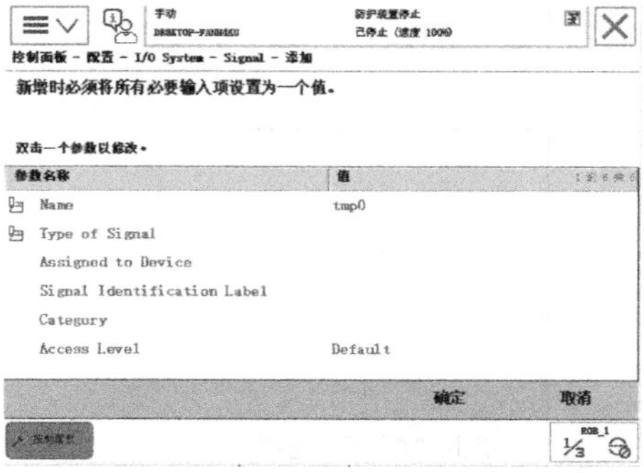
6	输入“do1”，然后单击“确定”	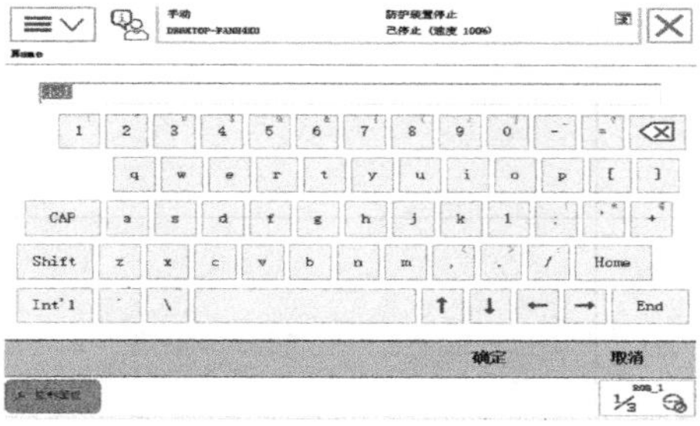
7	双击“Type of Signal”，选择“Digtal Output”	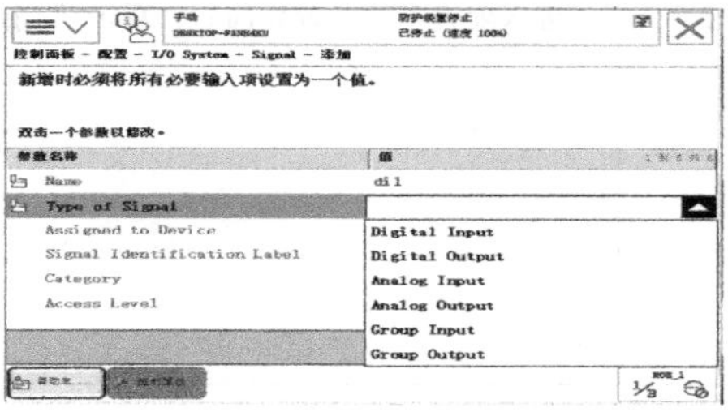

（续）

序号	操作步骤	示意图
8	双击“Assigned to Device”设定信号所在的I/O板，此处选择“DSQC651”	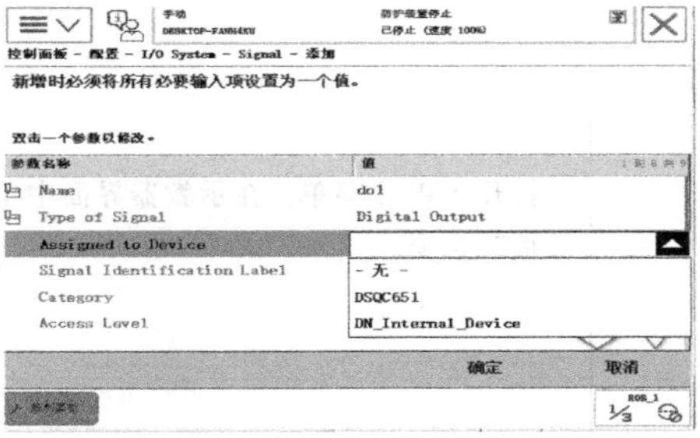
9	双击“Device Mapping”设定信号所占用的地址，输入“32”	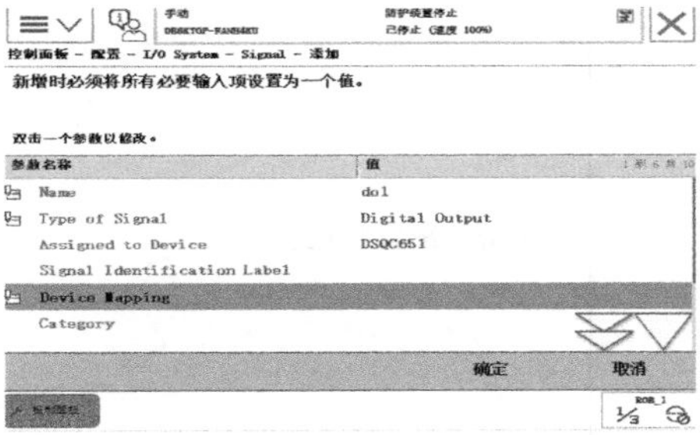
10	在弹出的重新启动界面中，单击“是”，重启控制器完成设置	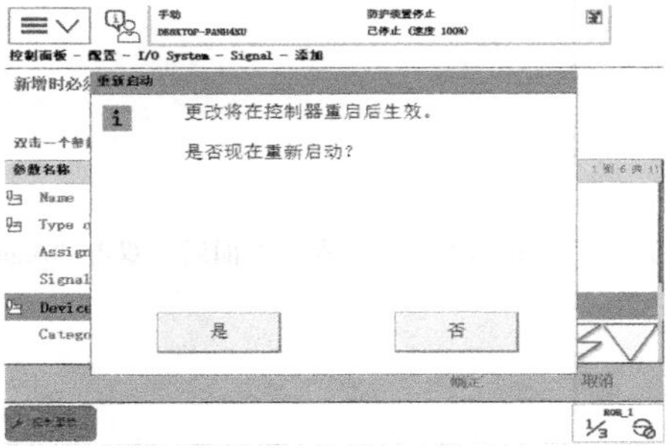

（3）定义模拟量输出信号　模拟量输出信号ao1的参数表见表6-21。

表6-21　模拟量输出信号ao1参数表

参数名称	设定值	说明
Name	ao1	设定模拟输出信号的名称
Type of Signal	Analog Output	设定信号种类
Assigned to Device	DSQC651	设定信号所在的I/O模块
Device Mapping	0－15	设定信号所占用的地址

定义模拟量输出信号的具体操作步骤见表6-22。

表 6-22　定义模拟量输出信号操作步骤

序号	操作步骤	示意图
1	打开 ABB 主菜单，在示教器界面中单击“控制面板”选项	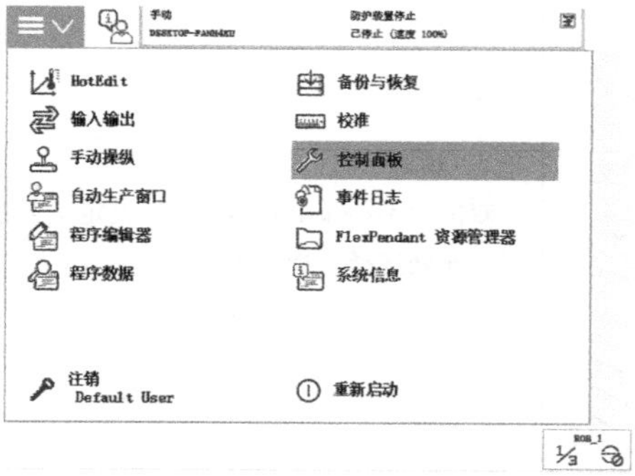
2	单击“配置”选项	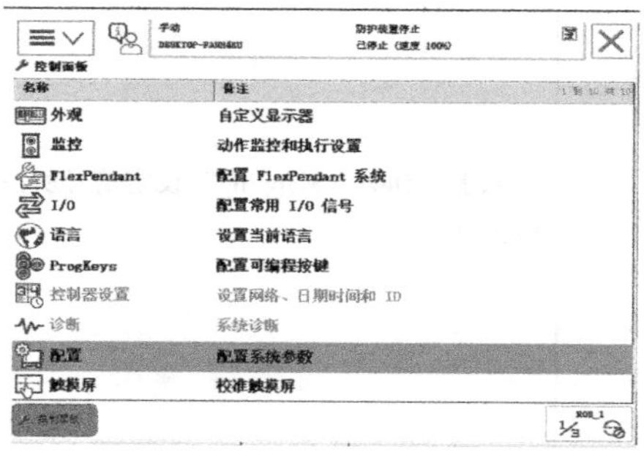
3	进入配置系统参数界面后，双击“Signal”选项	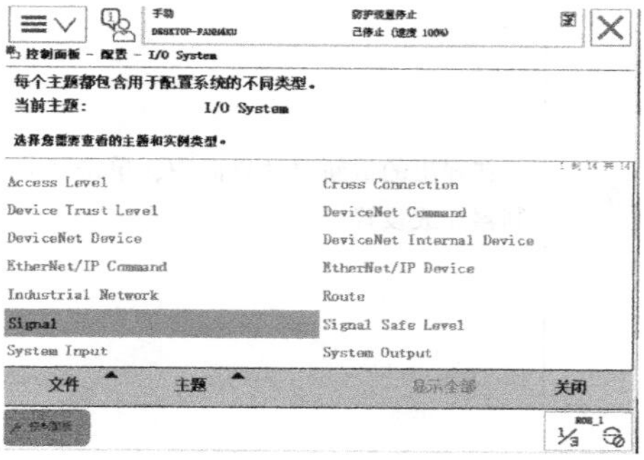
4	单击“添加”按钮，然后进行编辑	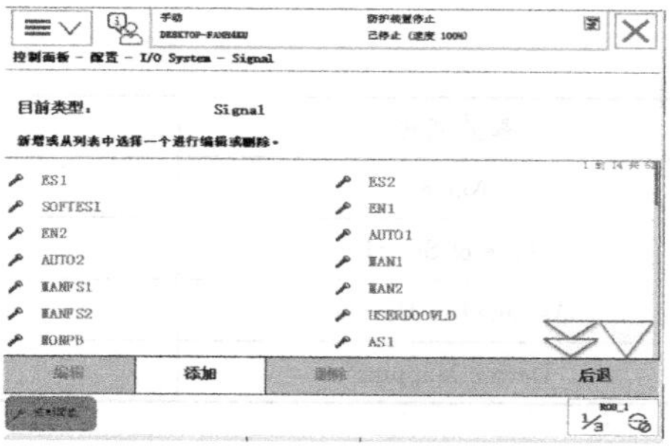

（续）

序号	操作步骤	示意图
5	对参数进行设置，首先双击“Name”	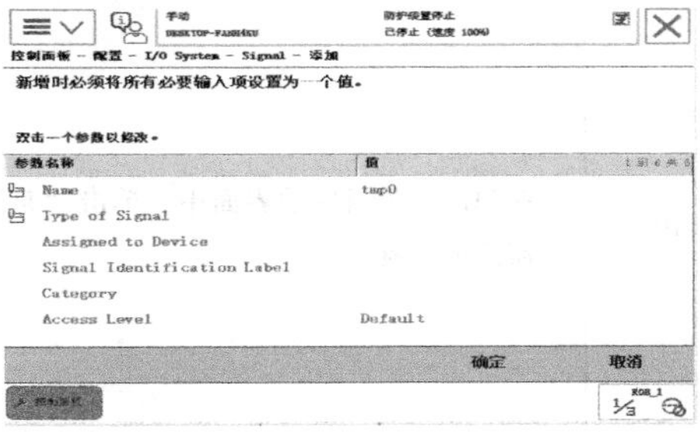
6	输入“aol”，然后单击“确定”	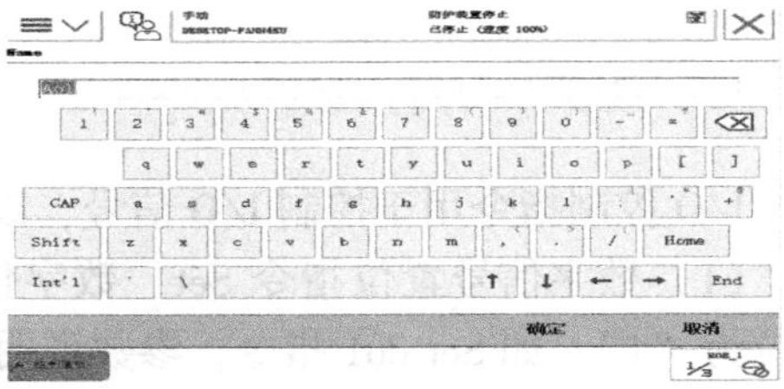
7	双击“Type of Signal”，选择“Analog Output”	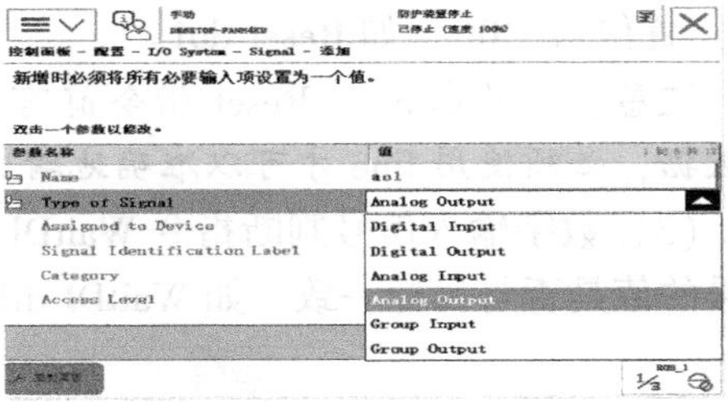
8	双击“Assigned to Device”，设定信号所在的I/O板，此处选择“DSQC651”	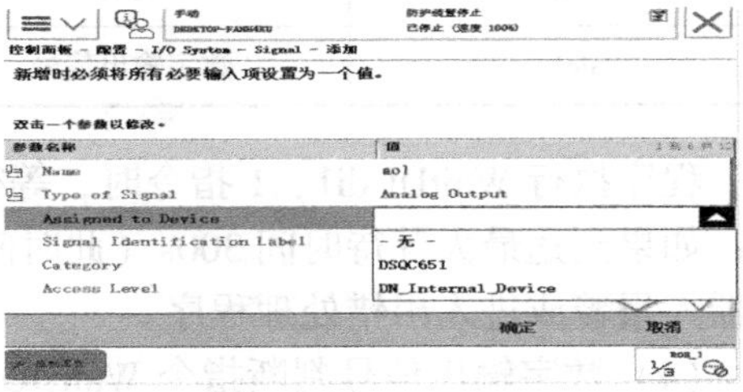
9	双击“Device Mapping”，设定信号所占用的地址，输入“0－15”	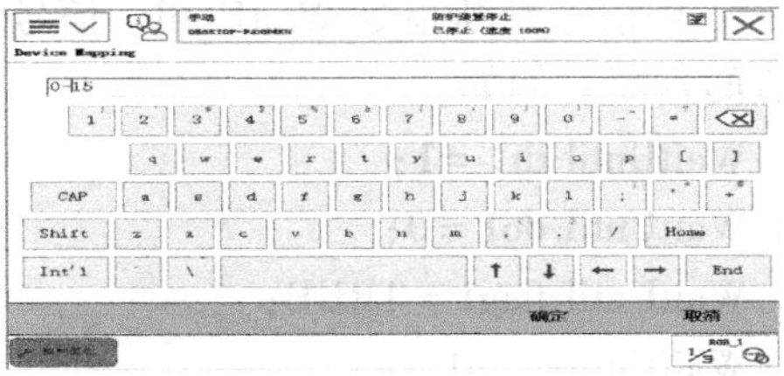

（续）

序号	操作步骤	示意图
10	在弹出的重新启动界面中，单击“是”，重启控制器完成设置	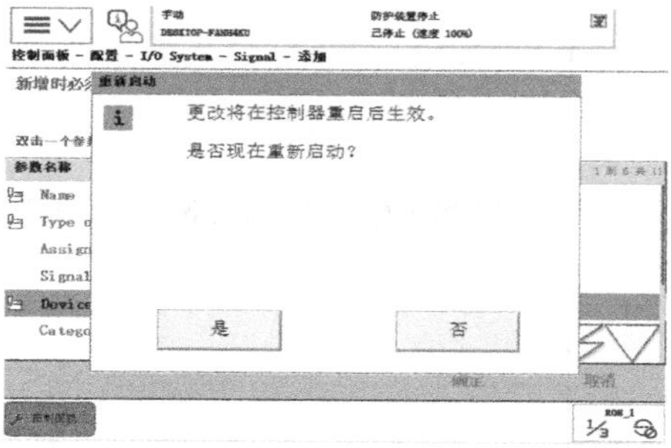

6.2.5 常用的I/O控制指令

I/O控制指令用于控制I/O信号，以达到与机器人周边设备进行通信的目的。

（1）数字信号置位指令Set　数字信号置位指令Set用于将数字输出（Digital Output）置位为“1”。如Set do1指令，参数说明见表6-23。

（2）数字信号复位指令Reset　数字信号复位指令Reset用于将数字输出（Digital Output）置位为“0”。如Reset do1。

注意：如果在Set、Reset指令前有运动指令MoveJ、MoveL、MoveC、MoveAbsJ的转弯区数据，必须使用fine才可以准确地输出I/O信号状态的变化。

（3）数字输入信号判断指令WaitDI　数字输入信号判断指令WaitDI用于判断数字输入信号的值是否与目标一致。如WaitDI di1，1，参数说明见表6-24。

表6-23　参数说明

参数	说明
do1	数字输出信号

表6-24　参数说明

参数	说明
di1	数字输入信号
1	判断的目标值

程序执行WaitDI di1，1指令时，等待di1的值为1。如果di1为1，则程序继续往下执行；如果到达最大等待时间300s（此时间可根据实际进行设定）时，di1的值还不为1，则机器人报警或进入出错处理程序。

（4）数字输出信号判断指令WaitDO　数字输出信号判断指令WaitDO用于判断数字输出信号的值是否与目标一致。如WaitDO do1，1，其参数说明同WaitDI指令。

（5）信号判断指令WaitUntil　信号判断指令WaitUntil可用于布尔量、数字量和I/O信号值的判断。例如：

```
WaitUntil di1 =1;
WaitUntil do1 =0;
WaitUntil flag1 = TRUE;
WaitUntil num1 =4;
```

其中，flag1表示布尔量；num1表示数字量，如果条件到达指令中的设定值，程序继续往下执行，否则就一直等待，除非设定了最大等待时间。

6.3　基本运动指令

基本运动指令

工业机器人在空间的运动方式主要有绝对位置运动、关节运动、线性运动和圆弧运动四种，每一种运动对应一个运动指令。运动指令是通过建立示教点指示机器人按照一定轨迹运动的指令，机器人末端 TCP 移动轨迹的目标点位置即为示教点。

6.3.1　绝对位置运动指令

绝对位置运动指令（MoveAbsJ）是机器人的运动使用 6 个轴和外轴的角度值来定义目标位置数据，机器人以单轴运动的方式运动至目标点，不存在死点，运动状态完全不可控制，应避免在正常生产中使用此命令。

绝对位置运动指令解析如下：

MoveAbsJ home，v200，fine，tool1\wobj：= wobj1；

机器人末端的 TCP 只与运动速度有关，与运动位置无关。该指令常用于机器人回机械零点位置或者 home 点（工作原点），home 点是一个机器人远离工件和周边机器人的安全位置，当机器人在 home 点时，会同时发出信号给其他远端控制设备，根据此信号可以判断机器人是否在 home 点，避免因机器人动作的起始位置不安全而损坏周边设备。绝对位置运动指令参数说明见表 6-25。

表 6-25　绝对位置运动指令参数说明

参数	定　义	操作说明
home	目标点位置数据	定义机器人 TCP 的运动目标
v200	运动速度数据，200mm/s	速度可以根据实际需要修改
fine	转弯区数据，转弯区数据越大，机器人的动作越圆滑与流畅	定义转弯区数据的大小；若要精确到达目标点，则使用 fine
tool1	工具坐标数据	定义当前指令使用的工具坐标
wobj1	工件坐标数据	定义当前指令使用的工件坐标

注意：home 为 jointtarget 数据，以机器人各个关节值来记录机器人位置，常用于机器人各轴运动固定的角度。

6.3.2　关节运动指令

关节运动指令（MoveJ）用于对路径精度要求不高的情况下，机器人的 TCP 从一个位置移动到另一个位置，两个位置之间的路径不一定是直线。关节运动的移动轨迹如图 6-13 所示。

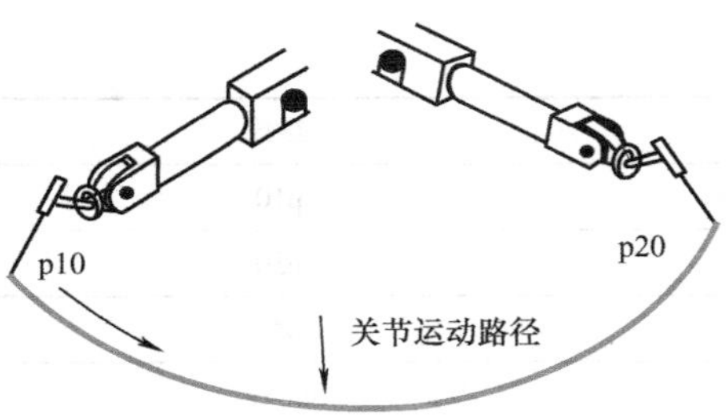

图 6-13　关节运动移动轨迹

关节运动指令解析如下：

MoveJ p10，v1000，z50，tool1\Wobj：= wobj1；

指令中的相关参数说明见表 6-26。

表 6-26　参数说明

参数	说明
p10	目标点位置数据
v1000	运动速度数据
z50	转弯区数据
tool1	工具坐标数据
wobj1	工件坐标数据

关节运动指令适合机器人大范围运动时使用，不容易在运动过程中出现关节轴进入机械死点的问题。

注意：目标点位置数据定义机器人 TCP 的运动目标，可以在示教器中单击“修改位置”进行修改；运动速度数据定义速度（mm/s）；转弯区数据定义转变区的大小（mm）；工具坐标数据定义当前指令使用的工具；工件坐标数据定义当前指令使用的工件坐标。

6.3.3　线性运动指令

线性运动指令（MoveL）使机器人的 TCP 从起点到终点之间的路径始终保持为直线，如图 6-14 所示。线性运动指令一般在对路径要求高的应用场合如焊接、涂胶等使用。

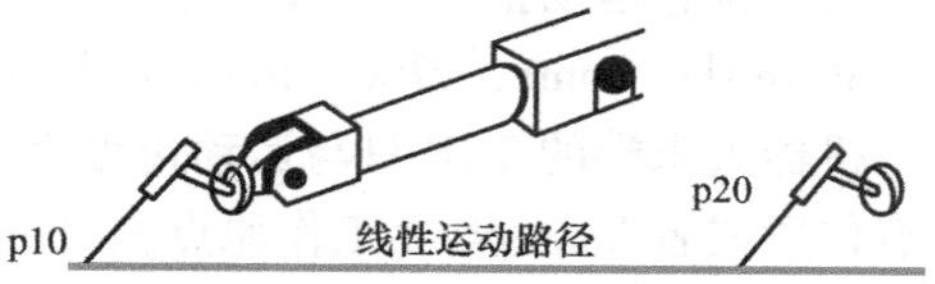

图 6-14　线性运动路径

6.3.4　圆弧运动指令

圆弧运动指令（MoveC）是在机器人可到达的控件范围内定义三个位置点：第一个点是圆弧的起点，第二个点用于圆弧的曲率。第三个点是圆弧的终点。圆弧运动的运动轨迹如图 6-15 所示。

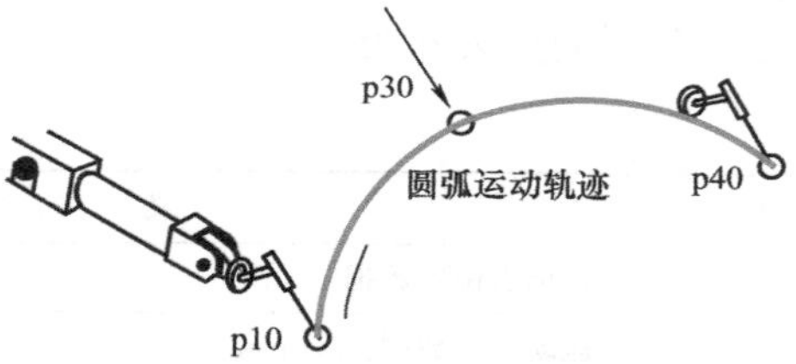

图 6-15　圆弧运动轨迹

圆弧运动指令解析如下：

```
MoveL p10, v1000, fine, tool1\Wobj: =wobj1;
MoveC p30, p40, v1000, z1, tool1\Wobj: =wobj1;
```

指令中参数说明见表 6-27。

表 6-27　参数说明

参数	说明
p10	圆弧的第一个点
p30	圆弧的第二个点
p40	圆弧的第三个点
fine\z1	转弯区数据
tool1	工具坐标数据
wobj1	工件坐标数据

例如，操纵工业机器人，采用工具 tool1，工件坐标系为 wobj1，绘制如图 6-16 所示的轨迹，编写程序如下：

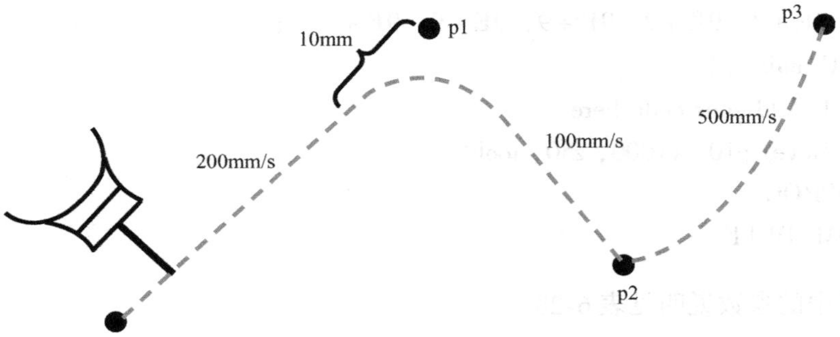

图 6-16　圆弧运动路径

```
MoveL p1, v200, z10, tool1 \ Wobj: =wobj1;
MoveL p2, v100, fine, tool1 \ Wobj: =wobj1;
MoveJ p3, v500, fine, tool1 \ Wobj: =wobj1;
```

程序说明：

机器人的 TCP 从当前位置向 p1 点以线性运动方式前进，速度为 200mm/s，转弯区数据为 10mm，距离 p1 点 10mm 时开始转弯，使用的工具数据是 tool1，工件坐标数据是 wobj1。

机器人的 TCP 从 p1 向 p2 点以线性运动方式前进，速度为 100mm/s，转弯区数据为 fine，机器人在 p2 点稍作停顿，使用的工具数据是 tool1，工件坐标数据是 wobj1。

机器人的 TCP 从 p2 向 p3 点以关节运动方式前进，速度为 500mm/s，转弯区数据为 fine，机器人在 p3 点停止，使用的工具数据是 tool1，工件坐标数据是 wobj1。

需要注意以下几点：

1）关于速度：速度一般最高为 50000mm/s，在手动限速状态下，所有的运动速度被限速在 250mm/s。

2）关于转弯区：fine 指机器人 TCP 达到目标点，在目标点速度降为零。机器人动作有所停顿然后再向下运动，如果是一段路径的最后一个点，一定要为 fine。转弯区数值越大，机器人的动作路径越圆滑、流畅。

6.4　程序数据

6.4.1　程序数据的定义

程序数据是在程序模块或系统模块中设定的值和定义的一些环境数据。创建的程序数据由同一个模块或其他模块中的指令进行引用。以下是一条常用的机器人关节运动指令 MoveJ，调用了 4 个程序数据：

```
MODULE Module1
  CONST robtarget
p10: = [[364.35, 0.00, 594.00], [0.5, 0, 0.866025, 0], [0, 0, 0, 0],
```

```
[9E+9, 9E+9, 9E+9, 9E+9, 9E+9, 9E+9]];
    PROC main ()
        ! Add your code here
        MoveJ p10, v1000, z50, tool0;
    ENDPROC
    ENDMODULE
```

以上程序中的参数说明见表6-28。

表6-28　参数说明

参数	数据类型	说明
p10	robtarget	目标位置数据
v1000	speeddata	运动速度数据
z50	zonedata	运动转弯数据
tool0	tooldata	工作数据

6.4.2　程序数据的类型与分类

ABB工业机器人赋值指令

ABB工业机器人的程序数据共有76个，并且可以根据实际情况进行数据的创建，为ABB工业机器人的程序设计带来了无限可能性。如图6-17所示，在示教器的“程序数据”窗口可查看和创建所需要的程序数据。

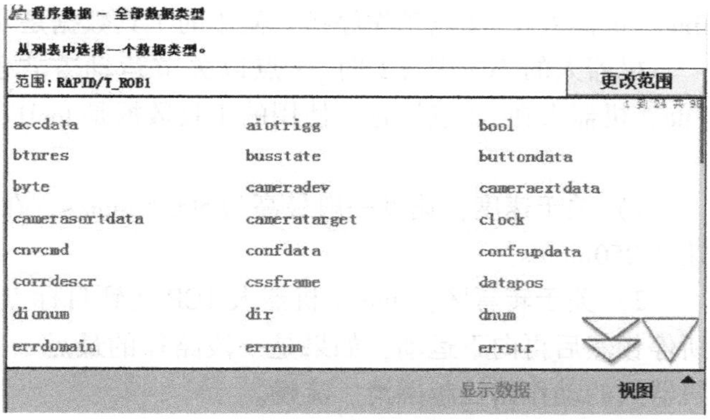

图6-17　“程序数据”窗口

(1) 程序数据的存储类型

1) 变量VAR。变量型数据在程序执行过程中和停止时会保持当前的值。但如果程序指针被移到主程序后，数值会丢失。

例如：

VAR num length：=0；　　　//名称为length的数字数据

VAR string name：="John"；　//名称为name的字符数据

VAR bool finish：=FALSE；　//名称为finish的布尔量数据

在程序编辑窗口中的显示如下：

```
MODULE Module1
    VAR num length: =0;
    VAR string name: ="John";
    VAR bool finish: =FALSE;
ENDMODULE
```

在机器人执行的 RAPID 程序中，也可以对变量型程序数据进行赋值操作，例如：

```
MODULE Module1
    VAR num length: =0;
    VAR string name: = "John";
    VAR bool finish: =FALSE;
    PROC main ()
        length: =10 -1;
        name: = "John";
        finish: =TRUE;
    ENDPROC
ENDMODULE
```

注意：VAR 表示程序数据的存储类型为变量；num 表示程序数据类型。

在定义数据时，可以定义变量数据的初始值。如 length 的初始值为 0，name 的初始值为 John，finish 的初始值为 FALSE。在程序中执行变量型数据的赋值，在指针复位后将恢复为初始值。

2）可变量 PERS。可变量最大的特点是无论程序的指针如何，都会保持最后赋予的值。

例如：

```
PERS num nbr: =1;                  //名称为 nbr 的数字数据
PERS string test: ="Hello";        //名称为 test 的字符数据
```

在机器人执行的 RAPID 程序中，也可以对可变量型程序数据进行赋值操作。在程序执行以后，赋值的结果会一直保持，直到对其进行重新赋值。

注意：PERS 表示程序数据的存储类型为可变量。

3）常量 CONST。常量的特点是在定义时已赋予了数值，且不能在程序中进行修改，除非手动修改。

例如：

```
CONST num gravity: =9.81;                //名称为 gravity 的数字数据
CONST string greating: ="Hello";         //名称为 greating 的字符数据
```

注意：存储类型为常量的程序数据，不允许在程序中进行赋值操作。

（2）常用的程序数据　根据不同的数据用途，定义了不同的程序数据，表 6-29 为机器人系统中常用的程序数据。

表 6-29　机器人系统中常用的程序数据

程序数据	说明	程序数据	说明
bool	布尔量	pos	位置数据（只有 X、Y 和 Z）
byte	整数数据 0～255	pose	坐标转换
clock	计时数据	robjoint	机器人轴角度数据
dionum	数字输入/输出信号	robtarget	机器人与外轴的位置数据
extjoint	外轴位置数据	speeddata	机器人与外轴的速度数据
intnum	中断标志符	string	字符串
jointtarget	关节位置数据	tooldata	工具数据

（续）

程序数据	说明	程序数据	说明
loaddata	负荷数据	trapdata	中断数据
mecunit	机械装置数据	wobjdata	工件数据
num	数值数据	zonedata	TCP 转弯半径数据
orient	姿态数据		

注意：系统中还有一些针对特殊功能的程序数据，在对应的功能说明书中会有相应的详细介绍，也可以根据需要新建程序数据。

6.4.3 建立程序数据

程序数据的建立一般可以分为两种形式，一种是直接在示教器中的程序数据界面中建立程序数据；另一种是在建立程序指令时，同时自动生成对应的程序数据。

本节将介绍直接在示教器的程序数据界面中建立程序数据的方法。下面以建立 bool 程序数据为例进行说明，同时练习建立 num 和 robtarget 程序数据。

建立 bool 程序数据的操作步骤见表 6-30。

表 6-30 建立 bool 程序数据操作步骤

序号	操作步骤	示意图
1	单击 ABB 主菜单，双击“程序数据”	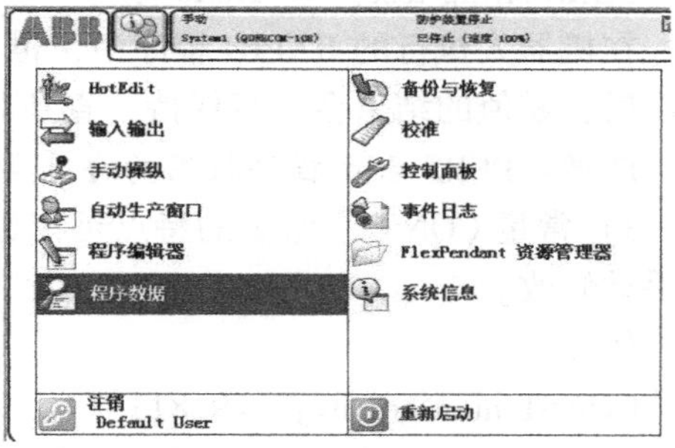
2	选择程序数据类型为“bool”，单击“显示数据”	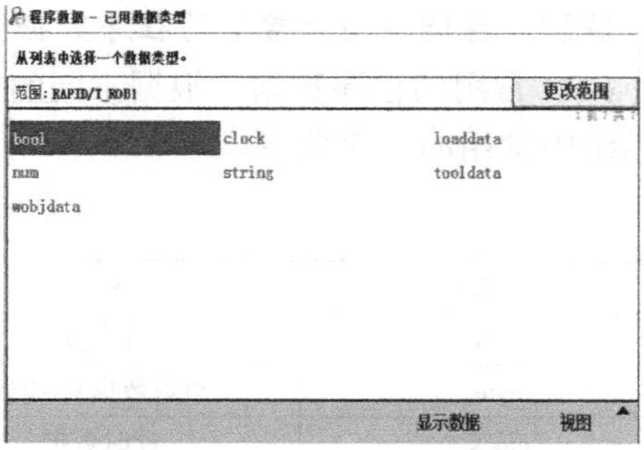
3	单击“新建…”	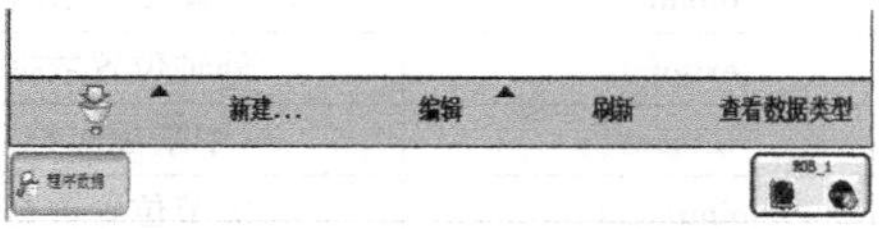

（续）

序号	操作步骤	示意图
4	进行名称的设定，单击下拉菜单选择对应的参数，设定完成后单击“确定”完成设定。程序数据设定参数及说明如下： 名称：设定数据的名称 范围：设定数据可使用的范围 存储类型：设定数据的可存储类型 任务：设定数据所在的任务 模块：设定数据所在的模块 例行程序：设定数据所在的例行程序 维数：设定数据的维数 初始值：设定数据的初始值	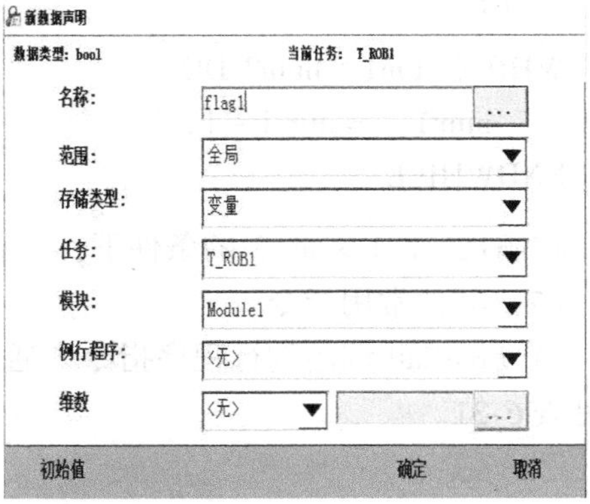

6.5　条件逻辑判断指令

条件逻辑判断指令

条件逻辑判断指令常用于对条件进行判断后执行相应的操作，是RAPID程序中重要的组成部分。

（1）Compact IF紧凑型条件判断指令　该指令用于当一个条件满足以后，就执行一条指令。例如：

```
IF flag1 = TRUE Set do1;
```

如果flag1的状态为TRUE，则do1被置位为1。

（2）IF条件判断指令　该指令根据不同的条件去执行不同的指令。例如：

```
IF num1 = 1 THEN
    flag1: = TRUE;
ELSEIF num1 = 2 THEN
    flag1: = FALSE;
ELSE
    Set do1;
ENDIF
```

如果num1为1，则flag1会赋值为TRUE。如果num1为2，则flag1会赋值为FALSE。除了以上两个条件之外，执行do1置位为1。

（3）FOR重复执行判断指令　该指令用于一个或多个指令需要重复执行多次的情况。例如：

```
FOR i FROM 1 TO 10 DO
    Routine1;
ENDFOR
```

例行程序 Routine1，重复执行 10 次。

（4）WHILE 条件判断指令　该指令用于在给定条件满足的情况下，一直重复执行对应的指令。例如：

```
WHILE num1 >num2 DO
    num1: =num1 -1;
ENDWHILE
```

在满足 num1 >num2 的条件下，一直执行 num1：=num1 -1 的操作。

（5）其他常用指令

1）ProcCall 调用例行程序指令。通过使用此指令在指定的位置调用例行程序，操作步骤见表 6-31。

表 6-31　ProcCall 调用例行程序指令操作步骤

序号	操作步骤	示意图
1	选择“<SMT>”为要调用的例行程序的位置；在添加指令列表中，选择“ProcCall”指令	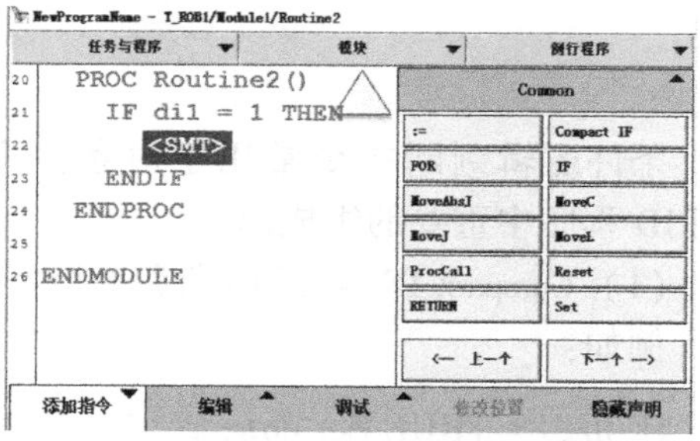
2	选择要调用的例行程序“Routine1”，然后单击“确定”	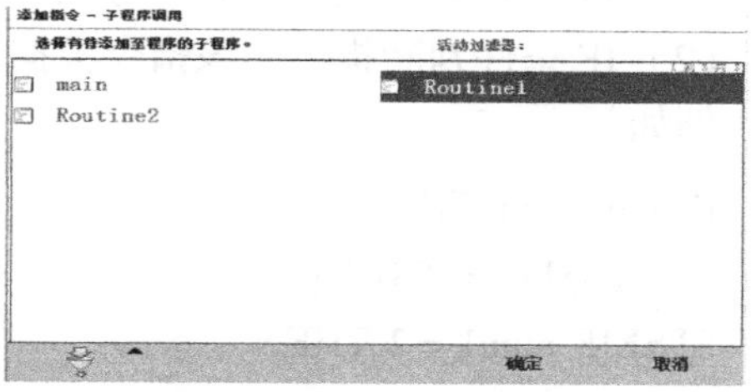
3	调用例行程序指令执行的结果	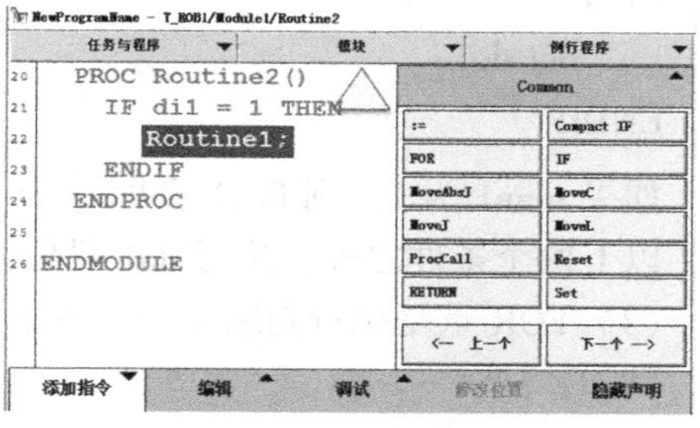

2）RETURN 返回例行程序指令。当此指令被执行时，则马上结束执行本例行程序，返回程序指针到调用此例行程序的位置。

例如：

```
PROC Routine1 ( )
  MoveL p10, v1000, fine, tool1\wobj: =wobj1;
  Routine2;
  Set do1;
ENDPROC
PROC Routine2 ( )
    IF di1 =1 THEN
        RETURN;
    ELSE
        STOP;
    ENDIF
ENDPROC
ENDMODULE
```

当 di1 =1 时，执行 RETURN 指令，程序指针返回到调用 Routine2 的位置，并继续向下执行 Set do1 这个指令。

3）WaitTime 时间等待指令。此指令用于程序在等待一个指定的时间以后，再继续向下执行。

例如：

```
WaitTime 4;
Reset do1;
```

等待 4s 以后，程序向下执行 Reset do1 指令。

任务实训

任务 6.1　涂胶机器人的轨迹规划与编程

一、任务目标

1. 完成工件坐标系和工具坐标系的标定。
2. 完成轨迹的规划。
3. 能选取合适的指令完成编程并调试运行。

二、任务准备

1. 工具

ABB 工业机器人配置 4 个不同的工具，机器人手臂末端安装快换模块，如图 6-18 所示，可以实现不同工具之间的自动切换，无须人为干涉。本次任务需要的工具为涂胶笔。

2. 工具坐标系的标定

工具坐标系 TCP 标定步骤如下：

1）首先在机器人工作范围内找一个非常精确的固定点作为参考点。

2）然后在工具上确定一个参考点（最好是工具中心点）。

3）用手动操纵机器人的方法，去移动工具上的参考点，以 4 种以上不同的机器人姿态尽可能与固定点刚好碰上。为了获得更准确的 TCP，可以使用六点法进行操作，第四点是用工具的参考点垂直于固定点，第五点是工具参考点从固定点向将要设定为 TCP 的 X 方向移动，第六点是工具参考点从固定点向将要设定为 TCP 的 Z 方向移动。

图 6-18　快换模块

4）机器人通过以上 6 个位置点的位置数据计算求得 TCP 的数据，然后将 TCP 的数据保存在 tooldata 程序数据中被程序调用。

三、任务实施

完成如图 6-19 所示的涂胶轨迹，需要经过 5 步：① 定义涂胶笔的工具坐标系 tool1；② 定义工作台的工件坐标系 wobj1；③ 规划示教点；④ 规划工作路径；⑤ 编程调试。

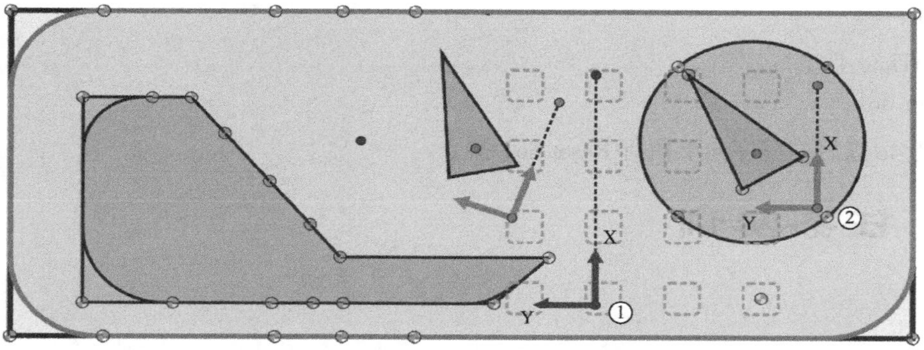

图 6-19　涂胶轨迹

1. 定义工具坐标系

定义工具坐标系的具体过程见表 6-2。

2. 定义工作台的工件坐标系

定义工作台的工件坐标系的具体操作步骤见表 6-5。

3. 规划示教点及工作路径

机器人的涂胶轨迹如图 6-19 所示。

假设完成部分的涂胶轨迹如图 6-20 所示。

在本任务操作中，要实现圆形轨迹和三角形轨迹，需要示教的点分别有 P10、P20、

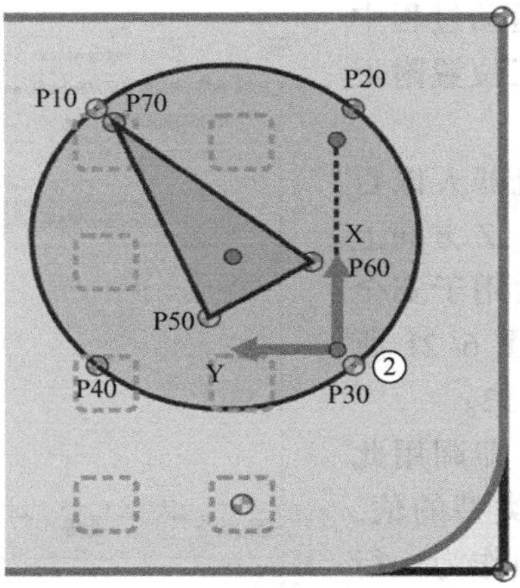

图 6-20 涂胶轨迹及示教点规划

P30、P40、P50、P60、P70 共 7 个，加上 home 点，合计 8 个点，如图 6-20 所示。编程操作工业机器人先从 home 点去完成圆形涂胶轨迹，然后再完成三角形涂胶轨迹。

4. 编程调试

本任务程序如下：

```
MoveabsJ home, v200, fine, tool1\wobj: = wobj1;
MoveJ     P10, v200, fine, tool1\wobj: = wobj1;
MoveC   P20, P30, v200, fine, tool1\wobj: = wobj1;
MoveC     P40, P10, v200, fine, tool1\wobj: = wobj1;
MoveabsJ home, v200, fine, tool1\wobj: = wobj1;
MoveJ     P70, v200, fine, tool1\wobj: = wobj1;
MoveL     P60, v200, fine, tool1\wobj: = wobj1;
MoveL     P50, v200, fine, tool1\wobj: = wobj1;
MoveL     P70, v200, fine, tool1\wobj: = wobj1;
MoveabsJ home, v200, fine, tool1\wobj: = wobj1;
```

任务 6.2 码垛机器人的程序设计及编程

一、任务目标

1. 完成工件坐标系和工具坐标系的标定。
2. 完成轨迹的规划。
3. 掌握 I/O 信号的配置方法。
4. 能选取合适的指令完成编程并调试运行。

二、任务准备

1. Offs 位置偏移函数的调用方法

工业机器人的示教编程中，受机器人工作环境的影响，为了避免碰撞引起的故障和意外情况出现，常常会在机器人运动过程中设置一些安全过渡点，在加工位置附近设置入刀点。

Offs 位置偏移函数是指机器人以目标点位置为基准，在其 X、Y、Z 方向上进行偏移的函数。Offs 函数常用于安全过渡点和入刀点的设置，如图 6-21 所示，函数中的参数说明见表 6-32。

Offs 函数是有返回值的，即调用此函数的结果是得到某一数据类型的值。函数返回值在使用时不能单独作为一行语句，需要通过赋值或者作为其他函数的变量来调用。在图 6-21 语句中，Offs 位置偏移函数是作为 MoveL 指令的变量来调用，且 Offs 函数是通过赋值进行调用的。

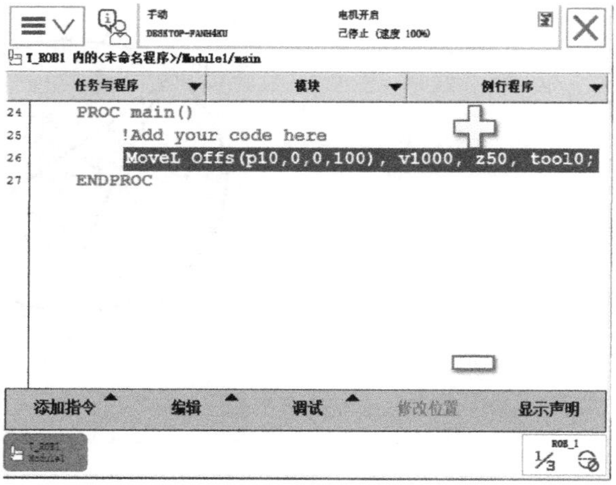

图 6-21　Offs 位置偏移函数

表 6-32　Offs 函数参数说明

参数	定义	操作说明
p10	目标点位置数据	定义机器人 TCP 的运动目标
0	X 方向上的偏移量	定义 X 方向上的偏移量
0	Y 方向上的偏移量	定义 Y 方向上的偏移量
100	Z 方向上的偏移量	定义 Z 方向上的偏移量

2. RelTool 工具位置及姿态偏移函数的调用方法

RelTool 函数用于将通过有效工具坐标系表达的位移和/或旋转增加至机械臂位置，如图 6-22所示，函数中的参数说明见表 6-33，其调用方法与 Offs 函数相同。

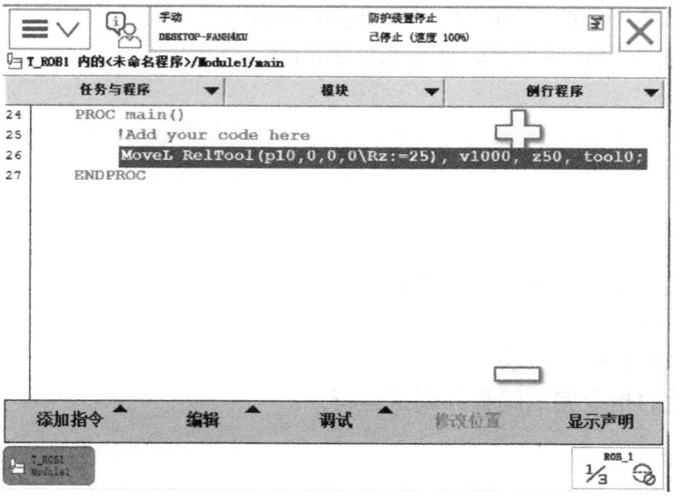

图 6-22　RelTool 工具位置及姿态偏移函数

表 6-33　RelTool 函数参数说明

参数	定义	操作说明
p10	目标位置数据	定义机器人 TCP 的运动目标
0	X 方向上的偏移量	定义 X 方向上的偏移量
0	Y 方向上的偏移量	定义 Y 方向上的偏移量
0\Rz：=25	绕 Z 轴旋转的角度	定义 Z 方向上的旋转量

三、任务实施

在本任务中，码垛过程为码垛机器人依次从物料架上吸取物料块，物料块尺寸为 2000mm×1000mm×50mm 搬运至码垛区的相应位置。

以带料码垛为例，如图 6-23 所示，末端执行器为抓取式，采用示教方式为机器人输入码垛作业程序，物料块从传送带位置移动至码垛位置，参考例行程序如图 6-24 所示。

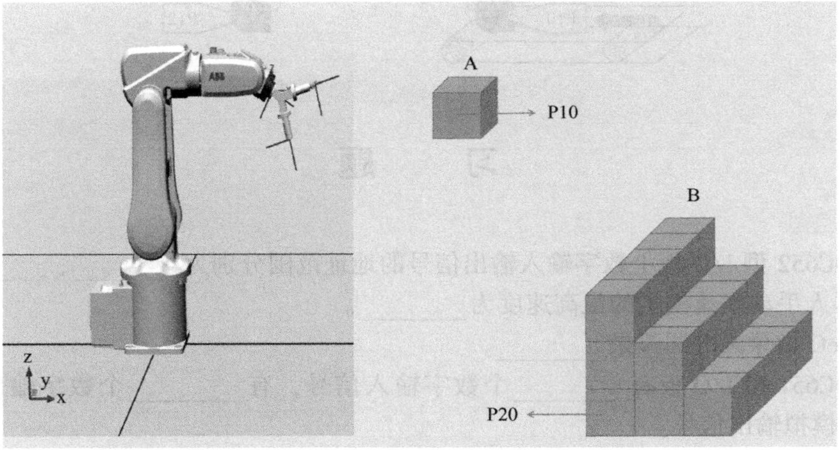

图 6-23　码垛机器人

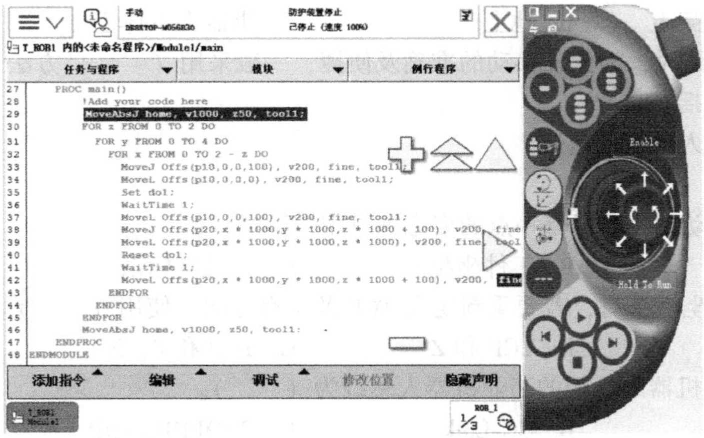

图 6-24　码垛过程参考例行程序

拓展训练

材料搬运作业

机器人从 P1 点起动，将工件从 P10 搬运至 P12 后返回至 P1 点。材料搬运作业路径如图 6-25 所示。

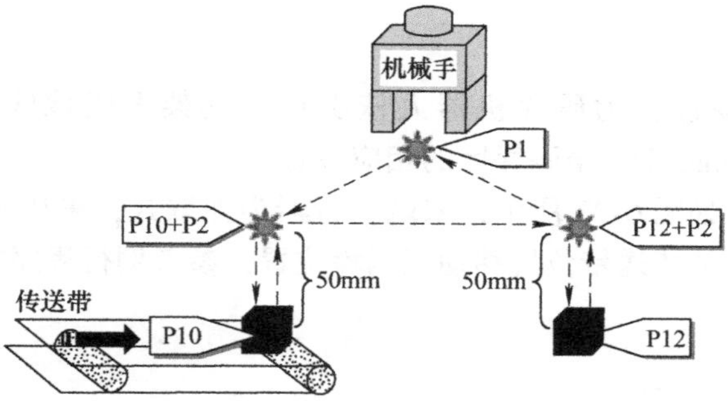

图 6-25　材料搬运作业路径

习　　题

一、填空题

1. DSQC652 型 I/O 板上数字输入输出信号的地址范围分别为________、________。

2. 机器人手动限速模式的最高速度为________。

3. MoveC 指令画的圆弧是________。

4. DSQC651 型 I/O 板有________个数字输入信号，有________个数字输出信号，有________路模拟输出信号。

二、选择题

1. 机器人的示教器在不使用时应该放在（　　）。

A. 示教器支架上　　B. 地上　　C. 机器人本体上

2. 机器人微调时，为保证移动的准确及便捷，一般采用（　　）方法。

A. 轻微推动摇杆

B. 降低机器人的运动速度

C. 增量模式

3. 重定位运动时，参考哪一点的姿态做重定位运动？（　　）

A. 基坐标系　　B. 工件坐标系　　C. 工具坐标系

4. 标定工具坐标系时，若要重新定义 TCP 及所有方向，使用（　　）方法。

A. N 点法　　B. TCP 和 Z　　C. TCP 和 Z，X

5. ABB 工业机器人标配的工业机器人总线为（　　）。

A. DeviceNet　　B. CC-Link　　C. PROFIBUS-DP

项目7　KUKA工业机器人

项目导读

德国库卡（KUKA）机器人有限公司是世界领先的工业机器人制造商之一。库卡工业机器人主要应用于物料搬运、加工、材料处理、机床装料、装配、包装、堆垛、焊接、表面修整等领域。KUKA 机器人的用户包括通用汽车、福特、保时捷、宝马、波音、西门子、可口可乐等众多企业。

本项目介绍 KUKA 机器人的理论基础知识及相关操作，帮助学生掌握 KUKA 机器人的基本操作，熟悉 KUKA 机器人的常用指令及相关参数设置。

项目目标

掌握 KUKA 机器人的基本操作。

促成目标

1. 了解 KUKA 机器人的基本结构。
2. 熟练使用 KUKA 机器人的 KCP。
3. 正确测量 KUKA 机器人的工具坐标系和基坐标系。
4. 掌握 KUKA 机器人的常用指令。

知识链接

7.1　认识 KUKA 机器人

7.1.1　KUKA 机器人简介

1. KUKA 机器人

德国库卡（KUKA）公司成立于 1898 年，自 1977 年开始系列化生产各种用途的机器人，是世界上顶级工业机器人制造商之一。库卡工业机器人广泛应用于自动化、仪器仪表、汽车、航天、消费产品、物流、食品、制药、医学、铸造、塑料等行业。

KUKA 提供众多具有不同负载能力和工作范围的工业机器人机型，如图 7-1 所示，包括负载量 3～1000kg 的标准工业 6 轴机器人以及一些特殊应用机器人，机械臂工作半径为 635～3900mm，全部由一个基于工业 PC 平台的控制器控制，操作系统采用 Windows XP 系统。KUKA 机器人平均故障间隔时间超越 7.5 万 h，平均使用寿命达 10～15 年。根据机器人负载量的不同，分为轻型承载、中型承载、重型承载和超重型承载机器人。KR 1000 1300 titan PA 型机器人有效载荷可达 1300kg。

图 7-1　KUKA 机器人

2. KUKA 机器人的编程方法

KUKA 机器人使用 KRL（KUKA Robot Language）编程语言进行编程，需要的信息包括机器人的位置、动作类型、速度、加速度、等候条件等。常用的编程方法有示教编程、离线编程和文字编程。

（1）示教编程　在作业现场，机器人操作者利用库卡 smartPAD 示教盒进行在线示教编程。根据作业任务要求，使用示教器控制机器人末端执行器到达需要的方位，并将该点的位置、姿态对应的关节角度信息记录到存储器保存。对机器人作业空间的各点重复以上操作，编辑并再现示教过的动作。这种示教方法简单直观、易于掌握，是目前工业机器人普遍采用的示教方法。

（2）离线编程　使用 KUKA Sim 软件进行离线编程，即在不连接机器人的情况下利用计算机软件进行机器人轨迹规划。编程过程中可以模拟机器人运动过程及姿态等。离线编程软件的程序易于修改，更适合中、小批量的生产要求，并且可以增加安全性，减少机器人操作的时间和降低成本。

（3）文字编程　文字编程是借助于 smartPAD 界面在上级操作 PC 上的显示编程。通过 KUKA OfficeLite 软件在计算机上进行编程与优化，与在机器人上操作的编程完全相符。创建的 KRL 程序可以传输到 KUKA 机器人控制系统中。

7.1.2　KUKA 机器人的组成

KUKA 机器人系统一般由机器人控制系统 KR C4、机器人本体和 KUKA 手持操作和编程器 smartPAD 三部分组成。如图 7-2 所示。

1. KUKA 机器人本体

机器人本体通常也称为机械手臂或者机械手。它由众多活动的、相互连接在一起的关节（轴）组成，也称为运动链。从机器人足部到法兰共有6个轴，编号分别为A1～A6。其中，A1～A3为机器人的主轴，主要确定机器人末端在空间的位置；A4～A6为轴式机器人的腕部轴，主要确定机器人末端在空间的姿态。如图7-3所示。

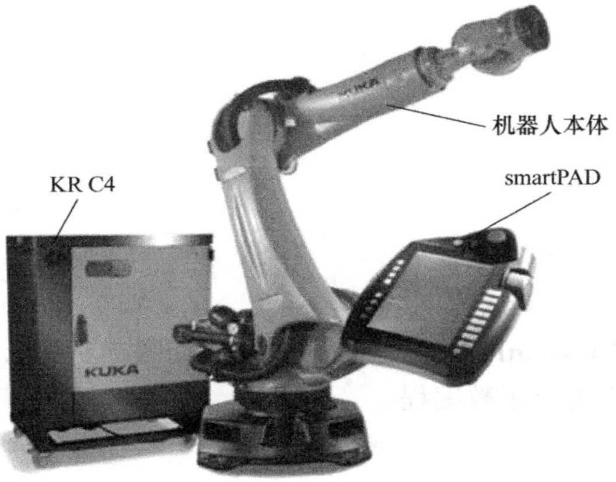

图7-2 KUKA机器人系统组成

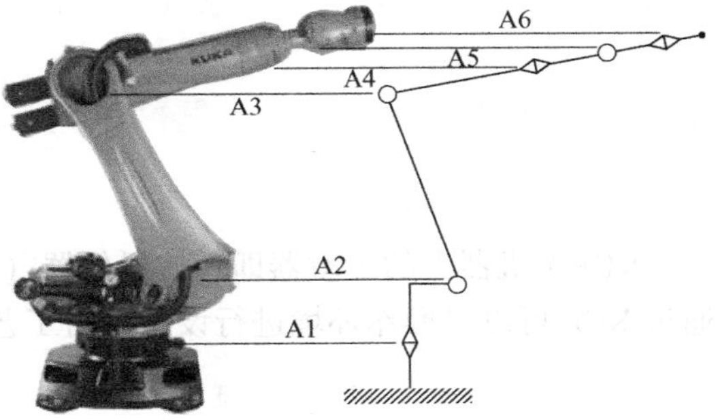

图7-3 KUKA机器人本体

2. KUKA 机器人控制系统

KUKA机器人机械系统由伺服电动机控制运动，而伺服电动机又由KR C4控制系统控制。KR C4控制系统是机器人的“大脑”，它包括机器人控制系统、流程控制系统、安全控制系统、运动控制系统和总线系统等。通过各种控制电路硬件和软件的结合来操纵机器人，并协调机器人与生产系统中其他设备的关系，实现机器人轨迹的规划，即控制机器人的6个轴，以及最多两个附加的外部轴。

7.1.3 KUKA 机器人的坐标系

KUKA机器人控制系统中，定义了机器人足部坐标系（Robroot）、世界坐标系（World）、基坐标系（Base）、法兰坐标系（Flange）和工具坐标系（Tool）5种坐标系，如图7-4所示。

机器人足部坐标系是一个笛卡儿坐标系，固定于机器人足部，是机器人的原点，出厂时已设置。

世界坐标系是一个固定定义的笛卡儿坐标系。在默认配置中，世界坐标系位于机器人足部，与机器人足部坐标系一致。当机器人倒装或侧向安装时，使用世界坐标系能够更方便地进行编程和操作。

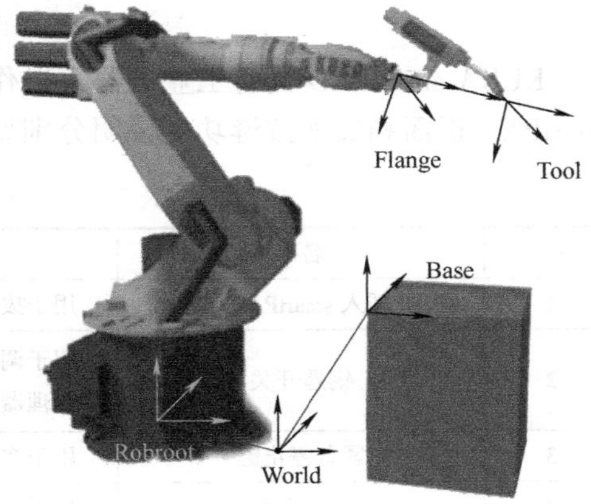

图7-4 KUKA机器人的坐标系

基坐标系是一个可以自由定义的坐标系，它说明了基坐标系在世界坐标系中的位置，可以沿工件边缘、工件支座或货盘调整姿态。当工件平面与世界坐标系不平行时，使用基坐标系极大地方便了手动操作和编程。确定基坐标系的原点和坐标系方向可以用三点法、间接法或直接数字输入法进行测量，详见本项目任务 7.2。

法兰坐标系固定位于机器人法兰上，原点位于机器人的法兰中心，是工具坐标系的参照点。

工具坐标系是一个可以自由定义的坐标系，其原点，即工具中心点（TCP）。使用工具坐标系可以沿工具作业方向移动或绕 TCP 调整位置。确定工具坐标系的原点可以选择 XYZ 四点法和 XYZ 参照法。确定工具坐标系的姿态可以选择 ABC 世界坐标法和 ABC 两点法，详见本项目任务 7.1。

7.2 KUKA 机器人的基本操作

7.2.1 KUKA 机器人示教器的使用

1. KUKA smartPAD

KUKA 机器人的示教器即手持操作器（KUKA smartPAD），也称为 KCP，如图 7-5 所示。通过 KCP 可以对操作环境进行设置，对工艺动作进行示教编程。

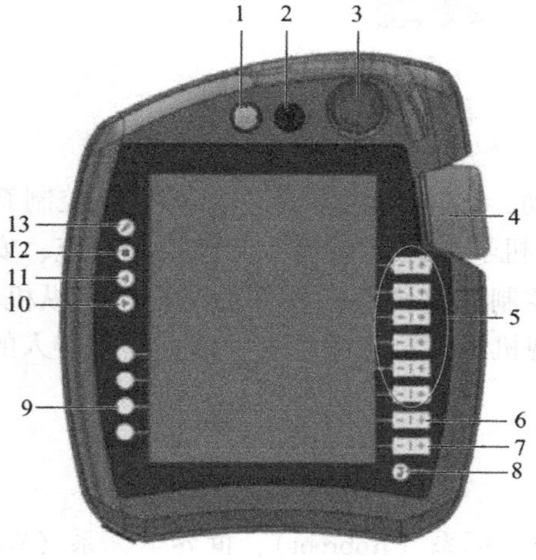

a) 正面

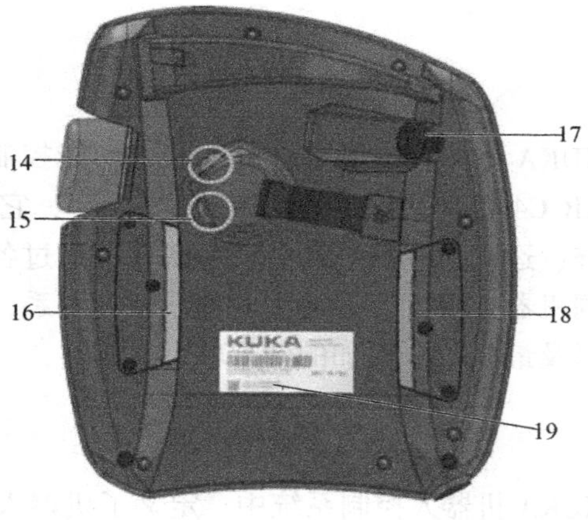

b) 背面

图 7-5 KUKA smartPAD

KUKA smartPAD 具有工业机器人操作和编程所需的各种操作和显示功能。图 7-5 所示 smartPAD 正面和反面按键功能说明分别见表 7-1、表 7-2。

表 7-1 smartPAD 正面按键功能说明

序号	名称	功能说明
1	拔下/插入 smartPAD 的按钮	用于拔下/插入 smartPAD
2	钥匙开关	用于调出连接管理器。只有当钥匙插入时，方可转动开关。可以通过连接管理器切换机器人的运行模式
3	紧急停止键	用于在危险情况下关停机器人。紧急停止键在被按下时将自行闭锁
4	6D 鼠标	用于手动移动机器人

（续）

序号	名称	功能说明
5	移动键	用于手动移动机器人
6	程序倍率调节键	用于设定程序倍率
7	手动倍率调节键	用于设定手动倍率
8	主菜单按键	用于在 smartHMI 上显示菜单项
9	工艺键	主要用于设定工艺程序包中的参数，其确切的功能取决于所安装的工艺程序包
10	启动键	可启动一个程序
11	逆向启动键	可逆向启动一个程序，程序将逐步运行
12	停止键	可暂停正在运行中的程序
13	键盘按键	用于显示键盘。通常不必特地将键盘显示出来，smartHMI 可识别需要通过键盘输入的情况并自动显示键盘

表 7-2 smartPAD 背面按键功能说明

序号	名称	功能说明
14 16 18	确认开关	分 3 个位置：未按下、中间位置和完全按下。在 T1 或 T2 模式下，确认开关必须保持在中间位置，方可启动机器人；在自动运行模式下，确认开关不起作用
15	启动键（绿色）	可启动运行一个程序
17	USB 接口	用于存档、还原等操作，仅适用于 FAT32 格式的 USB 设备
19	型号铭牌	注明产品名称、型号、参数等信息

2. smartHMI

KCP 上的人机交互操作与控制界面称为 smartHMI，可使用手指或指示笔在其范围内进行操作，无须外部鼠标和键盘。smartHMI 的操作界面如图 7-6 所示，对应的功能说明见表 7-3。

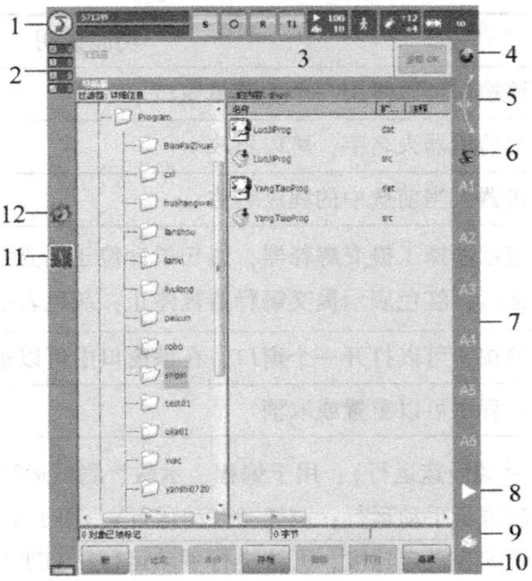

图 7-6 smartHMI 操作界面

表 7-3　smartHMI 操作界面功能说明

序号	名称	功能说明
1	状态栏	显示机器人当前运行模式、坐标系、程序状态等
2	信息提示计数器	显示待处理信息的类型、数目等
3	信息窗口	默认显示最后一个信息提示，触摸信息窗口可放大并显示所有待处理信息；可被确认的信息用 OK 键确认
4	空间鼠标状态显示	显示用空间鼠标手动运行的当前坐标系，触摸该显示可更换机器人手动运行的坐标系
5	空间鼠标定位显示	触摸该显示可打开并显示空间鼠标当前定位窗口，修改定位
6	运行键状态显示	显示用运行键手动运行的当前坐标系，触摸该显示可更换机器人手动运行的坐标系
7	运行键标记	机器人在轴坐标系下运行时，显示轴号（A1 ~ A6）；在笛卡儿坐标系下运行时，显示坐标系方向（X/Y/Z/A/B/C）
8	程序倍率	程序运行时增大或降低机器人的运行速度
9	手动倍率	手动运行时增大或降低机器人的运行速度
10	按键栏	根据当前界面动态显示
11	时钟	显示系统时间
12	Work Visual 图标	如果无法打开任何项目，则位于右下方的图标上会显示一个红色的小 ×。这种情况会发生在如项目所属文件丢失时的情况，在此情况下系统只有部分功能可用

smartHMI 的状态栏用于显示工业机器人的主要设置状态。通过触摸状态栏中的相应图标可以打开对应窗口查看相关信息，也可以在打开的窗口中进行更改设置，smartHMI 的状态栏如图 7-7 所示，其功能说明见表 7-4。

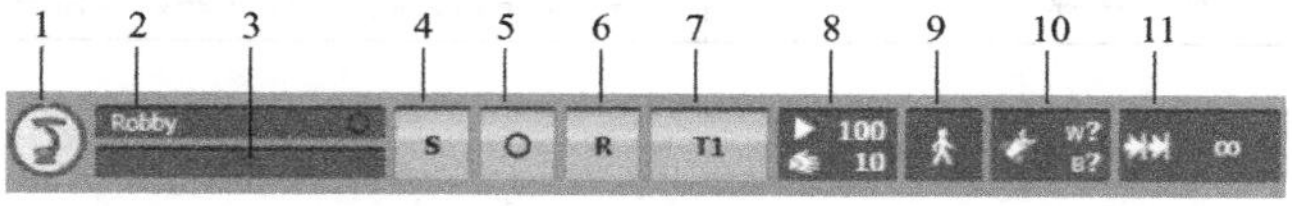

图 7-7　smartHMI 的状态栏

表 7-4　smartHMI 状态栏说明

序号	名称	功能说明
1	主菜单键	单击该按钮可以弹出一个主菜单窗口
2	机器人名字	显示当前机器人名字，可以更改
3	程序名	显示机器人当前选中的程序名称
4	提交解释器状态	黄色表示选择了提交解释器，语句指针位于所选提交程序的首行；绿色表示提交解释器正在运行；红色表示提交解释器被停止；灰色表示提交解释器未被选择
5	驱动装置状态	单击该按钮可以打开一个窗口，在该窗口中可以进行伺服开启和关闭操作
6	机器人解释器状态	机器人程序可以重置或取消
7	机器人运行模式	T1（手动慢速运行）：用于编程、示教、测试运行；T2（手动快速运行）：用于测试运行，无法进行手动运行；AUT（自动运行）：用于不带上级控制系统的机器人，程序执行速度等于编程设定速度，无法进行手动运行；AUT EXT（外部自动运行）：用于带上级控制系统（PLC）的机器人，程序执行速度等于编程设定速度，无法进行手动运行

（续）

序号	名称	功能说明
8	运动倍率	显示当前程序倍率和手动倍率
9	程序运行方式	显示当前程序的运行模式，如 GO、运动、单步
10	工具、基坐标系状态	显示当前机器人的工具坐标系、基坐标系
11	增量式手动控制状态	显示增量式手动移动的状态

3. KUKA 机器人的手动操纵

机器人只允许在 T1 运行模式下手动运行，手动运行速度最高为 250mm/s。运行模式可通过在 KCP 上转动钥匙开关调出连接管理器进行设置。运行模式设置步骤见表 7-5。

表 7-5　运行模式设置步骤

序号	设置步骤	示意图
1	在 KCP 上转动用于连接管理器的钥匙开关，连接管理器随即显示	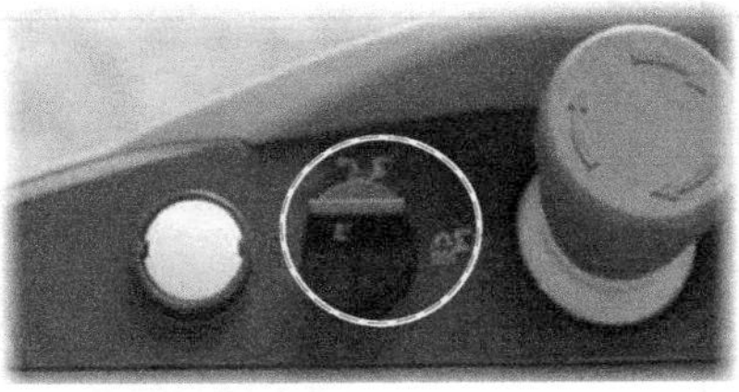
2	选择运行模式	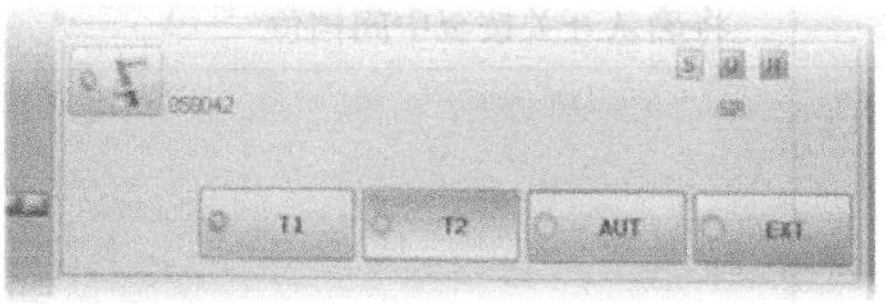
3	将用于连接管理器的钥匙开关再次转回初始位置，所选择的运行模式会显示在 smartPAD 的状态栏中	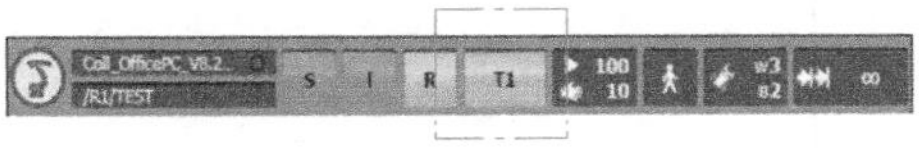

手动运行机器人时，必须按下确认开关（使能键），如图 7-8 所示，并保持在中间位置，方可启动机器人。此时驱动装置显示状态为字母“I”，且 6 轴代表字母显示为绿色，机器人处于电动机开启状态。若完全按下（用力按下）确认开关，将出现信息提示“安全停止”，机器人处于防护装置停止状态。

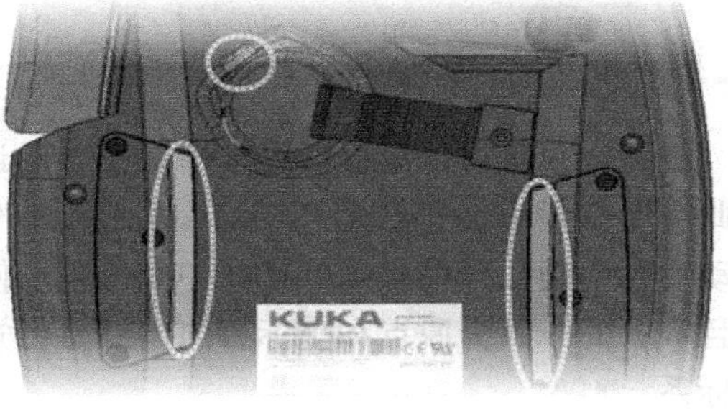

图 7-8　确认开关（使能键）

7.2.2　单独运动机器人的各轴

KUKA 机器人的每个轴都可以沿正向和负向单独运动，为此需要使用移动键或者 KUKA

smartPAD 的 6D 鼠标。仅在 T1 运行模式下才能手动移动，运动速度可以更改（手动速度：HOV），可以是连续运动，也可以是增量式手动移动。运动过程中确认开关必须保持在中间位置。只要一按移动键或 6D 鼠标，机器人轴的调节装置便启动，机器人开始执行所需的运动。单独运动机器人各轴的具体操作步骤见表 7-6。

表 7-6　单独运动机器人各轴的操作步骤

序号	操作步骤	示意图
1	选择轴作为移动键的选项，在移动键旁边即显示轴 A1 ~ A6	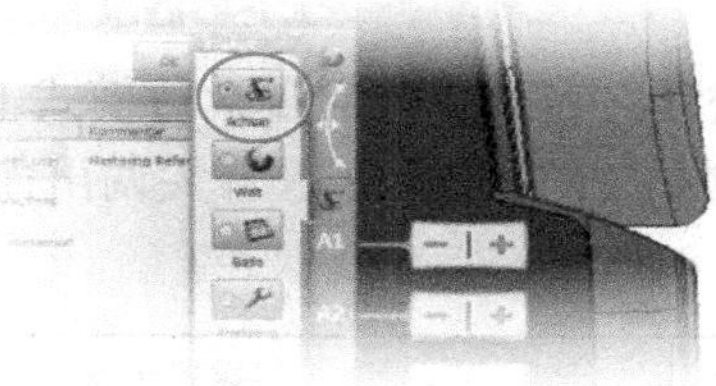
2	设置手动速度	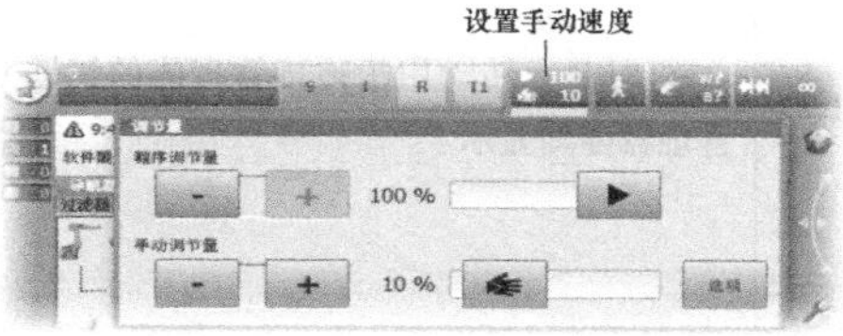
3	将确认开关按至中间档位	如图 7-8 所示
4	按下正或负移动键，以使轴朝正方向或反方向运动	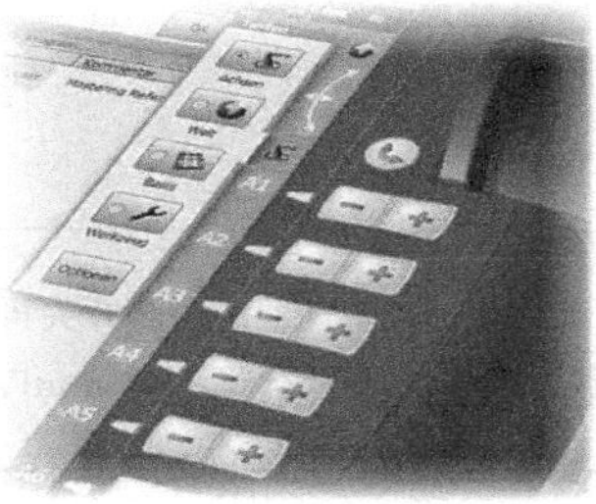

7.2.3　机器人在世界坐标系下的运动

机器人工具可以根据世界坐标系的方向运动。在此过程中，所有的机器人轴也会移动。为此需要使用移动键或者 KUKA smartPAD 的 6D 鼠标。仅在 T1 运行模式下才能手动移动，运动过程中确认开关必须保持在中间位置。使用世界坐标系移动时机器人的动作始终是可预测且唯一的，因为原点和坐标方向始终是已知的。对于经过零点标定的机器人始终可用世界坐标系。

在世界坐标系中可以以两种不同的方式移动机器人：沿坐标系的坐标轴方向平移（直线）：X、Y、Z；环绕着坐标系的坐标轴方向转动（旋转/回转）：C、B 和 A。

通过 6D 鼠标可以使机器人的运动变得直观明了，因此是在世界坐标系中进行手动移动时的不二之选。鼠标位置和自由度两者均可更改。平移：按住并拖动6D鼠标；转动：转动并摆动6D鼠标。机器人在世界坐标系下的运动具体操作步骤见表7-7。

表7-7 机器人在世界坐标系下的运动操作步骤

序号	操作步骤	图示与说明
1	选择世界坐标系作为6D鼠标的选项；在移动键旁边即显示方向X/Y/Z和角度A/B/C	
2	设置手动速度	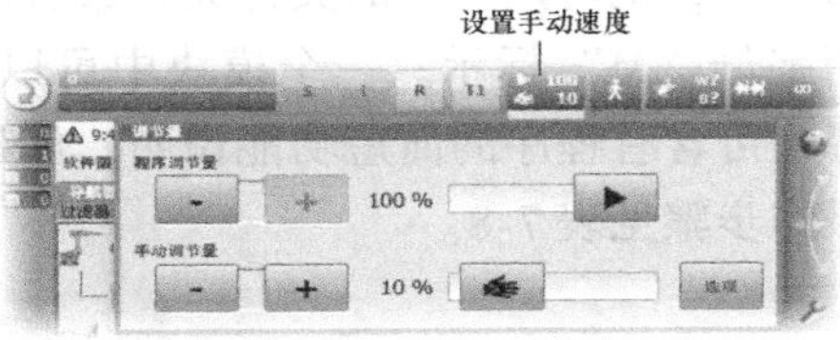
3	将确认开关按至中间档位	如图7-8所示
4	用6D鼠标将机器人朝所需方向移动	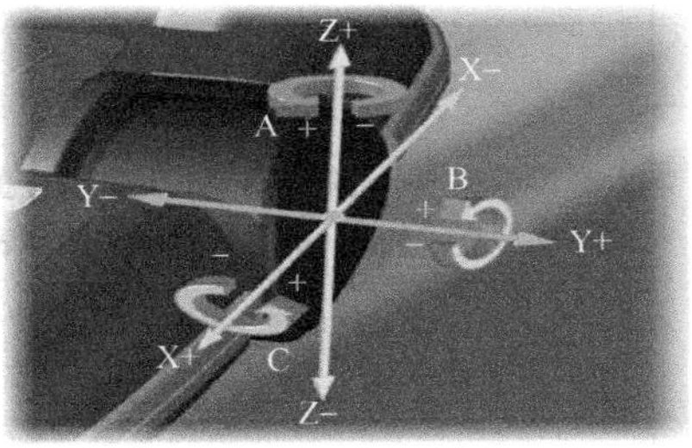
5	也可使用移动键	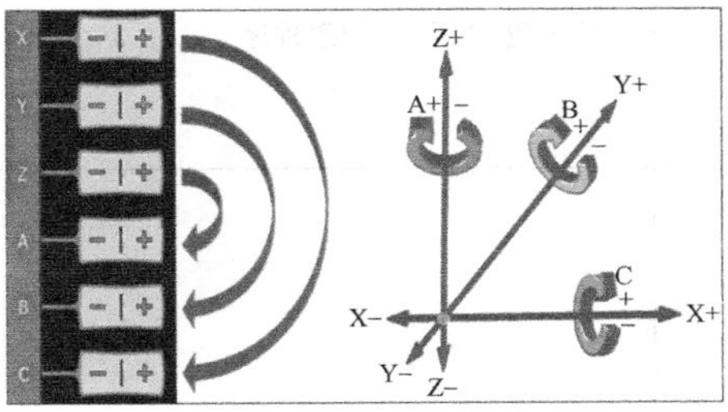

7.2.4 建立、更改和运行程序

1. KUKA机器人程序结构

一个完整的KUKA机器人程序（KRL程序）基本结构如图7-9所示，包括程序名定义、程序初始化、程序主体、程序结束4部分。

其中，“DEF程序名（）”始终出现在程序开头；“INI”行包含内部变量和参数初始化的内容，必须最先运行；程序主体包括 PTP、LIN、等待、逻辑等指令，第一行和最后一行运动指令必须定义一个明确的初始位置，一般为机器人控制系统的默认 HOME 点位置，虽然它定义明确，但不起关键作用；也可以示教其他初始位置，但必须是对程序运行有利的输出端位置和有利的停机位置；“END”表示程序结束。

```
DEF kuka_rocks( )
INI
PTP HOME  Vel= 100 % DEFAULT
PTP P1 Vel=100 % PDAT1 Tool[1] Base[0]
PTP P2 Vel=100 % PDAT2 Tool[1] Base[0]
PTP P3 Vel=100 % PDAT3 Tool[1] Base[0]
OUT 1'' State=TRUE CONT
LIN P4 Vel=2 m/s CPDAT1 Tool[1] Base[0]
PTP HOME  Vel= 100 % DEFAULT
END
```

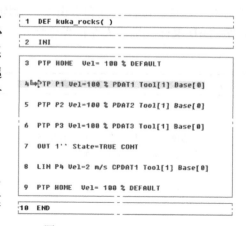

图 7-9　KUKA 机器人程序结构

2. 创建和编辑机器人程序

机器人程序模块应始终保存在文件夹“Program”中，也可建立新的文件夹存放程序模块。模块用字母“M”标示。一个模块中可以加入注释，注释中可含有程序的简短功能说明。创建程序模块的操作步骤见表 7-8。

表 7-8　创建程序模块操作步骤

序号	操作步骤	示意图
1	在目录结构中选定要在其中建立程序的文件夹，如文件夹“Program”，然后切换到文件列表	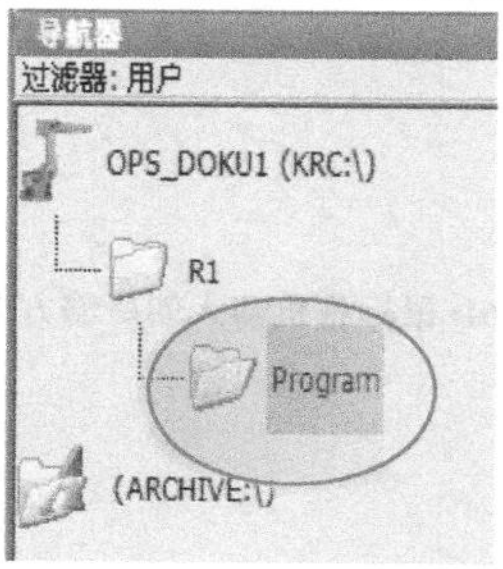
2	按下键“新”，创建程序	
3	输入程序名称和注释，然后按“OK”按钮确认	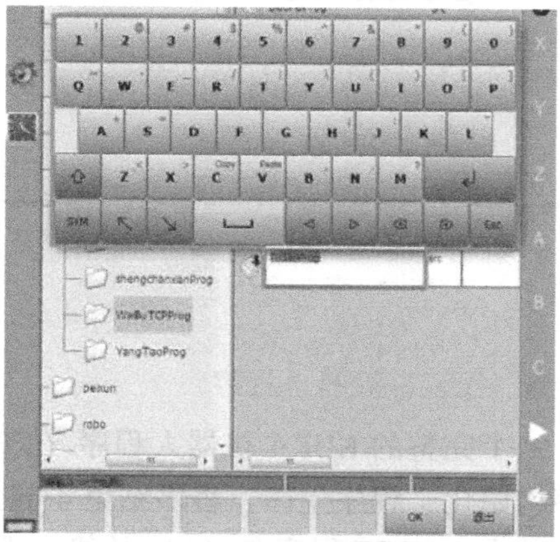

在 KUKA 导航器中可以对程序模块进行编辑，如图 7-10 所示。

对已选定或已打开的程序，在 T1、T2 或 AUT 运行模式下，可以进行添加、更改指令或删除程序行等编辑动作，如图 7-11 所示。

图 7-10 编辑程序模块

图 7-11 编辑已打开的程序

3. 选择和运行机器人程序

对于编程控制的机器人运动，KUKA 机器人提供多种程序运行方式，见表 7-9。

表 7-9 程序运行方式

方式	图标	说明
GO		程序连续运行，直至程序结尾；在测试运行中必须按住启动键
MSTEP	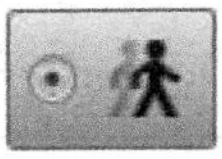	在运动步进运行模式下，每个运动指令都单个执行；每一个运动结束后，都必须重新按下启动键
ISTEP	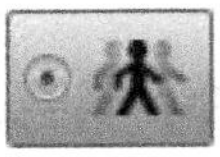	仅供用户组“专家”使用！在增量步进时，逐行执行（与行中的内容无关）；每行执行后，都必须重新按下启动键

执行一个机器人程序，必须事先将其选中，然后运行程序。具体操作步骤见表 7-10。

表 7-10 执行机器人程序操作步骤

序号	操作步骤	示意图
1	选定程序： ① 在文件夹/硬盘结构导航器中双击“Program”文件夹 ② 文件夹/数据列表导航器 ③ 选中“Main”文件 ④ 按“选定”按钮打开“Main”文件	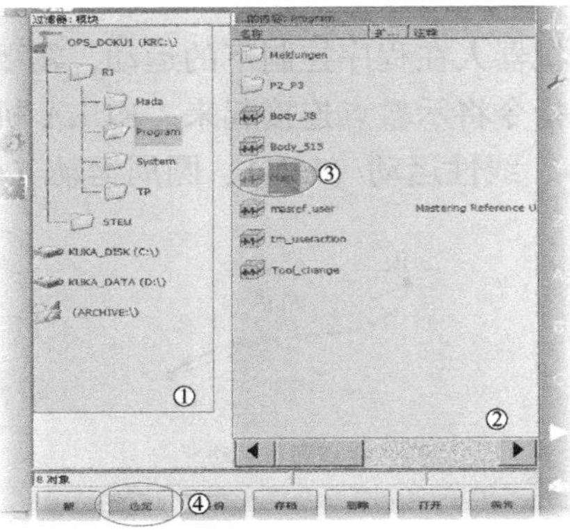

（续）

序号	操作步骤	示意图
2	设定速率	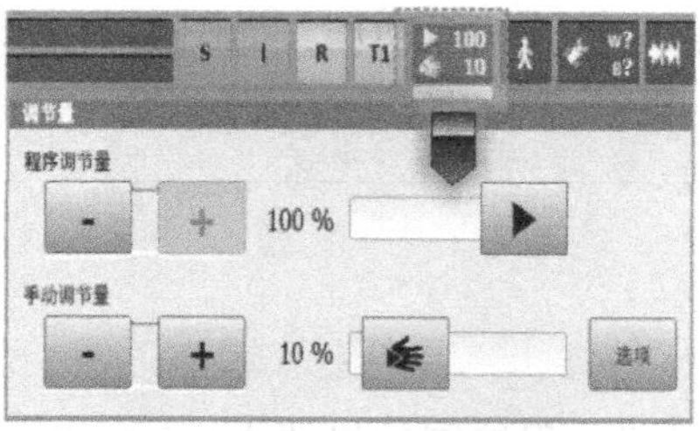
3	将确认开关按至中间档位	如图 7-8 所示
4	按下程序启动键并按住；按▶键正向运行程序，按◀键反向运行程序	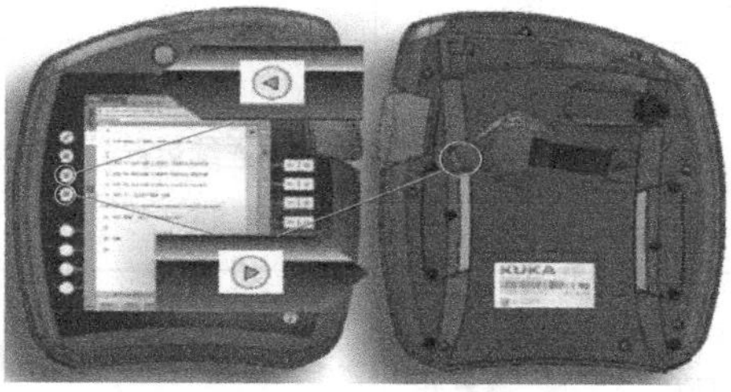
5	到达目标位置后运动停止	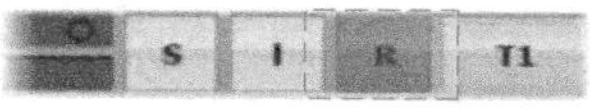

smartPAD 界面顶部的字母“R”表示程序状态：灰色表示未选定程序；黄色表示语句指针位于所选程序的首行；绿色表示已经选择程序且程序正在运行；红色表示选定并启动的程序被暂停；黑色表示语句指针位于所选程序的末行。

7.3　KUKA 机器人常用指令

7.3.1　运动指令

机器人在程序控制下的运动，需要对机器人所要通过的所有空间点逐个进行示教，再用运动指令将示教点连接起来。KUKA 机器人的常用运动方式有点到点运动（Point-To-Point，PTP）、线性运动（LIN）、圆周运动（CIRC）等，如图 7-12 所示。

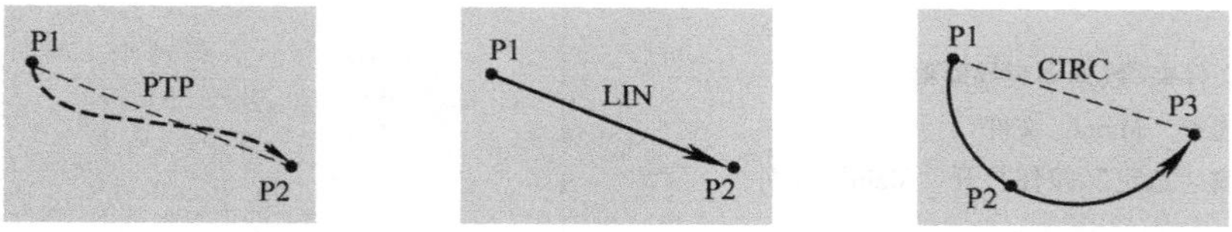

a) 点到点运动　　b) 线性运动　　c) 圆周运动

图 7-12　KUKA 机器人运动指令

1. 点到点运动

点到点运动即机器人按轴坐标沿最快的轨道将 TCP 从起始点引至目标点。这个移动路线不是最短的轨迹，因而不是直线。运动的具体过程无法精确预知，所以在调试及试运行时，应该在阻挡物体附近降低速度来测试机器人的移动特性。程序中的第一个运动必须为 PTP 运动，因为只有在此运动中才评估状态和转向。PTP 运动常用于点焊、运输、测量、检验等工艺流程。

2. 线性运动

线性运动即机器人沿一条直线以定义的速度将 TCP 引至目标点。移动过程中，机器人转轴之间进行配合，工具的 TCP 按设定的姿态从起点匀速移动到目标点。速度和姿态均以 TCP 为参照点。LIN 运动常用于轨迹焊接、贴装、切割等工艺流程。

3. 圆弧运动

圆弧运动即机器人沿圆形轨道以定义的速度将 TCP 移动至目标点。圆形轨道是通过起始点、辅助点和目标点定义的，起始点是上一条运动指令以精确定位方式抵达的目标点，辅助点是圆周所经历的中间点。在机器人移动过程中，工具的 TCP 按设定的姿态从起始点匀速移动到目标点。速度和姿态均以 TCP 为参照点。

创建 PTP、LIN、CIRC 等运动指令前，机器人应置于 T1 运行模式，且机器人程序已选定。具体操作步骤见表 7-11。

表 7-11　创建运动指令操作步骤

序号	操作步骤	示意图与说明
1	手动控制机器人，将 TCP 移向应被示教为目标点的位置	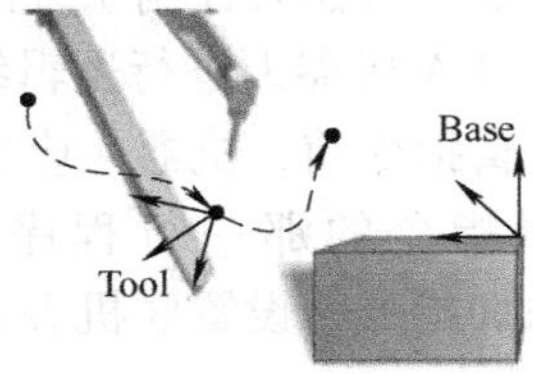
2	添加运动指令	光标放置在其后应添加运动指令的那一行程序中，单击菜单“序列指令”→“运动”→“PTP/LIN/CIRC”
3	设置联机表单参数： ① 运动方式：PTP、LIN 或者 CIRC ② 目标点的名称：触摸箭头以编辑点数据，然后选项窗口 Frames 自动打开。对于 CIRC，必须为目标点额外示教一个辅助点，移向辅助点位置，然后按下“Touchup HP”键 ③ CONT：目标点被轨迹逼近；[空白]：将精确地移至目标点 ④ 速度：1～100%（PTP）；0.001～2m/s（LIN/CIRC） ⑤ 运动数据组：加速度；轨迹逼近距离（如果在③中输入了 CONT）；姿态引导（仅限于沿轨迹的运动）	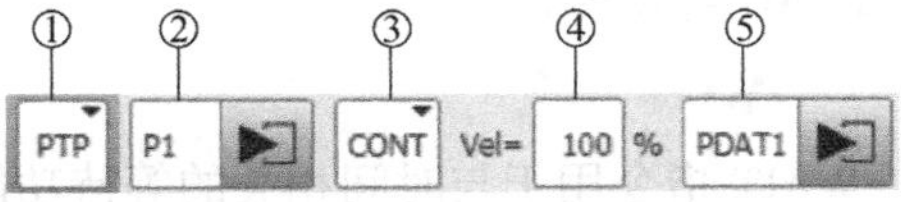

（续）

序号	操作步骤	示意图与说明
4	在选项窗口 Frames 中输入工具和基坐标系的正确数据，以及关于插补模式的数据（外部 TCP：开/关）和碰撞监控的数据： ① 工具：值域［1］~［16］，当③为 True 时为选择工件 ② 基坐标：值域［1］~［32］，当③为 True 时为选择固定工具 ③ 外部 TCP：False—该工具已安装在连接法兰上；True—该工具为固定工具 ④ 碰撞识别：True—进行碰撞识别；False—不进行碰撞识别	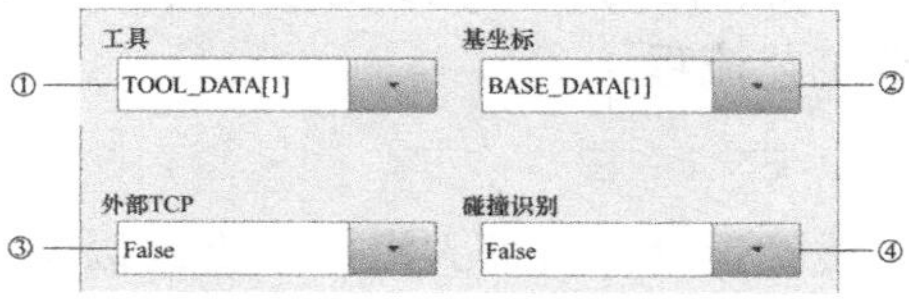
5	在运动参数选项窗口中可将加速度从最大值降下来。 ① 加速：以机器数据中给出的最大值为基准，范围为 1% ~100% ② 圆滑过渡距离：只有在联机表单中选择了“CONT”之后，此栏才显示。以无轨迹逼近 PTP 运动的运动轨迹为基准，范围为 1% ~100% 或 1 ~1000mm	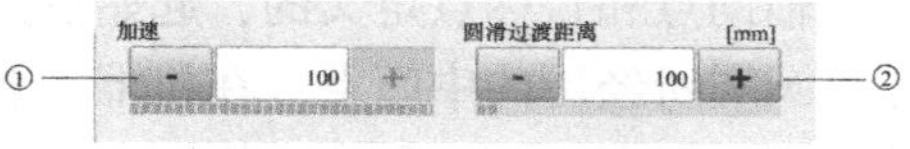
6	单击“OK”按钮存储指令	TCP 的当前位置被作为目标示教

7.3.2 逻辑指令

为了实现与机器人控制系统的外围设备进行通信，可以使用数字式和模拟式输入端和输出端。对 KUKA 机器人进行逻辑编程时，使用表示逻辑指令的输入端和输出端信号。

创建逻辑指令前，机器人应置于 T1 运行模式，且机器人程序已选定。光标放置在其后应添加逻辑指令的那一行程序中，单击菜单“序列指令”→“逻辑”→“OUT”→“OUT”，添加指令。设置联机表单参数后，单击“OK”按钮存储指令。

1. OUT 指令

OUT 指令用于在程序中的某个位置上关闭输出端。KUKA 机器人控制系统最多可管理 4096 个数字输出端，可按用户要求配置。

2. WAIT FOR 指令

WAIT FOR 指令用于与信号有关的等待功能。控制系统在此等待以下信号：输入端 IN、输出端 OUT、定时信号 TIMER、控制系统内部的存储地址（标记/1bit 内存）FLAG 或者 CYCFLAG 等信号。

3. WAIT 指令

WAIT 指令用于与时间相关的等待功能，控制器根据输入的时间在程序中该位置上等待。

7.3.3 其他常用指令

1. 循环指令

循环指令用于重复程序指令，不允许从外部跳入循环结构中。循环可以互相嵌套。循环类型有无限循环、计数循环和条件循环，流程图如图 7-13 所示。

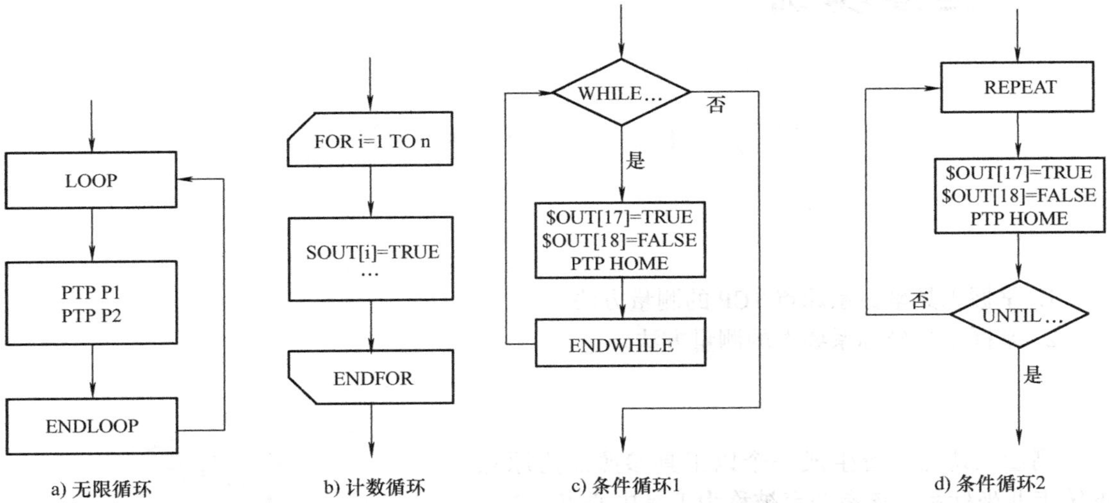

图 7-13 循环指令

2. 分支指令

IF 条件性分支语句由一个条件和两个指令部分组成。如果满足条件，则可处理第一个指令；如果未满足条件，则执行第二个指令。

SWITCH 分支语句是一个分配器或多路分支。首先分析一个表达式，然后，将该表达式的值与一个案例段（CASE）的值进行比较。值一致时执行相应案例的指令，如图 7-14 所示。

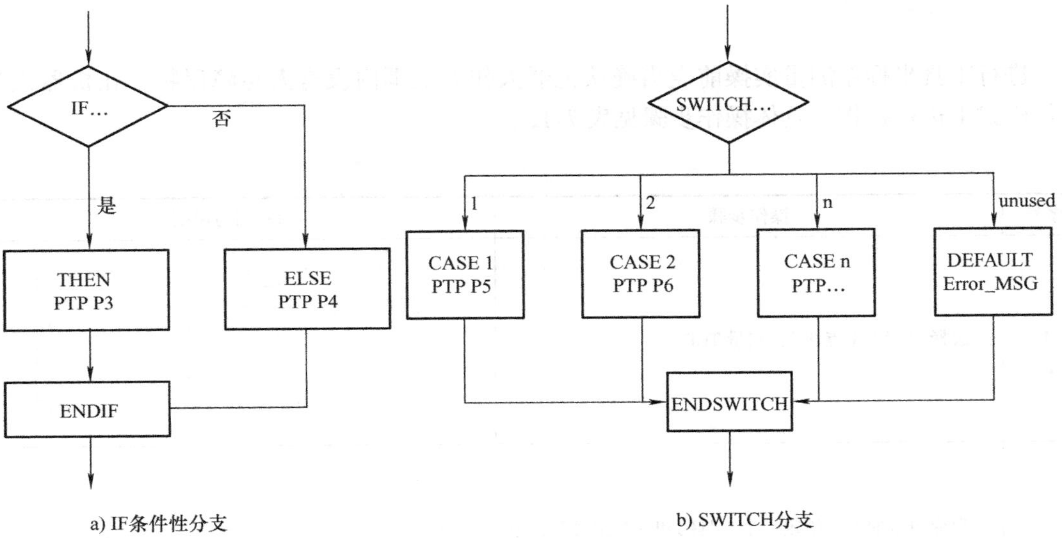

图 7-14 分支指令

任务实训

任务 7.1　工具坐标系的测量

一、任务目标

1. 掌握工具坐标系原点 TCP 的测量方法。
2. 掌握工具坐标系姿态的测量方法。

二、任务准备

测量工具意味着生成一个以工具参照点为原点的笛卡儿坐标系。该参照点被称为工具中心点（Tool Center Point，TCP），该坐标系即为工具坐标系。

工具坐标系的测量包括 TCP 的测量、坐标系姿态/朝向的测量，测量时保存工具坐标系原点到法兰坐标系的距离（X、Y 和 Z）以及之间的转角（角度 A、B 和 C）。工具坐标系 TCP 的确定常用 XYZ 4 点法或 XYZ 参照法。工具坐标系姿态的确定常用 ABC 世界坐标法或 ABC 2 点法，如图 7-15 所示。

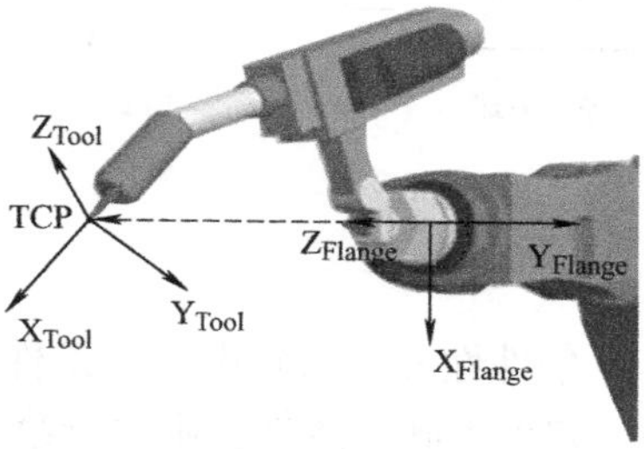

图 7-15　工具坐标系的测量

三、任务实施

进行工具坐标系测量实操前应当确认机器人作业范围内没有人与障碍物，在机器人 T1 运行模式下进行操作，具体操作步骤见表 7-12。

表 7-12　工具坐标系测量操作步骤

序号	操作步骤	示意图与说明
1	选择“XYZ 4 点法”，测量 TCP	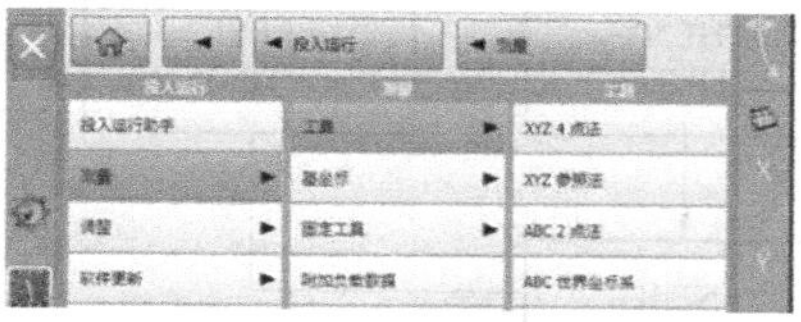
2	为待测量的工具给定一个工具码和一个工具名，单击“继续”按钮确认	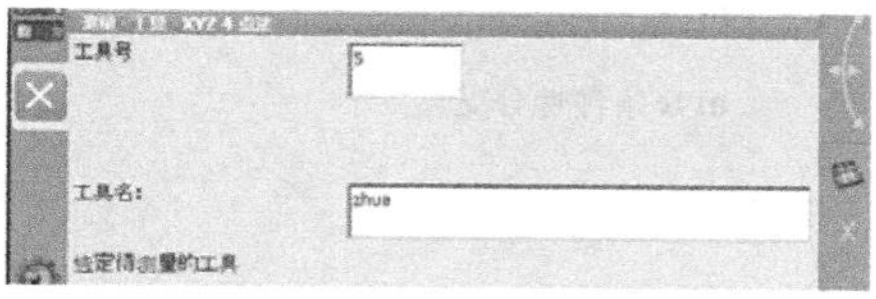

（续）

序号	操作步骤	示意图与说明
3	将 TCP 移至参照点。按下测量软键，弹出对话框“要采用当前位置吗？继续进行测量”，单击“是”确认	 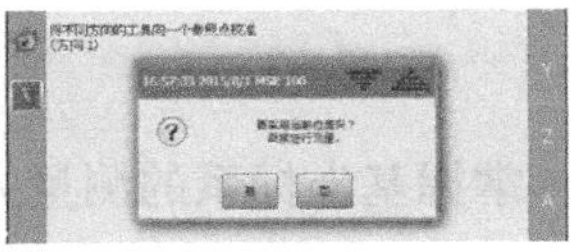
4	将 TCP 从一个其他方向朝参照点移动。重新按下测量软键，单击“是”回答对话框提问	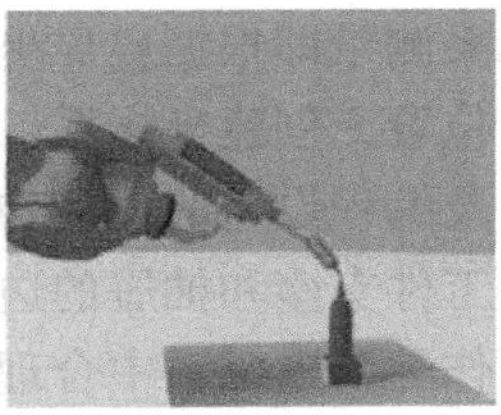
5	将 TCP 从第三个方向朝参照点移动。重新按下测量软键，单击“是”回答对话框提问	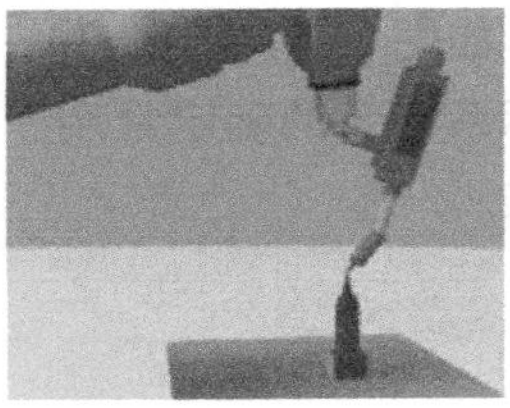
6	将 TCP 从第四个方向朝参照点移动。重新按下测量软键，单击“是”回答对话框提问	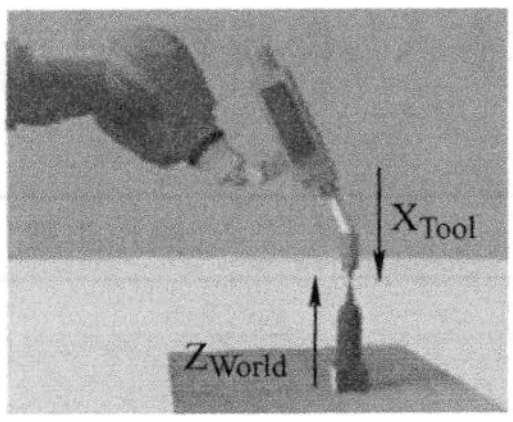
7	保存 TCP 测量结果	包含测量结果的 TCP X、Y、Z 值的窗口自动打开，测量精度可在误差项中读取。单击“保存”直接保存数据
8	选择“ABC 世界坐标系”测量 TCP 姿态	
9	输入工具的编号	
10	选择 5D 测量，将 +X 工具坐标调整至平行于 −Z 世界坐标的方向（$+X_{Tool}$ = 作业方向）	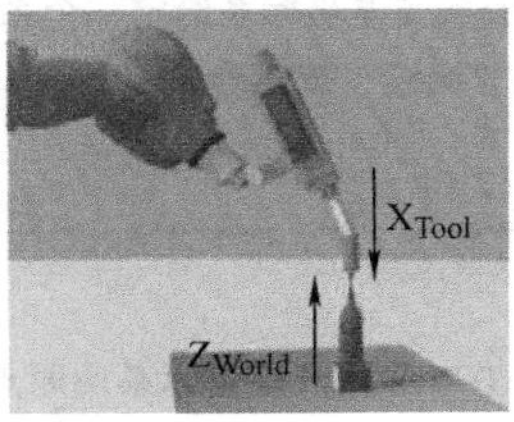
11	确认保存	

任务 7.2　基坐标系的测量

一、任务目标

掌握基坐标系的测量方法。

二、任务准备

基坐标系测量即根据世界坐标系在机器人周围的某一个位置上创建坐标系，其目的是使机器人的运动以及编程设定的位置均以该坐标系为参照。设定的工件支座和抽屉的边缘、货盘或机器的外缘均可作为基坐标系中合理的参照点。基坐标系的测量分两个步骤，即确定坐标原点、定义坐标方向，如图 7-16 所示。

基坐标系姿态的确定常用 3 点法、间接法或数字输入法。

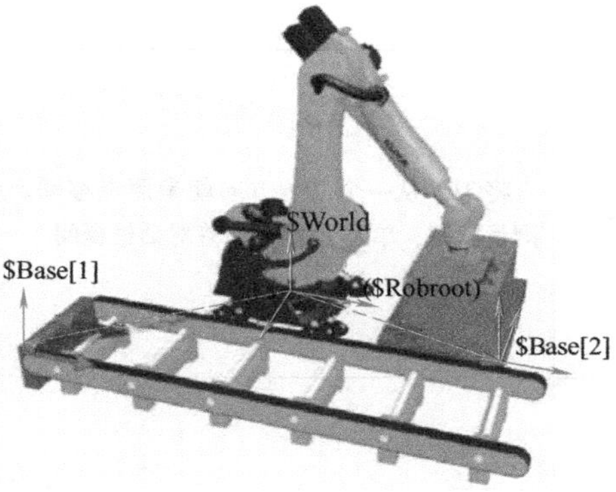

图 7-16　基坐标系的测量

三、任务实施

进行基坐标系测量实操前应当确认机器人作业范围内没有人与障碍物，在机器人 T1 运行模式下进行操作，具体操作步骤见表 7-13。

表 7-13　基坐标系测量操作步骤

序号	操作步骤	示意图与说明
1	选择菜单“投入运行”→“测量”→“基坐标”→“3 点”	
2	为待测量基坐标系给定一个系统号和一个系统名，单击“继续”按钮确认	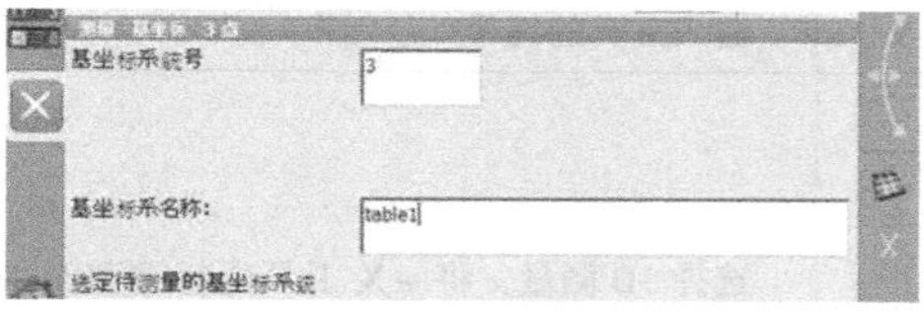
3	将 TCP 移到新基坐标系的原点，按下测量软键并单击“是”确认位置	 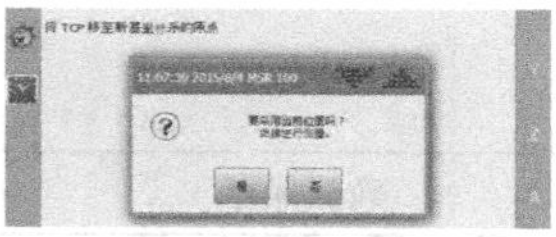

（续）

序号	操作步骤	示意图与说明
4	将 TCP 移至新基坐标系正向 X 轴上的一个点，按下测量软键并单击“是”确认位置	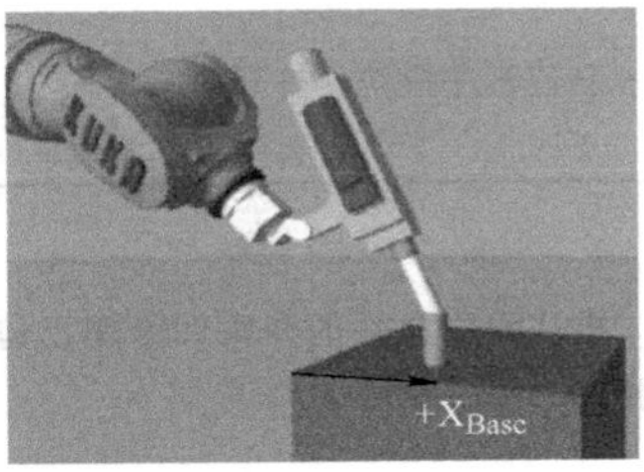
5	将 TCP 移至 XY 平面上一个带有正 Y 值的点，按下测量软键并单击“是”确认位置	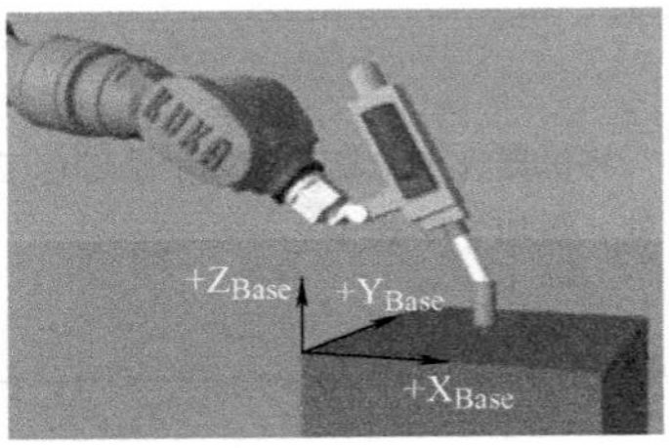
6	保存基坐标系	

任务 7.3　工件搬运示教编程

一、任务目标

1. 掌握 KUKA 机器人运动指令的使用。
2. 掌握 KUKA 机器人逻辑指令的使用。

二、任务准备

对 KUKA 机器人进行在线编程，将红、蓝、黄三色工件用吸盘工具依次搬运到另一侧平台的相同位置，如图 7-17 所示。本任务所需要用到的指令包括：

1. 运动指令：PTP（点到点运动）、LIN（直线运动）。

2. 逻辑指令：OUT（吸盘吸取工件）、WAIT（等待时间）。

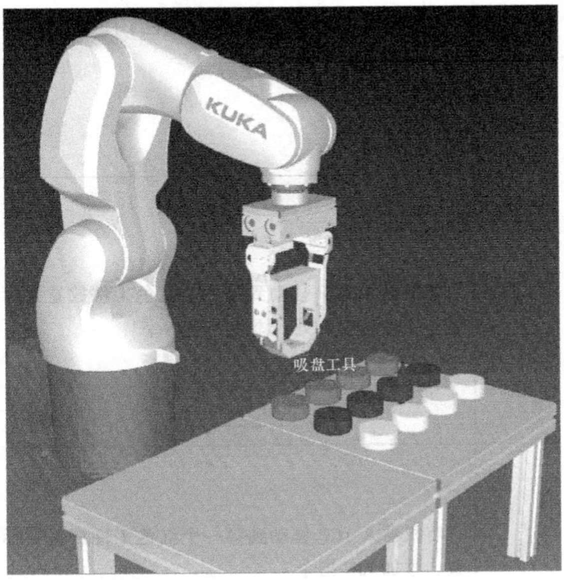

图 7-17　工件搬运

三、任务实施

进行工件搬运示教编程实操前应当确认机器人作业范围内没有人与障碍物，在机器人 T1 运行模式下进行操作，具体操作步骤见表 7-14。

表 7-14　工件搬运示教编程操作步骤

序号	操作步骤	图示与说明
1	新建程序模块并打开	
2	默认程序文件的开头和结尾已包含了 PTP HOME 指令	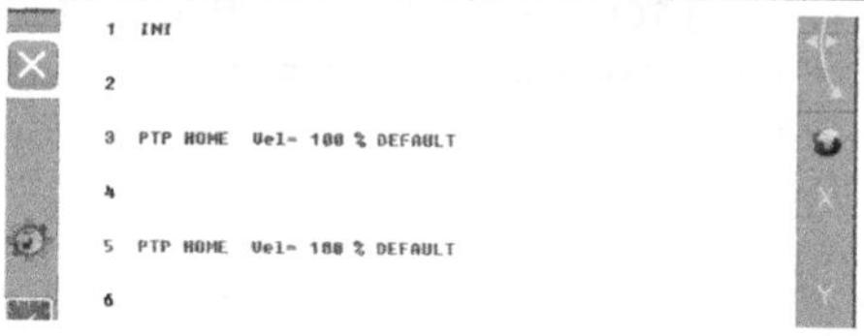
3	将机器人 TCP 移动到第一个红色工件正上方约 5cm 处，添加 PTP 指令	 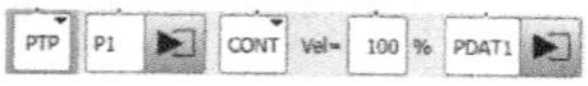
4	将机器人 TCP 移动到第一个红色工件正上方，使吸盘与工件接触，添加 LIN 指令	 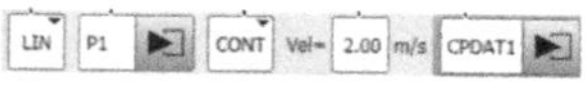
5	添加 OUT 指令，设置为 TRUE	吸盘吸取工件 
6	将机器人 TCP 移动到第一个红色工件正上方约 5cm 处，添加 LIN 指令	
7	将机器人 TCP 移动到第一个红色工件放置目标位置正上方约 5cm 处，添加 PTP 指令	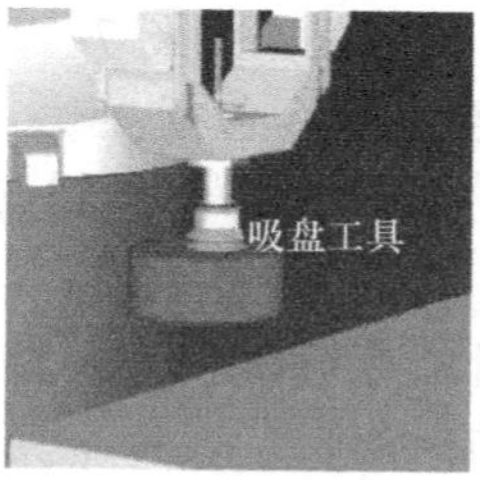
8	将机器人 TCP 移动到第一个红色工件放置目标位置，添加 LIN 指令	

（续）

序号	操作步骤	图示与说明
9	添加 OUT 指令，设置为 FALSE	吸盘放置工件
10	将机器人 TCP 移动到第一个红色工件放置目标位置正上方约 5cm 处，添加 LIN 指令	
11	重复步骤 3 ~ 10，搬运其余工件	

拓展训练

工件搬运示教编程的改进

在工件搬运示教编程过程中不难发现，反复示教 TCP 位置将占用大量工作时间。灵活运用机器人坐标系与指令能够有效提高工作效率，可尝试进行以下改进：

（1）利用不同基坐标系　三色工件间的相对位置在搬运前与搬运后不变，而只是从一个工作台移动到另一个工作台，因此可以通过两个基坐标系之间切换减少点位示教工作量。

（2）利用偏移量　每个工件之间的间距固定不变，因此可以通过示教偏移量，在各个工件之间移动 TCP，提高工作效率。需要注意偏移量的方向。

习　　题

一、填空题

1. KUKA 机器人按负载分类，可分为________、________、________、________四种。

2. smartPAD 上的信息窗口可以显示________、________、________、________、________五种信息类型。

3. KUKA 机器人在程序中某个位置上用于关闭输出端的指令是________。

二、判断题

1. KUKA 机器人的 smartPAD 有 3 个使能按键，必须按下全部使能键机器人系统才能开通运行。（　　）

2. KUKA 机器人的世界坐标系与机器人足部坐标系在默认配置中相同。（　　）

三、简答题

1. KUKA 机器人的组成部分有哪些？

2. 简述测量工具坐标系的步骤。

参 考 文 献

[1] 陈恳，杨向东，刘莉，等．机器人技术与应用［M］．北京：清华大学出版社，2006.
[2] 克拉克，欧文斯．机器人设计与控制［M］．宗光华，张慧慧，译．北京：科学出版社，2004.
[3] 吕景泉，汤晓华．机器人技术应用［M］．北京：中国铁道出版社，2011.
[4] 姚宪华，梁建宏．创意之星：模块化机器人创新设计与竞赛［M］．北京：北京航空航天大学出版社，2010.
[5] 谢存禧，张铁．机器人技术及其应用［M］．北京：机械工业出版社，2005.
[6] 蒋正炎．机器人技术应用项目教程：ABB［M］．北京：高等教育出版社，2019.
[7] 三菱电机自动化（上海）有限公司．FATEC 机器人进修教材［Z］．2009.
[8] 北京博创兴盛科技有限公司．InnoSTAR 实验指导书［Z］．2009.